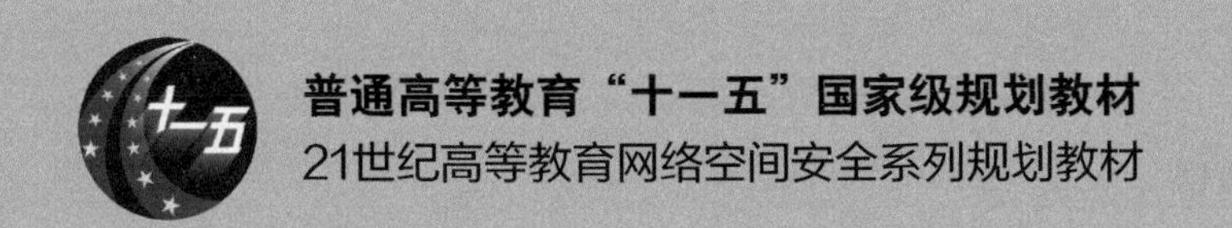

普通高等教育“十一五”国家级规划教材
21世纪高等教育网络空间安全系列规划教材

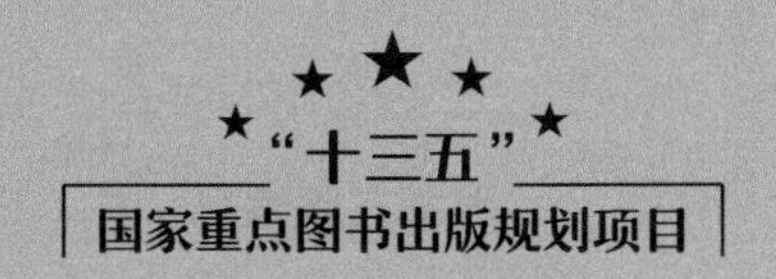

信息安全数学基础

（第2版）

裴定一 徐祥 董军武◎编著

人民邮电出版社
北京

图书在版编目（CIP）数据

信息安全数学基础 / 裴定一，徐祥，董军武编著
. -- 2版. -- 北京 : 人民邮电出版社，2016.1
21世纪高等教育信息安全系列规划教材
ISBN 978-7-115-40921-8

Ⅰ. ①信… Ⅱ. ①裴… ②徐… ③董… Ⅲ. ①信息系统－安全技术－应用数学－高等学校－教材 Ⅳ. ①TP309②029

中国版本图书馆CIP数据核字(2015)第261067号

内 容 提 要

数学是信息保密技术和认证技术的理论基础。本书介绍与这个领域中的应用密切相关的一些数学基础知识，主要包括整数的运算、连分数、群、环、域的概念，多项式、有限域、布尔函数，M序列，计算复杂度等内容。在介绍这些数学知识的同时，举例介绍了它们在信息安全领域的一些应用。通过这些应用实例，也有利于帮助读者理解这些抽象的数学理论。

本书可作为信息安全专业及相关的数学和信息科学专业的本科生教材。

◆ 编　著　裴定一　徐　祥　董军武
责任编辑　邹文波
责任印制　沈　蓉　彭志环
◆ 人民邮电出版社出版发行　北京市丰台区成寿寺路 11 号
邮编　100164　电子邮件　315@ptpress.com.cn
网址　http://www.ptpress.com.cn
北京天宇星印刷厂印刷
◆ 开本：787×1092　1/16
印张：12　　2016 年 1 月第 2 版
字数：276 千字　　2024 年 8 月北京第 8 次印刷

定价：36.00 元

读者服务热线：(010)81055256　印装质量热线：(010)81055316
反盗版热线：(010)81055315

作 者 简 介

裴定一，教授，1941 年出生，1959 年至 1968 年就读于中国科学技术大学数学系，于 1964 年在该校本科毕业，1968 年在该校研究生毕业，师从华罗庚教授。毕业后先后在中国科学院应用数学研究所任助理研究员、副研究员；中国科学院研究生院任教授，并担任信息安全国家重点实验室学术委员会主任；现在广州大学任教授；2007 年至今担任中国密码学会理事长。主要研究方向是数论和密码学。

徐祥，博士，教授，1964 年出生，江苏大丰人。1982 年至 1986 年就读于南京师范大学数学系；1986 年至 1992 年在上海华东师范大学数学系基础数学专业攻读硕士、博士学位；1992 年至 1994 年在浙江大学应用数学研究所做博士后，从事代数学及信息编码理论的研究；1994 年起在广州大学（原广州师范学院）数学系工作，1994 年被评为副教授，2002 年被评为教授，先后承担及参与国家自然科学基金项目 5 项，在 IEEE Transactions on Information Theory、《数学年刊》《数学学报》《东北数学》等杂志发表论文 10 多篇，2009 年起任美国 Mathematical Reviews 杂志评论员。

董军武，博士，副教授，1971 年出生。1992 年至 1996 年就读于河南大学数学系，1996 年至 2000 年在中国科技大学研究生院信息安全国家重点实验室读应用数学专业硕士研究生，师从裴定一教授。2000 年至今，在广州大学数学与信息科学学院工作。2004 年至 2009 年在湖南大学数学与计量经济学院攻读应用数学专业博士学位。主要研究方向是密码学。

第 2 版前言

本书的第 1 版于 2007 年 4 月由人民邮电出版社出版。结合多年的教学实践，在第 1 版的基础上我们对本书进行了修订。相对于第 1 版，我们做了以下调整。

第一，对某些难度比较大的知识点，进行了简化处理。例如，第 2 章的原根部分，考虑到在信息安全专业中，用到的都是素数的原根，因此对于非素数整数的原根的存在性，只给出了结果，没有证明。

第二，为了让内容更容易理解，增加了若干应用的例子。在第 3 章中，增加了二次剩余假设，并由此构造了一个概率公钥密码。在第 6 章中，在讲了 Lagrange 插值公式之后，增加了用该插值公式构造秘密共享方案的内容。另外，还介绍了利用中国剩余定理构造秘密共享方案的方法。在第 8 章中，介绍了 m 序列。在第 11 章中，介绍了 M 序列。

第三，限于篇幅，对于第 1 版的内容也做了某些删节。去掉了原第 4 章不定方程。第 1 版的第 12 章讲图论的主要目的是引入 M 序列，在本书中第 11 章专门介绍 M 序列，删掉了原书中图论的其他内容。

第四，对习题做了调整：一方面，补充了一些新的习题，也删除了一些原来的习题；另一方面把习题分散到每一节中，这样更有针对性。

编　者

2015 年 12 月

第 1 版前言

信息安全正在成为全社会的需求，它与国家的政治安全、经济安全、军事安全、社会稳定甚至人们的日常生活密切相关。国内很多高校正陆续开设信息安全本科专业。信息安全是一门涉及数学、计算机、信息科学等诸多领域的交叉学科，这个特点必定会影响它的基础教学。由于专业的特殊需求及教学总课时的限制，不可能原封不动地采用现有有关课程的教材，必须有一批适合该专业的基础课教材。

数学在信息安全中发挥着核心作用。本书试图为信息安全本科专业提供一本数学基础教材。全书共分 13 章，第 1 章至第 5 章为初等数论，包括整数的同余、二次剩余、不定方程、连分数和连分式等内容；第 6 章至第 9 章为近世代数，包括群、环、域和有限域等内容；第 10 章和第 11 章分别介绍布尔代数和布尔函数；第 12 章介绍图论；第 13 章介绍计算复杂度。这些数学知识对于信息安全都很重要。本书可供两个学期使用。考虑到教学课时的限制，本书未包含概率论和数理统计的内容，尽管它对于信息安全也很重要。

要把涉及初等数论、近世代数、有限域、离散数学和计算复杂度等几门课程的内容压缩在两个学期内讲完，如何选材是一个重要问题。选材时首先考虑的一个原则是根据信息安全专业对数学知识的需求，同时也适当考虑知识的系统性。本书主要介绍数学的基本理论以及一些常用的计算方法。书中也简要介绍了一些应用实例，这一方面是为了使学生们能了解所学的数学知识在信息安全中的应用，另一方面也可以以这些应用实例为背景，反过来帮助学生们更好地理解这些看似抽象的数学知识。

目前国内有的大学将信息安全本科专业放在数学学院，有的放在计算机学院，也有的放在信息工程学院或其他有关学院。不同学科的学院在教学上的侧重点会有些差异。一本数学基础教材如何同时适合不同要求的理科和工科的教学，这是一个挑战，我们在编写这本教材时尽量考虑了这个因素。但由于经验不足，需要通过今后的教学实践不断改进，希望能听到老师们在使用本书后的反馈意见。建议老师们在使用本书时，可以根据不同的要求对内容进行取舍，各章后的习题也可以选择使用。本书已在广州大学数学与信息科学学院使用。

在此感谢董军武、蔡庆军两位博士在本书的撰写工作中所给予的协助。

由于作者水平有限，书中难免有错误、遗漏之处，恳请广大读者批评指正。

编　者

2007 年 1 月于广州大学

目　　录

第1章　整数的因子分解

数论是研究整数性质的一个数学分支。整数是人们在日常生活中使用最多的一类数，它们在信息安全、计算机科学和数字信号处理等领域有重要的应用。本章介绍整数的一些基本性质，如整数的整除、因子分解等，给出了整数的几种表示方法，介绍了计算两个整数的最大公因子常用的辗转相除法，证明了整数的唯一因子分解定理。素数是一类特殊的整数，它有无穷个，本章介绍了 Mersenne 素数和 Fermat 素数这两类具有特殊形式的素数。多项式和整数有很多类似的性质，如多项式也有整除和因子分解的性质，也可利用辗转相除法计算两个多项式的最大公因子，也有唯一因子分解定理。为了与整数类比，本章介绍了多项式的上述性质。

§1.1　带余除法和整除性

通常，符号

$$\mathbb{Z} = \{0, \pm 1, \pm 2, \cdots\}$$

表示**整数**集合。正整数也常称为**自然数**。

两个整数相加或相减，其结果仍是一个整数；两个整数相乘也总得到一个整数；但如果用一个整数去除另一个整数，则可能有除得尽和除不尽两种情况。确切地说，有如下的定理。

定理 1.1 (带余除法)　*设 a 和 b 为整数，$b > 0$，则存在唯一的整数 q 和 r 使得*

$$a = qb + r, \qquad 0 \leqslant r < b. \tag{1.1}$$

证明　考虑整数序列

$$\cdots, -3b, -2b, -b, 0, b, 2b, 3b, \cdots,$$

则 a 必在其中的某两个相邻整数之间，因此存在一个整数 q 使

$$qb \leqslant a < (q+1)b.$$

令 $r = a - qb$，则有

$$a = qb + r, \quad 0 \leqslant r < b.$$

具有上述性质的整数 q 和 r 是唯一的。假如存在另外一组整数 q_1 和 r_1，使得

$$a = q_1 b + r_1, \qquad 0 \leqslant r_1 < b. \tag{1.2}$$

将式 (1.1) 和式 (1.2) 相减得到

$$b(q - q_1) = r_1 - r,$$

故

$$b|q - q_1| = |r_1 - r|.$$

由于 $0 \leqslant r_1, r < b$，故 $0 \leqslant |r_1 - r| < b$，上式右边小于 b，左边也一定小于 b。这时只可能有 $q = q_1$，从而 $r = r_1$。

定理 1.1 中的式 (1.1) 称为**带余除法**，或称为**欧几里得除法**。q 称为 a 被 b 除得出的**不完全商**，r 称为**余数**，余数都是非负整数。如何计算不完全商 q? 为此引入下述定义。

定义 1.1 设 x 为实数，小于或等于 x 的最大整数称为 x 的整数部分，记为 $[x]$。

我们有

$$[x] \leqslant x < [x] + 1.$$

a 被 b 除时得出的不完全商 q 就是 $\left[\dfrac{a}{b}\right]$。实际上

$$0 \leqslant \frac{a}{b} - \left[\frac{a}{b}\right] < 1,$$

即

$$0 \leqslant \frac{a}{b} - q < 1,$$

若记 $r = a - qb$，则 $0 \leqslant r < b$。

例 1.1 取 $a = 107, b = 5$，则 $q = \left[\dfrac{107}{5}\right] = [21.4] = 21, r = 107 - 21 \times 5 = 2$，即 $107 = 21 \times 5 + 2$；若取 $a = -107$, $b = 5$，则 $q = \left[\dfrac{-107}{5}\right] = [-21.4] = -22$, $r = -107 - (-22) \times 5 = 3$，即 $-107 = (-22) \times 5 + 3$。

当式 (1.1) 中的 $r = 0$ 时，即 b 能**整除** a，这时称 b 是 a 的**因子**，a 是 b 的**倍数**，记为 $b|a$(“$|$”为整除符号)。若 $b|a, b \neq 1, b \neq a$，则称 b 是 a 的**真因子**。

当 b 是 a 的因子时，则存在整数 q 使 $a = qb$，这时 $a = (-q)(-b)$，所以 $-b$ 也是 a 的因子。为了简便，整数的因子，总假定是正整数。

显然，整除符合下列三个性质：设 $b > 0, c > 0$，则

(1) 若 $c|b$, $b|a$，则 $c|a$;

(2) 若 $b|a$, 则 $bc|ac$;

(3) 若 $c|a$, $c|b$，则对任意整数 m, n，有 $c|ma + nb$。

性质 1 的证明：若 $c|b$，则存在整数 q_1，使得 $b = q_1 c$；又若 $b|a$，则存在整数 q_2，使 $a = q_2 b$，故 $a = q_2 b = q_1 q_2 c$，即 $c|a$。例如，6|18, 18|54，所以 6|54。

性质 (2) 和性质 (3) 也可以用类似的方法证明。

习　　题

1. $a, b, c, m, n \in \mathbb{Z}$, 证明:

(1) 若 $b|a$, 则 $bc|ac$;

(2) 若 $c|a$, $c|b$, 则 $c|ma+nb$。

2. 若 $2|a$, 则称 a 为**偶数**, 若 $2\nmid a$, 则称 a 为**奇数**。

(1) 证明: 两个奇数之和为偶数; 两个偶数之和为偶数; 一个奇数与一个偶数之和为奇数。

(2) 证明: 两个奇数之积为奇数; 两个偶数之积为偶数; 一个奇数与一个偶数之积为偶数。

(3) 已知 n 为奇数, 设 $a_1, a_2, \cdots, a_n$ 是 $1, 2, \cdots, n$ 的一个排列, 求证

$$(a_1-1)(a_2-2)\cdots(a_n-n)$$

必为偶数。

3. 证明:

(1) 形如 $3k+1$ 的奇数一定是形如 $6h+1$ 的整数;

(2) 形如 $3k-1$ 的奇数一定是形如 $6h-1$ 的整数。

4. 证明: 奇数一定能表示成两个平方数之差。

5. 证明: 偶数的平方能被 4 整除, 奇数的平方被 8 除余 1。

6. 证明: n^3-n 是偶数, 且能被 3 整除。

7. 试证明:

(1) $\left[\frac{[n\alpha]}{n}\right]=[\alpha]$;

(2) $[\alpha]+\left[\alpha+\frac{1}{n}\right]+\cdots+\left[\alpha+\frac{n-1}{n}\right]=[n\alpha]$;

(3) $[2\alpha]+[2\beta]\geqslant[\alpha]+[\alpha+\beta]+[\beta]$。

§1.2　整数的表示

本节将给出正整数的一些表示方法。将正整数的前面加一个负号就得到负整数，所以仅需要考虑正整数的表示方法。

通常，整数都用十进制，例如，4108 即为

$$4\times10^3+1\times10^2+0\times10+8.$$

在应用计算机时，整数常用二进制，八进制或十六进制表示。一般地，设 a 为大于 1 的整数，任一正整数 n 可表成

$$n = r_0 + r_1 a + r_2 a^2 + \cdots + r_t a^t,$$

其中 $t \geqslant 0, 0 \leqslant r_i < a, i = 0, 1, \cdots, t$, 这称为 n 的a **进制表示**。利用带余除法可以得到 n 的 a 进制表示。

用 a 去除 n，由带余除法得到

$$n = q_0 a + r_0, \quad 0 \leqslant r_0 < a,$$

再用 a 去除 q_0，得到

$$q_0 = q_1 a + r_1, \quad 0 \leqslant r_1 < a,$$

再用 a 去除 q_1，得到

$$q_1 = q_2 a + r_2, \quad 0 \leqslant r_2 < a,$$

依次类推可得到

$$q_i = q_{i+1} a + r_{i+1}, \quad 0 \leqslant r_{i+1} < a, \quad i = 2, 3, \cdots$$

但由于 $n > q_0 > q_1 > q_2 > \cdots$ 是一个递减序列，一定存在 q_{t-1} 使 $0 \leqslant q_{t-1} < a$。记 $r_t = q_{t-1}$，则有

$$\begin{aligned} n &= q_0 a + r_0 \\ &= (q_1 a + r_1) a + r_0 \\ &\quad \cdots\cdots \\ &= (q_{t-1} a + r_{t-1}) a^{t-1} + r_{t-2} a^{t-2} + \cdots + r_1 a + r_0 \\ &= r_t a^t + r_{t-1} a^{t-1} + \cdots + r_1 a + r_0. \end{aligned}$$

特别地，若取 $a = 2$，利用上述方法就可得到任一正整数的二进制表示。

例 1.2 反复使用带余除法，得到

$$\begin{aligned} 4618 &= 2 \cdot 2309 + 0, \\ 2309 &= 2 \cdot 1154 + 1, \\ 1154 &= 2 \cdot 577 + 0, \\ 577 &= 2 \cdot 288 + 1, \\ 288 &= 2 \cdot 144 + 0, \\ 144 &= 2 \cdot 72 + 0, \\ 72 &= 2 \cdot 36 + 0, \\ 36 &= 2 \cdot 18 + 0, \\ 18 &= 2 \cdot 9 + 0, \\ 9 &= 2 \cdot 4 + 1, \\ 4 &= 2 \cdot 2 + 0, \\ 2 &= 2 \cdot 1 + 0. \end{aligned}$$

所以

$$4618 = (1001000001010)_2 = 2^{12} + 2^9 + 2^3 + 2.$$

在十六进制中，我们用 0, 1, 2, 3, 4, 5, 6, 7, 8, 9, A, B, C, D, E, F 分别表示 $0, 1, \cdots, 15$ 共 16 个数，其中 A, B, C, D, E, F 分别对应十进制中的 10, 11, 12, 13, 14, 15。同样可以反复利用带余除法计算整数的十六进制表示。由于转换成二进制数比转换成十六进制数较容易一些，所以可先转换成二进制数，然后从二进制数转换成十六进制数。

以下是十进制数，十六进制数和二进制数换算表。

十进制数	十六进制数	二进制数	十进制数	十六进制数	二进制数
0	0	0000	8	8	1000
1	1	0001	9	9	1001
2	2	0010	10	A	1010
3	3	0011	11	B	1011
4	4	0100	12	C	1100
5	5	0101	13	D	1101
6	6	0110	14	E	1110
7	7	0111	15	F	1111

例 1.3　计算 4618 的十六进制表示。

解　例 1.2 得到

$$4618 = (1001000001010)_2,$$

由换算表可得

$$(1010)_2 = \mathrm{A}, \quad (0000)_2 = 0, \quad (0010)_2 = 2, \quad (0001)_2 = 1.$$

因而

$$4618 = (120\mathrm{A})_{16}.$$

由例 1.3 看出，从二进制数转换成十六进制数，只要将二进制数从右向左每隔 4 个数进行分段（最左边一段可以不足 4 个数），然后将每段相应地换成各自的十六进制数即可。

习　　题

1. 计算 1021 的二进制表示和十六进制表示。

2. 本题研究 2,5,9 倍数的一些特点，在下一章“同余式”中，我们还会从同余的角度来考察类似问题。

(1) 证明：$2|(x_n \cdots x_1 x_0)_{10}$ 等价于 $2|x_0$；

(2) 证明：$5|(x_n \cdots x_1 x_0)_{10}$ 等价于 $5|x_0$；

(3) 证明：$9|(x_n \cdots x_1 x_0)_{10}$ 等价于 $9|(x_0 + x_1 + \cdots + x_n)$。

(4) 利用上述性质判断 3141592653589793 是否 9 的倍数。

注意，上述性质其实源自十进制，换而言之，如果我们选择其他进制，这些性质就不一定成立。那么请问，在 b 进制下，哪个数会具有类似十进制中 9 的性质呢？

3. 设正整数 n 的 p 进制表示为

$$n = a_0 + a_1 p + \cdots + a_k p^k,$$

证明：$a_j = \left[\dfrac{n}{p^j}\right] - \left[\dfrac{n}{p^{j+1}}\right], 0 \leqslant j \leqslant k$。

§1.3 最大公因子与辗转相除法

设 a, b 为两个非零整数，d 为正整数，若 $d|a$, $d|b$，则 d 称为 a 和 b 的**公因子**。当 d 为 a 和 b 的公因子时，则有 $d \leqslant |a|$, $d \leqslant |b|$，可见，a 和 b 仅可能有有限个公因子，其中最大的一个称为 a 和 b 的**最大公因子**，记为 (a, b)。若 d 是 a 的因子，则存在整数 q，使得 $a = dq$，这时 $-a = d \cdot (-q)$，可见，d 也是 $-a$ 的因子，由此可见 $(-a, b) = (a, b)$。所以仅需考虑两个正整数 a, b 的最大公因子。

由于 0 可以被任何整数整除，所以任一正整数 a 与 0 的最大公因子就是它自身 a。两个 0 的最大公因子定义为 0。以后将不再考虑以上这两种情况。

定理 1.2 设 a, b, c 为三个正整数，且

$$a = bq + c,$$

其中 q 为整数，则 $(a, b) = (b, c)$。

证明 因为 $(a, b)|a$, $(a, b)|b$，所以有 $(a, b)|c$（见整除的性质 3），因而 $(a, b) \leqslant (b, c)$。同样可证明 $(b, c) \leqslant (a, b)$，于是得到 $(a, b) = (b, c)$。

设 a, b 为两个正整数，利用定理 1.2 及带余除法，有如下计算 (a, b) 的方法，称为**辗转相除法**。

设

$$a = q_0 b + r_0, \quad 0 \leqslant r_0 < b,$$

如果 $r_0 \neq 0$，设

$$b = q_1 r_0 + r_1, \quad 0 \leqslant r_1 < r_0,$$

如果 $r_1 \neq 0$，设

$$r_0 = q_2 r_1 + r_2, \quad 0 \leqslant r_2 < r_1,$$

如此下去，设

$$r_{i-2} = q_i r_{i-1} + r_i, \quad 0 \leqslant r_i < r_{i-1},\ i = 3, 4, \cdots$$

因为 $r_0 > r_1 > r_2 > \cdots \geqslant 0$，故到某一步必有 $r_n = 0$，这时 $r_{n-2} = q_n r_{n-1}$，即 $r_{n-1}|r_{n-2}$。由定理 1.2 可得

$$(a,b)=(b,r_0)=(r_0,r_1)=\cdots=(r_{i-1},r_i)=\cdots=(r_{n-2},r_{n-1})=r_{n-1}.$$

可见利用上述辗转相除法可以算出 a 和 b 的最大公因子。

考虑辗转相除法所需的比特计算量。仍设 $a\geqslant b$，将 a 和 b 用二进制表示的长度分别为 k 和 l，则 $k\leqslant \log_2 a+1$，$l\leqslant \log_2 b+1$。用 b 除 a 得到商和余数，这个带余除法所需的比特计算量为 $O(kl)$(这里 $O(kl)$ 表示一个 $\leqslant c\cdot kl$ 的量，其中 c 为一个不依赖 k 和 l 的常数)，也可表为 $O(\lg^2 a)$。我们还需要知道带余除法要做多少次。

我们有 $r_{j+2}<\frac{1}{2}r_j$。

首先来证明这个论断。若 $r_{j+1}\leqslant\frac{1}{2}r_j$，则 $r_{j+2}<r_{j+1}\leqslant\frac{1}{2}r_j$，即证。若 $r_{j+1}>\frac{1}{2}r_j$，则 $r_j=r_{j+1}+r_{j+2}$ ，同样有 $r_{j+2}<\frac{1}{2}r_j$。

以上论断表示，做两次带余除法可将余数缩小一半。要得到 (a,b)，所要做的带余除法的次数不会超过 $2[\log_2 a]=O(\lg a)$，因而辗转相除法所需的比特计算量为

$$O(\lg^2 a)\times O(\lg a)=O(\lg^3 a).$$

由上述算法也可得到

$$\begin{aligned} r_0&=a-q_0b,\\ r_1&=b-q_1r_0=-q_1a+(1+q_0q_1)b. \end{aligned}\tag{1.3}$$

一般地，对任一 $r_i\,(0\leqslant i\leqslant n-1)$, 都有两整数 x_i,y_i, 使

$$r_i=x_ia+y_ib,$$

x_i 和 y_i 可利用下述递推公式得到

$$\begin{aligned} r_i&=r_{i-2}-q_ir_{i-1}\\ &=(x_{i-2}a+y_{i-2}b)-q_i(x_{i-1}a+y_{i-1}b)\\ &=(x_{i-2}-q_ix_{i-1})a+(y_{i-2}-q_iy_{i-1})b. \end{aligned}$$

可见

$$x_i=x_{i-2}-q_ix_{i-1},\quad y_i=y_{i-2}-q_iy_{i-1},\quad i=0,1,2,\cdots\tag{1.4}$$

由

$$a=1\cdot a+0\cdot b,\quad b=0\cdot a+1\cdot b$$

及式 (1.3) 可令

$$\begin{aligned} x_{-2}&=1, & x_{-1}&=0,\\ y_{-2}&=0, & y_{-1}&=1, \end{aligned}$$

利用这两个初始值及递推式 (1.4)，就可依次算出 $(x_2,y_2),(x_3,y_3),\cdots,(x_{n-1},y_{n-1})$，最后得到

$$(a,b)=r_{n-1}=x_{n-1}a+y_{n-1}b.$$

于是有定理 1.3。

定理 1.3 对任意两个正整数 a, b，存在整数 x 和 y，使

$$(a, b) = xa + yb.$$

显然有

推论 1.1 设 d 是 a 和 b 的任一公因子，则 $d|(a, b)$。

证明 因 $d|a, d|b$，由定理 1.3，可得 $d|(a, b)$。

例 1.4 求 (2295,4471) 及整数 x, y，使 $(2295, 4471) = 2295x + 4471y$。

解

$$4471 = 1 \times 2295 + 2176,$$

$$2295 = 1 \times 2176 + 119,$$

$$2176 = 18 \times 119 + 34,$$

$$119 = 3 \times 34 + 17,$$

$$34 = 2 \times 17.$$

故 $(2295, 4471) = 17$。利用上述算式可得

$$2176 = 1 \times 4471 + (-1) \times 2295,$$

$$119 = (-1) \times 4471 + 2 \times 2295,$$

$$34 = 19 \times 4471 + (-37) \times 2295,$$

$$17 = (-58) \times 4471 + 113 \times 2295,$$

即

$$(2295, 4471) = (-58) \times 4471 + 113 \times 2295.$$

考虑 n 个整数 $a_1, a_2, \cdots, a_n$ 的最大公因子。

定义 1.2 设 $a_1, a_2, \cdots, a_n$ 是整数，d 为正整数，若

(1) $d|a_i$, $1 \leqslant i \leqslant n$;

(2) 对任一正整数 c，若 $c|a_i$, $1 \leqslant i \leqslant n$，则 $c|d$。

则 d 称为 $a_1, a_2, \cdots, a_n$ 的最大公因子，记为 $d = (a_1, a_2, \cdots, a_n)$。

当 $n = 2$ 时，定义 1.2 与前面关于两个整数的最大公因子的定义形式上略有不同，但定理 1.3 表明，这两种不同的定义方法实际上是等价的。计算 n 个数的最大公因子可以转化为计算一系列的两个整数的最大公因子。

定理 1.4 设 $a_1, a_2, \cdots, a_n$ 是 n 个整数，令

$$(a_1, a_2) = d_1,\ (d_1, a_3) = d_2,\ \cdots,\ (d_{n-2}, a_n) = d_{n-1},$$

则 $(a_1, a_2, \cdots, a_n) = d_{n-1}$。因而存在整数 $u_1, u_2, \cdots, u_n$，使 $a_1u_1 + a_2u_2 + \cdots + a_nu_n = (a_1, a_2, \cdots, a_n)$。

证明　设 $(a_1, a_2, \cdots, a_n) = d$，由于 $d|a_i$, $1 \leqslant i \leqslant n$，故 $d|d_i$, $1 \leqslant i \leqslant n-1$，特别有 $d|d_{n-1}$。另一方面，易见 $d_{n-1}|a_n$，又由于 $d_{n-1}|d_{n-2}$, $d_{n-2}|a_{n-1}$，可知 $d_{n-1}|a_{n-1}$，依次类推，有 $d_{n-1}|a_i$, $1 \leqslant i \leqslant n$。从而 $d_{n-1}|d$，因此 $d = d_{n-1}$。利用定理 1.3 可得后一个结论。

例 1.5　计算 $(4389, 5313, 399, 105)$ 的最大公因子。

解　依次计算

$$(4389, 5313) = 231, (231, 399) = 21, (21, 105) = 21,$$

故 $(4389, 5313, 399, 105) = 21$。

习　　题

1. 用辗转相除法计算 $(2104, 2720)$ 和 $(2104, 2720, 1046)$。

2. 用辗转相除法计算 $a = 8142$ 和 $b = 11766$ 的最大公因子，及整数 x 和 y，使 $(a, b) = ax + by$。

3. 试举例说明：$xa + yb = d$ 并不能保证 d 是 a, b 的最大公因子。

4. 若 a, b 为两个不全为零的整数，m 为任一正整数，证明 $(am, bm) = (a, b)m$。

5. 设 $(a, b) = 14$，计算 $(3a + 4b, 5a + 7b)$ 和 $(6a + 8b, 10a + 14b)$。

6. 证明：对于任意整数 n，$\dfrac{21n + 4}{14n + 3}$ 是既约分数。

7. 证明：$(x + 4, x - 4)|8$。

8. 证明：若 $(a, 4) = (b, 4) = 2$，则 $(a + b, 4) = 4$。

9. 在本题中，我们将介绍定理 1.3 的另一个证明。设 a, b 不全为零。

(1) 考虑集合 $I = \{ua + vb | u, v \in \mathbb{Z}\}$，证明 $a, b \in I$；

(2) 证明：a, b 的公因子整除 I 中每个数；

(3) 设 d 为 I 中最小正数。证明：I 中每个元都是 d 的倍数。特别地，d 是 a, b 的公因子；

(4) 证明：d 是 a, b 的最大公因子。

§1.4　整数的唯一分解定理

一个大于 1 的正整数 p，如果仅以 1 和自身 p 作为其因子，则称 p 为**素数**。大于 1 的非素数的自然数称为**复合数**。两个整数 a 和 b，若 a 和 b 的最大公因子等于 1，则称 a 和 b**互素**。由定理 1.3，若 a 和 b 互素，则存在整数 x 和 y，使 $ax + by = 1$。反之，若存在整数 x 和 y，使 $ax + by = 1$，易见 $(a, b) = 1$，即 a 与 b 互素。

定理 1.5　设 p 为素数，a, b 为整数，若 $p|ab$，则 $p|a$ 或 $p|b$。

证明　若 $p|a$，则定理成立。若 $p \nmid a$，则 a 与 p 互素，即 $(a, p) = 1$。由定理 1.3，有整数 x, y，使

$$xp + ya = 1$$

所以

$$xpb + yab = b,$$

由于 $p|ab$，故 $p|b$。

定理 1.6 (唯一分解定理) 任一不为 1 的正整数 n 均可唯一地表示为

$$n = p_1^{a_1} p_2^{a_2} \cdots p_k^{a_k},$$

这里 $p_1 < p_2 < \cdots < p_k$ 为素数，$a_1, a_2, \cdots, a_k$ 为自然数。上式称为 n 的标准分解式。

证明 首先证明分解的存在性。

若 n 为素数，定理显然成立。

若 n 不是素数，设 p_1 是 n 的最小的真因子，则 p_1 一定是素数，因 p_1 的真因子也是 n 的真因子，所以 p_1 不能有真因子。设 $n = p_1 n_1$ $(1 < n_1 < n)$，对 n_1 重复上述推理，得 $n = p_1 p_2 n_2$，p_2 为素数，$1 < n_2 < n_1$，如此下去，得 $n > n_1 > \cdots > 1$，其间步骤不超过 n，最后必有

$$n = p_1 p_2 \cdots p_l,$$

将 $p_1, \cdots, p_l$ 按定理中要求排列，就得到分解的存在性。

下面证明分解的唯一性。

设 n 可分解为

$$n = p_1^{a_1} p_2^{a_2} \cdots p_k^{a_k} = q_1^{b_1} q_2^{b_2} \cdots q_l^{b_l},$$

其中 $p_1 < p_2 < \cdots < p_k$，$q_1 < q_2 < \cdots < q_l$ 都是素数。由定理 1.4，任一 p_i 必为某一 q_j，任一 q_i 也必为某一 p_t，故 $k = l, p_i = q_i$ $(1 \leqslant i \leqslant k)$。又若 $a_1 > b_1$，则

$$p_1^{a_1 - b_1} p_2^{a_2} \cdots p_k^{a_k} = p_2^{b_2} \cdots p_k^{b_k},$$

左边为 p_1 的倍数，右边不是 p_1 的倍数，这不可能。同样 $a_1 < b_1$ 也不可能，故 $a_1 = b_1$。类似地，可证得 $a_i = b_i$ $(i = 1, 2, \cdots k)$。

给定一自然数 n，当 n 较小时，将 n 因子分解并不困难，例如：$15 = 3 \times 5, 111 = 3 \times 37$ 等。但当 n 很大时，如一百多位的十进制数，要将它因子分解，是非常困难的事情。1990 年，几百名研究人员利用连网的一千多台计算机，运行 6 个星期，将 $2^{2^9} + 1$ 分解为 7 位、49 位和 99 位 3 个素数之积，该数有 155 位，此项成果被列为 1990 年世界十大科技成果之一。

下面介绍 n 个整数的最小公倍数。

定义 1.3 设 $a_1, a_2, \cdots, a_n$ 是非零整数，m 为正整数，如果

(1) $a_i | m$, $1 \leqslant i \leqslant n$;

(2) 对任一正整数 u，若 $a_i | u$, $1 \leqslant i \leqslant n$，则 $m | u$。

那么，m 称为 $a_1, a_2, \cdots, a_n$ 的最小公倍数，记为 $[a_1, a_2, \cdots, a_n]$。

由于 $[a_1, a_2, \cdots, a_n] = [|a_1|, |a_2|, \cdots, |a_n|]$，只需对正整数讨论最小公倍数。与最大公因子类似，计算 n 个数的最小公倍数可以转化为计算一系列的两个整数的最小公倍数。

定理 1.7　设 $a_1,a_2,\cdots,a_n$ 为 n 个非零整数，令

$$[a_1,a_2]=m_1,\ [m_1,a_3]=m_2,\ \cdots,\ [m_{n-2},a_n]=m_{n-1},$$

则 $[a_1,a_2,\cdots,a_n]=m_{n-1}$。

证明　设 $[a_1,a_2,\cdots,a_n]=m$。由于 $a_1|m$, $a_2|m$，故 $m_1|m$；又由于 $a_3|m$，故 $m_2|m$，依次类推，可得 $m_{n-1}|m$。另一方面，易见，$m_1|m_2|\cdots|m_{n-2}|m_{n-1}$，对任一 $1\leqslant i\leqslant n$，有 $a_i|m_{i-1}$，从而 $a_i|m_{n-1}$, $1\leqslant i\leqslant n$，由 m 的定义得 $m|m_{n-1}$。

下面介绍两个整数的最小公倍数的计算方法。

定理 1.8　设 a,b 为两个正整数，则 $[a,b]=\dfrac{ab}{(a,b)}$。

证明　总可以假设 a, b 有如下的因子分解式

$$a=p_1^{a_1}p_2^{a_2}\cdots p_k^{a_k},\quad a_i\geqslant 0,\quad 1\leqslant i\leqslant k,$$

$$b=p_1^{b_1}p_2^{b_2}\cdots p_k^{b_k},\quad b_i\geqslant 0,\quad 1\leqslant i\leqslant k,$$

这里 $p_1,p_2,\cdots,p_k$ 为不同素数，a_i, b_i 为非负整数，令

$$c_i=\min\{a_i,b_i\},\qquad d_i=\max\{a_i,b_i\},$$

c_i 是 a_i 和 b_i 中较小的一个，d_i 是 a_i 和 b_i 中较大的一个。由最大公因子和最小公倍数的定义，可得

$$(a,b)=p_1^{c_1}p_2^{c_2}\cdots p_k^{c_k},\quad [a,b]=p_1^{d_1}p_2^{d_2}\cdots p_k^{d_k}.$$

由于 $a_i+b_i=\min\{a_i,b_i\}+\max\{a_i,b_i\}=c_i+d_i$，因而 $(a,b)[a,b]=ab$。

在利用定理 1.8 时，不一定要先计算 a 和 b 的因子分解式，而可以先利用辗转相除法计算 (a,b)，然后得到 $[a,b]$。

例 1.6　计算 $[2295,4471]$。

解　由例 1.4 得 $(2295,4471)=17$，故

$$[2295,4471]=\frac{2295\times 4471}{17}=603585.$$

习　　题

1. 设 a,b,c 为正整数，若 $c|ab$, a 与 c 互素，则 $c|b$。

2. 若 $(a,b)=1$，且 $a|c,b|c$，则 $ab|c$。

3. 证明：$6|n(n+1)(2n+1)$，其中 n 为任意整数。

4. 证明：若 $a^2|b^2$，则 $a|b$。

5. 设 a 为正整数，p 为素数，以 ord_pa 表示 a 的标准因子分解式中所含 p 的幂次。证明：

$$\mathrm{ord}_p(a+b)\geqslant\min(\mathrm{ord}_pa,\mathrm{ord}_pb),$$

且当 $\mathrm{ord}_pa\neq\mathrm{ord}_pb$ 时，等号成立。

6. 设 n,λ 为正整数，p 为素数，若 $p^\lambda\leqslant n<p^{\lambda+1}$，证明：

$$\mathrm{ord}_p(n!) = \left[\frac{n}{p}\right] + \left[\frac{n}{p^2}\right] + \cdots + \left[\frac{n}{p^\lambda}\right].$$

7. 1024! 的十进制表达式的末尾有多少个连续的 0?

8. 1024! 的十二进制表达式末尾有多少个连续的 0?

9. 利用辗转相除法，计算 $[2104, 2720]$ 和 $[2104, 2720, 1046]$。

10. 若 a, b 为两个不全为零的整数，证明 $[am, bm] = [a, b]m$。

§1.5 素　数

易知 2, 3, 5, 7, 11, 13, 17, 19, $\cdots$, 都是素数。

定理 1.9 素数有无穷多个。

证明 利用反证法。假设只有有限个素数，设它们为 $p_1, \cdots, p_k$。考虑整数

$$n = p_1 p_2 \cdots p_k + 1.$$

任一 p_i $(1 \leqslant i \leqslant k)$ 不能整除 n，所以它们不是 n 的素因子。由整数唯一因子分解定理，n 总有一个素因子，记为 p，则 $p \neq p_i$ $(1 \leqslant i \leqslant k)$，与假设矛盾。

素数有无穷个，但它的分布极不规则，若 $n > 2$ 为一个整数，则连续 $n-1$ 个整数 $n!+2,\ n!+3,\ \cdots,\ n!+n$ 都不是素数，可见有任意长的整数区间不含有素数。设 $\pi(x)$ 表示不超过 x 的素数个数，可以证明

$$\lim_{x \to +\infty} \frac{\pi(x)}{x} = 0.$$

这表明与所有正整数个数相比较，素数个数少很多，几乎所有的整数都不是素数。

研究素数的分布是一个很有兴趣的问题，人们根据观察所得到的经验，对素数的分布提出了很多猜想。

例如：

$$3, 5;\ 5, 7;\ 11, 13;\ 17, 19;\ 29, 31;\ \cdots, 101, 103;\ \cdots;$$
$$10016957, 10016959;\ \cdots;\ 10^9+7,\ 10^9+9; \cdots$$

都是差为 2 的素数对，称为**孪生素数**。更进一步，已知小于 100,000 的孪生素数有 1224 对，小于 1,000,000 的孪生素数有 8164 对，于是人们猜想孪生素数有无穷对，这是一个至今未能证明的数学难题。

又例如，由观察可得

$$6 = 3+3, \quad 8 = 3+5, \quad 10 = 5+5, \quad 12 = 5+7, \quad 14 = 7+7,$$
$$16 = 3+13, \quad 18 = 5+13, \quad 20 = 17+3, \quad 22 = 3+19, \quad \cdots.$$

1742 年，德国数学家哥德巴赫（C.Goldbach）提出了“每个大于 2 的偶数均可表成为两个素数之和”的著名猜想，二百多年来数学家们一直试图证明这个猜想。我国数学家陈景润在

1966 年证明了"每个充分大的偶数都可表为一个素数和一个不超过两个素数的乘积之和"，成为至今关于这一猜想的最好结果。有人验证了在 33×10^6 之内的偶数对哥德巴赫猜想都是正确的，但该猜想至今未能证明。

猜想的事总比能证明的多。数学家们通过研究这些难题，创造了很多有价值的数学理论，推动了数学的发展。

素数在密码算法中也发挥了重要作用，下面介绍两类特殊的素数。

定理 1.10　*设 $n>1$，若 a^n-1 为素数，则 $a=2$，n 为素数。*

证明　若 $a>2$，则 $a^n-1=(a-1)(a^{n-1}+\cdots+a+1)$，而 $1<a-1<a^n-1$，故 a^n-1 非素数。

若 $a=2$，而 $n=kl$，$k>1,l>1$，则由 $2^n-1=2^{kl}-1=(2^k-1)(2^{k(l-1)}+\cdots+2^k+1)$，而 $1<2^k-1<2^n-1$，知 2^n-1 非素数。

定义 1.4　*整数 $M_n=2^n-1$ 称为第 n 个Mersenne数，当 p 为素数，且 $M_p=2^p-1$ 也为素数时，M_p 称为Mersenne素数（梅森素数）。*

至今已知道有 48 个 Mersenne 素数，它们所对应的 p 为

2	3	5	7	13	17	19	31
61	89	107	127	521	607	1279	2203
2281	3217	4253	4423	9689	9941	11213	19937
21701	23209	44497	86243	110503	132049	216091	756839
895433	1257787	1398269	2976221	3021377	6972593	13466917	20996011
24036583	25964951	30402457	32582657	37156667	42643801	43112609	57885161

定理 1.11　*若 2^m+1 为素数，则 m 一定是 2 的方幂。*

证明　若 m 有一个奇因子 q，命 $m=qr$，则

$$2^{qr}+1=(2^r)^q+1=(2^r+1)(2^{r(q-1)}-2^{r(q-2)}+2^{r(q-3)}-2^{r(q-4)}+\cdots-2^r+1)$$

而 $1<2^r+1<2^{qr}+1$，故 2^m+1 非素数。

定义 1.5　*形如 $F_n=2^{2^n}+1$ 的数称为Fermat数，如果此数是素数，则称为Fermat素数（费马素数）。*

最小的五个 Fermat 数为

$$\mathrm{F}_0=3\qquad \mathrm{F}_1=5\qquad \mathrm{F}_2=17\qquad \mathrm{F}_3=257\qquad \mathrm{F}_4=65537$$

都是素数，据此，Fermat 猜测凡 F_n 皆为素数。但这个猜测是错误的，Euler（欧拉）于 1732 年证明了 $\mathrm{F}_5=2^{2^5}+1$ 不是素数。下面给出 F_5 为合数的一个证明。

令 $a=2^7$, $b=5$，则 $a-b^3=3$，$1+ab-b^4=1+3b=2^4$，则

$$\begin{aligned}2^{2^5}+1&=(2a)^4+1=2^4a^4+1=(1+ab-b^4)a^4+1\\&=(1+ab)a^4+(1-a^4b^4)\end{aligned}$$

$$= (1+ab)(a^4+1-ab+a^2b^2-a^3b^3),$$

可知 $1+ab|2^{2^5}+1$。事实上，$2^{2^5}+1=641\times 6700417$。

故 Fermat 猜想并不正确，现已证明 $n=6,7,8,9,11,12,18,23,36,38,73$ 时，F_n 均非素数。因此有人推测仅存在有限个 Fermat 素数。

由于计算机中利用二进制表示数, Mersenne 素数和 Fermat 素数所具有的特殊形式，使它们在作为一个素数被利用的同时，还能带来计算上的便利。例如，假设 $q=2^p-1$ 是一个 Mersenne 素数，现计算整数 c 除以 q 的余数。由于 c 以二进制表示，很容易得到 $c=c_0+2^pc_1\,(c_0<2^p)$，因而

$$c=c_0+c_1+(2^p-1)c_1=c_0+c_1+qc_1$$

c 除以 q 的余数与 c_0+c_1 除以 q 的余数相同，一个除法化成一个加法。当 c_0+c_1 仍大于 q 时，对 c_0+c_1 重复使用上面的方法。关于 Fermat 素数也可有类似的方法。称形如 $p=2^k-a$（其中 a 是一个很小的整数）的素数为**准 Mersenne 素数**。这样的素数在计算中也有好处。例如，要计算 $c=c_0+2^kc_1$ 除以 p 的余数时，只要计算 c_0+ac_1 除以 p 的余数即可。

寻找素数是一个比较难的问题，下面给出一个算法，称为**Eratosthenes（埃拉托斯特尼）筛法**。

设 a 是复合数，则 $a=a_1a_2$，由此可知，必有素数 $p\leqslant a^{1/2}$，$p|a$。利用这个结论，如果要求 100（任何正整数 N）内的所有素数，我们将 1~100(N) 的所有复合数删去。若 $1\leqslant a\leqslant 100$ 是复合数，则 a 必有一个素因子 $p\leqslant a^{1/2}\leqslant 100^{1/2}=10$。因而先求出不超过 10 的全部素数 2, 3, 5, 7，然后将 1~100 的所有除 2, 3, 5, 7 以外的 2 的倍数，3 的倍数，5 的倍数，7 的倍数全部删去，剩下的就是全部不超过 100 的素数，如下所示：

~~1~~	2	3	~~4~~	5	~~6~~	7	~~8~~	~~9~~	~~10~~
11	~~12~~	13	~~14~~	~~15~~	~~16~~	17	~~18~~	19	~~20~~
~~21~~	~~22~~	23	~~24~~	~~25~~	~~26~~	~~27~~	~~28~~	29	~~30~~
31	~~32~~	~~33~~	~~34~~	~~35~~	~~36~~	37	~~38~~	~~39~~	~~40~~
41	~~42~~	43	~~44~~	~~45~~	~~46~~	47	~~48~~	~~49~~	~~50~~
~~51~~	~~52~~	53	~~54~~	~~55~~	~~56~~	~~57~~	~~58~~	59	~~60~~
61	~~62~~	~~63~~	~~64~~	~~65~~	~~66~~	67	~~68~~	~~69~~	~~70~~
71	~~72~~	73	~~74~~	~~75~~	~~76~~	~~77~~	~~78~~	79	~~80~~
~~81~~	~~82~~	83	~~84~~	~~85~~	~~86~~	~~87~~	~~88~~	89	~~90~~
~~91~~	~~92~~	~~93~~	~~94~~	~~95~~	~~96~~	97	~~98~~	~~99~~	~~100~~

故 1~100 的素数为 2, 3, 5, 7, 11, 13, 17, 19, 23, 29, 31, 37, 41, 43, 47, 53, 59, 61, 67, 71, 73, 79, 83, 89, 97, 共 25 个。

截止到 1977 年，最完善的素数表是 Den Zagier 制作的，列出了所有不大于 50,000,000 的素数，但在密码算法中往往需要利用大素数，例如，需要用二进制表示有五百位以上的素

数。对于任意一个大整数, 采用一些计算方法可以判断它是不是素数，通过这类素性判断的算法就可以找到大素数。判断一个大整数是否是素数要比大整数因子分解容易得多。

习　题

1. 对任意给定正整数 n, 自然数列中一定存在 n 个连续的合数。

2. 证明:

(1) 任一形如 $3k-1, 4k-1, 6k-1$ 形式的正整数必有同样形式的素因子;

(2) 形如 $4k-1$ 的素数有无穷多个;

(3) 形如 $6k-1$ 的素数有无穷多个。

3. 设 p 是正整数 n 的最小素因子, 证明: 若 $p > n^{1/3}$, 则 $\dfrac{n}{p}$ 是素数。

4. 设 $n \geqslant 0, F_n = 2^{2^n}+1$, 再设 $m \neq n$。证明: 若 $d > 1$, 且 $d|F_n$, 则 $d \nmid F_m$。由此推出素数有无穷多个。

§1.6　多项式的整除性

令

$$\mathbb{Q} = \left\{ \frac{a}{b} \middle| a, b \in \mathbb{Z}, b \neq 0 \right\}$$

表示全体有理数集合。$\mathbb{Q}$ 上有加、减、乘、除四则运算。令

$$\mathbb{Q}[x] = \{a_0 + a_1 x + \cdots + a_n x^n | a_i \in \mathbb{Q}, 0 \leqslant i \leqslant n\}$$

表示所有系数为有理数的多项式集合，$\mathbb{Q}[x]$ 有加法、减法和乘法，但没有除法。$\mathbb{Q}[x]$ 与整数集合 $\mathbb{Z}$ 有很多类似的性质。如 $\mathbb{Q}[x]$ 上也有带余除法，也有最大公因子的概念，也有唯一因子分解定理等。以 $\deg f(x)$ 表示多项式 $f(x)$ 的次数。类似于定理 1.1，可有如下定理。

定理 1.12　设 $f(x), g(x) \in \mathbb{Q}[x]$, $g(x) \neq 0$, 则有 $q(x), r(x) \in \mathbb{Q}[x]$ 使

$$f(x) = q(x)g(x) + r(x),$$

$r(x) = 0$ 或 $r(x) \neq 0$, $\deg r(x) < \deg g(x)$。

证明　当 $\deg f(x) < \deg g(x)$ 时，可取 $q(x) = 0, r(x) = f(x)$。当 $\deg f(x) \geqslant \deg g(x)$ 时，以 $f(x)$ 为被除式，$g(x)$ 为除式，利用多项式除法可计算得到不完全商式 $q(x)$ 和余式 $r(x)$。

比较定理 1.1 和定理 1.12，可见 $\mathbb{Z}$ 中的绝对值与 $\mathbb{Q}[x]$ 中的多项式次数具有类似的作用。

当 $r(x) = 0$ 时，称 $g(x)$ 能**整除** $f(x)$，记为 $g(x)|f(x)$，$g(x)$ 称为 $f(x)$ 的**因子**。当 $g(x)$ 为 $f(x)$ 的因子，且 $0 < \deg g(x) < \deg f(x)$ 时，称 $g(x)$ 为 $f(x)$ 的**真因子**。

若 $g(x) \neq 0, h(x) \neq 0$，显然有下列性质。

(1) 若 $h(x)|g(x)$, $g(x)|f(x)$，则 $h(x)|f(x)$；

(2) 若 $g(x)|f(x)$，则 $h(x)g(x)|h(x)f(x)$；

(3) 若 $h(x)|g(x)$, $h(x)|f(x)$，则对任意多项式 $m(x)$ 和 $n(x)$，有 $h(x)|m(x)f(x)+n(x)g(x)$。

当 $f(x)$ 没有真因子时，$f(x)$ 称为**不可约多项式**。

定义 1.6 设 $f(x), g(x), h(x) \in \mathbb{Q}[x]$, $h(x) \neq 0$, 如果

(1) $h(x)|f(x)$, $h(x)|g(x)$;

(2) 对任一多项式 $d(x) \neq 0$, $d(x)|f(x)$, $d(x)|g(x)$, 则 $d(x)|h(x)$, 那么称 $h(x)$ 为 $f(x)$ 与 $g(x)$ 的最大公因子。

若 $h_1(x)$, $h_2(x)$ 都是 $f(x)$ 与 $g(x)$ 的最大公因子，则由定义 1.6，可知 $h_1(x)|h_2(x)$, $h_2(x)|h_1(x)$, 这时 $h_1(x) = ah_2(x)$, a 是一个非零有理数。我们以 $(f(x), g(x))$ 表示它们的首项系数为 1 的最大公因子。

因为 0 可以被任意多项式整除，任一多项式 $f(x)$ 和 0 的最大公因子就是 $f(x)$，两个 0 多项式的最大公因子定义为 0。故不妨设 $f(x)$ 和 $g(x)$ 全不为 0。

令

$$M = \{m(x)f(x) + n(x)g(x) \mid m(x), n(x) \in \mathbb{Q}[x]\}.$$

M 中任意两个多项式之和 (差) 仍属于 M，M 中任一多项式与 $\mathbb{Q}[x]$ 中任一多项式的乘积仍属于 M。设 $d(x)$ 是 M 中次数最小且首项系数为 1 的多项式，这时 $d(x)$ 一定是 M 中所有多项式的因子。事实上，设 $h(x)$ 为 M 中任一多项式，由定理 1.12，存在多项式 $q(x)$ 和 $r(x)$，使得

$$h(x) = q(x)d(x) + r(x),$$

$r(x) = 0$ 或 $r(x) \neq 0, \deg r(x) < \deg d(x)$。由于 $r(x) = h(x) - q(x)d(x)$ 也在 M 中，但 $d(x)$ 是 M 中次数最小的多项式，故 $r(x) = 0$，即 $d(x)|h(x)$。因此 $d(x)|f(x)$, $d(x)|g(x)$。

设 $d(x) = m(x)f(x) + n(x)g(x)$, $m(x), n(x) \in \mathbb{Q}[x]$。若 $c(x)|f(x)$, $c(x)|g(x)$, 则 $c(x)|d(x)$, 所以 $d(x)$ 是 $f(x)$ 和 $g(x)$ 的最大公因子。这就证明了下面的定理：

定理 1.13 设 $f(x), g(x) \in \mathbb{Q}[x]$, $(f(x), g(x))$ 为 $f(x)$ 与 $g(x)$ 的最大公因子，则存在 $m(x)$, $n(x) \in \mathbb{Q}[x]$, 使得

$$(f(x), g(x)) = m(x)f(x) + n(x)g(x).$$

类似于整数的情况，可以利用辗转相除法计算两个多项式 $f(x)$ 和 $g(x)$ 的最大公因子。设 $\deg f(x) \geqslant \deg g(x)$，且

$$\begin{aligned} f(x) &= q_0(x)g(x) + r_0(x), \quad r_0(x) \neq 0, \deg r_0(x) < \deg g(x), \\ g(x) &= q_1(x)r_0(x) + r_1(x), \quad r_1(x) \neq 0, \deg r_1(x) < \deg r_0(x), \\ &\cdots\cdots \end{aligned}$$

$$r_{k-3}(x) = q_{k-1}(x)r_{k-2}(x) + r_{k-1}(x), \quad r_{k-1}(x) \neq 0, \deg r_{k-1}(x) < \deg r_{k-2}(x),$$
$$r_{k-2}(x) = q_k(x)r_{k-1}(x).$$

则 $(f(x), g(x)) = r_{k-1}(x)$。令

$$m_{-2}(x) = 1, \quad m_{-1}(x) = 0, \quad m_i(x) = m_{i-2}(x) - q_i(x)m_{i-1}(x), \quad 0 \leqslant i \leqslant k-1,$$
$$n_{-2}(x) = 0, \quad n_{-1}(x) = 1, \quad n_i(x) = n_{i-2}(x) - q_i(x)n_{i-1}(x), \quad 0 \leqslant i \leqslant k-1,$$

则

$$(f(x), g(x)) = m_{k-1}(x)f(x) + n_{k-1}(x)g(x).$$

例 1.7　设 $f(x) = x^6 + 2x^5 + 2x^4 + 2x^3 + 2x^2 + 2x + 1$, $g(x) = x^5 + x^3 - x^2 - 1$，计算 $(f(x), g(x))$ 及 $m(x)$, $n(x)$, 使 $(f(x), g(x)) = m(x)f(x) + n(x)g(x)$。

解　计算多项式的带余除法

$$f(x) = (x+2)g(x) + x^4 + x^3 + 4x^2 + 3x + 3,$$
$$g(x) = (x-1)(x^4 + x^3 + 4x^2 + 3x + 3) + 2 - 2x^3,$$
$$x^4 + x^3 + 4x^2 + 3x + 3 = \frac{-x-1}{2} \cdot (2 - 2x^3) + 4(x^2 + x + 1),$$
$$2 - 2x^3 = \frac{-x+1}{2} \cdot 4(x^2 + x + 1).$$

可见，$(f(x), g(x)) = x^2 + x + 1$，我们有 $q_0(x) = x + 2$, $q_1(x) = x - 1$, $q_2(x) = -(x+1)/2$，因而

$$m_0(x) = 1, \quad m_1(x) = -x + 1, \quad m_2(x) = (-x^2 + 3)/2,$$
$$n_0(x) = -x - 2, \quad n_1(x) = x^2 + x - 1, \quad n_2(x) = (x^3 + 2x^2 - 2x - 5)/2.$$

最后得到

$$(f(x), g(x)) = \frac{1}{8}(-x^2 + 3)f(x) + \frac{1}{8}(x^3 + 2x^2 - 2x - 5)g(x).$$

定理 1.14　设 $p(x) \in \mathbb{Q}[x]$ 为不可约多项式，且 $p(x)|f(x)g(x)$，则 $p(x)|f(x)$ 或 $p(x)|g(x)$。

证明　类似于定理 1.5 的证明。

定理 1.15 (唯一分解定理)　$\mathbb{Q}[x]$ 中任一非常数多项式 $f(x)$ 均可表示为

$$f(x) = p_1(x)^{a_1} p_2(x)^{a_2} \cdots p_k(x)^{a_k},$$

这里 $p_1(x)$, $p_2(x)$, $\cdots$, $p_k(x)$ 为 $\mathbb{Q}[x]$ 中不可约多项式，$a_1, a_2, \cdots, a_k$ 为正整数。若不考虑相差一个非零常数因子及不可约因子的次序时，这种分解是唯一的。

证明　类似于定理 1.6 的证明，只要在证明中用多项式的次数代替正整数的值。

习　题

1. 令 $f(x) = x^2 + 3x + 1$, $g(x) = x^3 + 2x^2 + x + 1$，计算 $(f(x), g(x))$ 及 $m(x)$ 和 $n(x)$，使得 $(f(x), g(x)) = m(x)f(x) + n(x)g(x)$。

2. 给出定理 1.15 (多项式唯一因子分解定理) 的证明。

第2章　同　余　式

本章首先引入整数同余概念，接着介绍了求解一次同余方程组的中国剩余定理，这是中国古代数学的一个辉煌成就。对于给定的任一正整数 m，关于 m 同余的所有整数组成一个模 m 的剩余类，两个剩余类可以有加法和乘法运算，全体剩余类组成剩余类环。定义了模 m 的完全剩余系和缩系，当该缩系可以由一个元素自乘生成时，该生成元称为模 m 的原根。有些 m 有原根，有些 m 没有原根，本章定出了有原根存在的所有正整数 m (定理 2.19)。最后介绍了基于本章所讲的知识建立的 RSA 公钥密码体制。

§2.1　中国剩余定理

我国古代的一部经典数学著作《孙子算经》中，有 “物不知其数” 一问：

“今有物不知其数，三三数之剩二，五五数之剩三，七七数之剩二，问物几何”。

这个问题的意思可以表达如下：譬如，有一把围棋子，3 个 3 个地数，最后余下两个，5 个 5 个地数，最后余下 3 个，7 个 7 个地数，最后余下两个，问这把棋子有多少个？

在程大位著的《算法统宗》(1593 年) 中，用四句诗给出了上述问题的解法：

三人同行七十稀，　　五树梅花廿一枝，

七子团圆正月半，　　除百零五便得知。

它的意思是说，所求之数除以 3 所得的余数乘 70，除以 5 所得的余数乘 21，除以 7 所得的余数乘 15，然后总加起来，如果它大于 105，则减去 105，还大再减去，最后得出的正整数就是答数了。

上述孙子算经上的问题的解答，可以这样来算：

$$2\times 70+3\times 21+2\times 15=233,$$

减去两个 105，得 23，这就是答数了。

为什么 70,21 和 15 有此妙用？先来看看 70,21,15 的性质，70 是这样一个整数：用 3 除余 1，5 与 7 都除得尽的数，所以 $70a$ 是 3 除余 a，5 与 7 除尽的数；21 是 5 除余 1，3 与 7 除得尽的数，所以 $21b$ 是 5 除余 b，而 3 与 7 除得尽的数；同样，$15c$ 是 7 除余 c，而 5 与 3 除得尽的数。总起来正整数

$$70a + 21b + 15c$$

是 3 除余 a，5 除余 b，7 除余 c 的数，也就是可能的解答数，但不一定是最小的，这数加减 105 仍然有同样性质，因 105 是 3,5,7 的最小公倍数，所以可以多次减去 105 得出最小的正整数即为解答。

以上算法称为**孙子定理**，在外国文献上也称为**中国剩余定理**，这个方法不但在古代数学史上占有重要地位，而且它的原理在近代数学上还常被采用。在上述问题中，遇到的是 3 除，5 除，7 除，如果用别的数代替 3，5，7，能否有同样类似的解法？这里就要研究同余式的理论了。

设 n 为自然数，a,b 为任意两个整数，若 $a-b$ 能被 n 除尽，则称 a 与 b 模 n**同余**，记为

$$a \equiv b \pmod{n}.$$

换句话说，这时 n 除 a 所得的余数与 n 除 b 所得的余数相同。同余的概念在日常生活中经常遇到。

例 2.1　某月的 1 号是星期一，问该月的 23 号是星期几？

解　因 $23 \equiv 2 \pmod 7$，2 号是星期二，故 23 号也是星期二。

用同余式表示“物不知其数”问题，就是求一个 (最小的) 正整数 x，使

$$\begin{cases} x \equiv 2 \pmod 3, \\ x \equiv 3 \pmod 5, \\ x \equiv 2 \pmod 7. \end{cases} \tag{2.1}$$

这是一个解同余方程组的问题。

设 a,b,c,n 为自然数，同余具有下列性质：

(1) 对所有的 a，$a \equiv a \pmod{n}$；

(2) 若 $a \equiv b \pmod{n}$，则 $b \equiv a \pmod{n}$；

(3) 若 $a \equiv b \pmod{n}$，$b \equiv c \pmod{n}$，则 $a \equiv c \pmod{n}$。

定理 2.1　设 a,b,d,a_1,a_2,b_1,b_2,n 为自然数，则

(1) 若 $a_1 \equiv b_1 \pmod{n}$, $a_2 \equiv b_2 \pmod{n}$，则 $a_1 + a_2 \equiv b_1 + b_2 \pmod{n}$；

(2) 若 $a_1 \equiv b_1 \pmod{n}$, $a_2 \equiv b_2 \pmod{n}$，则 $a_1a_2 \equiv b_1b_2 \pmod{n}$；

(3) 若 $ad \equiv bd \pmod{n}$，且 $(d,n) = 1$，则 $a \equiv b \pmod{n}$；

(4) 若 $a \equiv b \pmod{n}$，d 是 a,b,n 的任一公因子，则 $\dfrac{a}{d} \equiv \dfrac{b}{d}\left(\bmod \dfrac{n}{d}\right)$；

(5) 若 $a \equiv b \pmod{n_i}$，$i = 1,2,\cdots,k$，则 $a \equiv b \pmod{[n_1,n_2,\cdots,n_k]}$，其中 $[n_1,n_2,\cdots,n_k]$ 表示 $n_1,n_2,\cdots,n_k$ 的最小公倍数；

(6) 若 $a \equiv b \pmod{n}$，$d|n$, $d > 0$，则 $a \equiv b \pmod{d}$；

(7) 若 $a \equiv b \pmod{n}$，则 $(a,n) = (b,n)$。

证明 (1) 若 $a_1 \equiv b_1 \pmod{n}, a_2 \equiv b_2 \pmod{n}$，则 $n|a_1-b_1, n|a_2-b_2$，所以 $n|(a_1+a_2)-(b_1+b_2)$，故 $a_1+a_2 \equiv b_1+b_2 \pmod{n}$；

(2) 若 $a_1 \equiv b_1 \pmod{n}, a_2 \equiv b_2 \pmod{n}$，则 $n|a_1-b_1, n|a_2-b_2$，所以 $n|a_1(a_2-b_2)+b_2(a_1-b_1)$，即 $n|a_1a_2-b_1b_2$，故 $a_1a_2 \equiv b_1b_2 \pmod{n}$；

(3) 若 $ad \equiv bd \pmod{n}$，且 $(d,n)=1$，由 $n|(a-b)d$，可得 $n|a-b$ (§1.4 节的习题 1)，即 $a \equiv b \pmod{n}$；

(4) 若 $a \equiv b \pmod{n}$，则 $n|a-b$，从而 $\frac{n}{d}\Big|\frac{a}{d}-\frac{b}{d}$，即 $\frac{a}{d} \equiv \frac{b}{d}\left(\bmod \frac{n}{d}\right)$；

(5) 若 $a \equiv b \pmod{n_i}$，$i=1,2,\cdots,k$，则 $n_i|a-b$，$i=1,2,\cdots,k$，由最小公倍数的定义可知，$[n_1,n_2,\cdots,n_k]|a-b$，即 $a \equiv b \pmod{[n_1,n_2,\cdots,n_k]}$；

(6) 若 $a \equiv b \pmod{n}$，$d|n$，由 $n|a-b$，可知 $d|a-b$，故 $a \equiv b \pmod{d}$；

(7) 若 $a \equiv b \pmod{n}$，则 $n|a-b$，所以存在整数 t，使得 $a=b+nt$，由定理 1.2 可知 $(a,n)=(b,n)$。

给定整数 a，正整数 m，求整数 x，使

$$x \equiv a \pmod{m},$$

这称为**解同余方程**问题。这时 $x=a+km$ (k 为任一整数) 是该同余方程所有的解。适当选取 k，可使 $1 \leqslant x \leqslant m$。在区间 $1 \leqslant x \leqslant m$ 中也仅可能有一个解。假设 x_1,x_2 为两个解，$1 \leqslant x_i \leqslant m$, $x_i=a+k_im$ $(i=1,2)$，则

$$x_1-x_2=(k_1-k_2)m,$$

由于 $0 \leqslant |x_1-x_2| < m$，故 $k_1=k_2=0$，从而 $x_1=x_2$。

求解同余方程组

$$\begin{cases} x \equiv a_1 \pmod{m_1}, \\ x \equiv a_2 \pmod{m_2}, \end{cases}$$

情况就要复杂一些，有时候它有解，有时候它没有解。例如，下列同余方程组

$$\begin{cases} x \equiv 1 \pmod{4}, \\ x \equiv 2 \pmod{6} \end{cases} \tag{2.2}$$

没有解。因 $[4,6]=12$，若 x 是上述同余方程组的解，则 $x+12k$ (k 为任意整数) 也是解，所以只要检查在区间 $1 \leqslant x \leqslant 12$ 中是否有解。对于第一个同余方程 $x \equiv 1 \pmod{4}$, $x=1,5,9$ 是解，对第二个同余方程 $x \equiv 2 \pmod{6}$, $x=2,8$ 是解，所以上述同余方程组没有解。但同余方程组

$$\begin{cases} x \equiv 1 \pmod{4}, \\ x \equiv 3 \pmod{6} \end{cases} \tag{2.3}$$

在区间 $1 \leqslant x \leqslant 12$ 中就有一个解 $x=9$。一般情况有下述定理：

定理 2.2　设 m_1, m_2 为正整数，m 是 m_1, m_2 的最小公倍数，则同余方程组

$$\begin{cases} x \equiv a_1 \pmod{m_1}, \\ x \equiv a_2 \pmod{m_2} \end{cases} \tag{2.4}$$

有解的充分必要条件是 $(m_1, m_2) | a_1 - a_2$，如果这个条件成立，则方程组有且仅有一个小于 m 的非负整数解。

证明　设 $(m_1, m_2) = d$，若方程组 (2.4) 有解 x，则由定理 2.1 (6) 可得

$$x \equiv a_1 \pmod{d}, \qquad x \equiv a_2 \pmod{d},$$

故 $a_1 - a_2 \equiv 0 \pmod{d}$，即 $(m_1, m_2) | a_1 - a_2$。

反之，设 $d | a_1 - a_2$。利用辗转相除法可找到整数 p 和 q，使得

$$pm_1 + qm_2 = d.$$

将上式两边同乘以 $(a_1 - a_2)/d$，得

$$a_1 - a_2 = p \cdot \frac{a_1 - a_2}{d} m_1 + q \cdot \frac{a_1 - a_2}{d} m_2,$$

或

$$a_1 - p \cdot \frac{a_1 - a_2}{d} m_1 = a_2 + q \frac{a_1 - a_2}{d} m_2.$$

上式表明 $x = a_1 - p\dfrac{a_1 - a_2}{d} m_1 = a_2 + q\dfrac{a_1 - a_2}{d} m_2$ 就是同余方程组 (2.4) 的解。

设 x 是同余方程组 (2.4) 的解，则 $x - km$（k 为整数）也是方程组的解，因此适当选取 k，可以找到一个小于 m 的非负整数解。如果 x_1 和 x_2 均是方程组小于 m 的非负整数解，不妨设 $x_1 \leqslant x_2$，则

$$x_2 - x_1 \equiv 0 \pmod{m_1}, \qquad x_2 - x_1 \equiv 0 \pmod{m_2},$$

由定理 2.1 (5)，$x_2 - x_1 \equiv 0 \pmod{m}$，即 $m | x_2 - x_1$，故 $x_2 = x_1$。因此该方程组有且仅有一个小于 m 的非负整数解。

将定理 2.2 应用于方程组 (2.2) 和 (2.3)，由于 $(4, 6) = 2$，可见同余方程组 (2.2) 无解，(2.3) 有解。

当 m_1 与 m_2 互素时，即 $(m_1, m_2) = 1$，定理 2.2 的条件总成立，因此同余方程组一定有解。考虑多个同余方程组的情形，这就是以下定理：

定理 2.3 (中国剩余定理)　设 $m_1, m_2, \cdots, m_r$ 是两两互素的自然数，令 $m = m_1 m_2 \cdots m_r = m_i M_i$，即 $M_i = m_1 \cdots m_{i-1} m_{i+1} \cdots m_r$，$i = 1, 2, \cdots, r$，则方程组

$$\begin{cases} x \equiv b_1 \pmod{m_1} \\ x \equiv b_2 \pmod{m_2} \\ \cdots \\ x \equiv b_r \pmod{m_r} \end{cases} \tag{2.5}$$

的解为

$$x \equiv M_1'M_1b_1 + M_2'M_2b_2 + \cdots + M_r'M_rb_r \pmod m,$$

其中 M_i' 是整数, 使 $M_i'M_i \equiv 1 \pmod{m_i}$, $i = 1, 2, \cdots, r$。该方程组有且仅有一个小于 m 的非负整数解。

证明 本节开头所讲的“物不知其数”的问题即属于 $r = 3$ 的情况。程大位的四句诗中所包含的思想，同样也给出了当 r 为任意正整数时的求解方法。对任一 i $(1 \leqslant i \leqslant r)$，找一个数，它被 m_i 除余 1，而被其他的 m_j $(j \neq i)$ 除尽。由 $(m_i, m_j) = 1\,(i \neq j)$ 知 $(M_i, m_i) = 1$，利用辗转相除法可找到整数 M_i', N_i 使得

$$M_i'M_i + N_im_i = 1,$$

即

$$M_i'M_i \equiv 1 \pmod{m_i}.$$

$M_i'M_i$ 即为所要找的数，它被 m_i 除余 1，而被其他的 m_j $(i \neq j)$ 除尽。故

$$\sum_{j=1}^{r} M_j'M_jb_j \equiv M_i'M_ib_i \equiv b_i \pmod{m_i}, \quad i = 1, 2, \cdots, r,$$

这说明 $\sum\limits_{j=1}^{r} M_j'M_jb_j$ 是同余方程组 (2.5) 的解。

现在设整数 x_0, x_1 是同余方程组 (2.5) 的两个解，且 $0 \leqslant x_0, x_1 < m$。由

$$x_0 \equiv x_1 \equiv b_i \pmod{m_i},\ 1 \leqslant i \leqslant r$$

得 $m_i | x_0 - x_1$, 因而 $m | x_0 - x_1$ (定理 2.1 (5))，但由于 $0 \leqslant |x_0 - x_1| < m$，故 $x_0 = x_1$，所以该方程组 (2.5) 仅有一个小于 m 的非负整数解。

例 2.2 求解同余方程组

$$\begin{cases} x \equiv 1 \pmod 4, \\ x \equiv 2 \pmod 9, \\ x \equiv 3 \pmod{11}. \end{cases}$$

解 利用中国剩余定理，$m = 4 \times 9 \times 11 = 396$，所以 $M_1 = 99, M_2 = 44, M_3 = 36$。由 $99M_1' \equiv 1 \pmod 4$，得 $3M_1' \equiv 1 \pmod 4$，故 $M_1' \equiv 3 \pmod 4$，同样可得，$M_2' \equiv 8 \pmod 9$，$M_3' \equiv 4 \pmod{11}$，所以同余方程组的解为

$$x \equiv 1 \times 99 \times 3 + 2 \times 44 \times 8 + 3 \times 36 \times 4 \equiv 245 \pmod{396}.$$

例 2.3 求解同余方程组

$$\begin{cases} x \equiv 3 \pmod 8, \\ x \equiv 11 \pmod{20}, \\ x \equiv 1 \pmod{15}. \end{cases}$$

解　$m_1=8, m_2=20, m_3=15$ 并不两两互素，所以不能直接利用定理 2.3。容易看出此方程组与下述方程组同解

$$\begin{cases} x \equiv 3 \pmod 8, \\ x \equiv 11 \pmod 4, \\ x \equiv 11 \pmod 5, \\ x \equiv 1 \pmod 3, \\ x \equiv 1 \pmod 5. \end{cases}$$

它又与下述方程组同解

$$\begin{cases} x \equiv 3 \pmod 8, \\ x \equiv 1 \pmod 3, \\ x \equiv 1 \pmod 5. \end{cases}$$

由定理 2.3，此方程组的解为 $x \equiv -29 \pmod{120}$。

中国剩余定理在密码学中的秘密共享方案构造上有着重要的应用，具体可见第 6 章的 6.4 节及该节后的习题 1。

习　　题

1. 当正整数 m 满足什么条件时，同余式

$$1^3+2^3+\cdots+(m-1)^3+m^3 \equiv 0 \pmod m$$

成立？

2. 设素数 $p \nmid a, k \geqslant 1$，证明：$n^2 \equiv an \pmod{p^k}$ 成立的充分必要条件是 $n \equiv 0 \pmod{p^k}$，或 $n \equiv a \pmod{p^k}$。

3. 求解下列同余方程组：

(1) $\begin{cases} x \equiv 1 \pmod 4, \\ x \equiv 3 \pmod 5; \end{cases}$　(2) $\begin{cases} x \equiv 7 \pmod{10}, \\ x \equiv 3 \pmod{15}. \end{cases}$

4. 求解下列同余方程组：

(1) $\begin{cases} x \equiv 2 \pmod 3, \\ x \equiv 1 \pmod 4, \\ x \equiv 3 \pmod 5; \end{cases}$　(2) $\begin{cases} x \equiv 2 \pmod 5, \\ x \equiv 3 \pmod 7, \\ x \equiv 4 \pmod 9. \end{cases}$

5. 求解下列同余方程组：

(1) $\begin{cases} x \equiv 2 \pmod 5, \\ x \equiv 7 \pmod{125}; \end{cases}$　(2) $\begin{cases} x \equiv 2 \pmod{25}, \\ x \equiv 7 \pmod{125}. \end{cases}$

6. 求解下列同余方程组:

(1) $\begin{cases} x \equiv 7 \pmod{10}, \\ x \equiv 3 \pmod{12}, \\ x \equiv 12 \pmod{15}; \end{cases}$　　(2) $\begin{cases} x \equiv 1 \pmod{6}, \\ x \equiv 4 \pmod{9}, \\ x \equiv 7 \pmod{15}. \end{cases}$

§2.2 剩余类环

设 m 是一个自然数，任一整数用 m 除所得的余数可能为 $0, 1, \cdots, m-1$ 中的一个。所有用 m 除所得的余数为 i（$0 \leqslant i \leqslant m-1$）的整数组成的子集合记成 $[i]$，这样有

$$\mathbb{Z} = [0] \cup [1] \cup \cdots \cup [m-1],$$

上式是整数集合表示成不相交的子集合的并。由上节的内容，$[i]$ 中的任意两个整数都是模 m 同余的，而 $[i]$ 中的数与 $[j]$ 中的数（$0 \leqslant i \neq j \leqslant m-1$）是模 m 不同余的。子集合 $[i]$ 称为整数模 m 的一个**剩余类**，这样整数模 m 共有 m 个剩余类：$[0], [1], \cdots, [m-1]$。当 i 与 i' 同余时，剩余类 $[i]$ 也可记为 $[i']$。对任一整数 k，记**k 模 m 的剩余类**为 $[k]$。

在整数模 m 的所有剩余类中各取一个代表元 $a_1, a_2, \cdots, a_m$，$a_i \in [i-1]$，$i = 1, 2, \cdots, m$，则 $a_1, a_2, \cdots, a_m$ 称为整数模 m 的一个**完全剩余系**。通常的完全剩余系取为 $0, 1, \cdots, m-1$。

例 2.4　取 $m = 6$，则 $\mathbb{Z}_6 = \{[0], [1], [2], [3], [4], [5]\}$，而 0,1,2,3,4,5 为模 $m = 6$ 的一组完全剩余系，$6, 13, 26, 45, -2, 23$ 也为模 $m = 6$ 的一组完全剩余系，因为 $[6] = [0]$, $[13] = [1]$, $[26] = [2]$, $[45] = [3]$, $[-2] = [4]$, $[23] = [5]$。

在 $\mathbb{Z}_m = \{[0], [1], \cdots, [m-1]\}$ 中定义加法 “+” 和乘法 “·” 如下：

$$[i] + [j] = [i+j], \quad [i] \cdot [j] = [i \cdot j].$$

任意 $[i], [j] \in \mathbb{Z}_m$，定义 $[i] - [j] = [i-j]$，容易知道减法 “−” 是加法的逆运算，且 $\mathbb{Z}_m$ 关于 “+”, “−”, “·” 满足整数对通常的 “+”, “−”, “·” 运算所具备的性质，如结合律，交换律，分配律等。称 $\mathbb{Z}_m$ 为整数模 m 的**剩余类环**。

容易验证，在模 m 的一个剩余类中，如果有一个数与 m 互素，则该剩余类中所有数都与 m 互素，这时称该**剩余类与 m 互素**。

定义 2.1　与 m 互素的剩余类的个数记为 $\varphi(m)$, $\varphi(m)$ 称为欧拉函数。

$\varphi(m)$ 也就是 $0, 1, 2, \cdots, m-1$ 中与 m 互素的数的个数。在与 m 互素的 $\varphi(m)$ 个剩余类中各取一个代表元

$$a_1, a_2, \cdots, a_{\varphi(m)},$$

它们组成的集合称为整数模 m 的一个**缩剩余系**，简称为**缩系**。

例 2.5　取 $m = 6$，易知 $\mathbb{Z}_6 = \{[0], [1], [2], [3], [4], [5]\}$ 中与 $m = 6$ 互素的剩余类只有 $[1], [5]$，因此 $\varphi(6) = 2$，而 1,5 构成模 $m = 6$ 的一组缩系，如果在 $[1]$ 中取代表元 7，在 $[5]$ 中取代表元 -1，则 $7, -1$ 也是模 $m = 6$ 的一组缩系。

定理 2.4 (Euler 定理)　若 $(k,m)=1$，则

$$k^{\varphi(m)} \equiv 1 \pmod{m}.$$

证明　设 $a_1, a_2, \cdots, a_{\varphi(m)}$ 为模 m 的一组缩系，由于 $(k,m)=1$，则

$$ka_1, ka_2, \cdots, ka_{\varphi(m)} \tag{2.6}$$

中的数也都与 m 互素，且其中任意两个数模 m 都不同余。否则，若 $ka_i \equiv ka_j \pmod{m}$，由于 $(k,m)=1$，利用定理 2.1 (3)，有 $a_i \equiv a_j \pmod{m}$，这不可能。所以式 (2.6) 中的数也组成一个模 m 的缩系，于是

$$\prod_{i=1}^{\varphi(m)} (ka_i) \equiv \prod_{i=1}^{\varphi(m)} a_i \pmod{m}.$$

由 $(a_i, m)=1$，知 $\left(\prod_{i=1}^{\varphi(m)} a_i,\ m\right)=1$，利用定理 2.1 (3)，知 $k^{\varphi(m)} \equiv 1 \pmod{m}$。

当 p 为素数时，$\varphi(p)=p-1$。对素数幂 p^n，因不超过 p^n 的正整数中有 p^{n-1} 个 p 的倍数，故 $\varphi(p^n)=p^n-p^{n-1}=p^{n-1}(p-1)$。

例 2.6　取 $p=7$ (这时 $\varphi(7)=6$)，由直接计算可得，$2^6 \equiv 64 \equiv 1 \pmod{7}$, $3^6 \equiv (9)^3 \equiv (2)^3 \equiv 1 \pmod{7}$, $4^6 \equiv (-3)^6 \equiv 1 \pmod{7}$, $5^6 \equiv (-2)^6 \equiv 1 \pmod{7}$, $6^6 \equiv (-1)^6 \equiv 1 \pmod{7}$。

例 2.7　取 $p^2=9$ (这时 $\varphi(9)=6$)，由直接计算可得，$2^6 \equiv 64 \equiv 1 \pmod{9}$, $4^6 \equiv (2^6)^2 \equiv 1 \pmod{9}$, $5^6 \equiv (25)^3 \equiv (-2)^3 \equiv 1 \pmod{9}$, $7^6 \equiv (49)^3 \equiv 4^3 \equiv 1 \pmod{9}$, $8^6 \equiv (2^6)^3 \equiv 1 \pmod{9}$。

定理 2.5 (Fermat 小定理)　若 p 为素数，则对所有的整数 a 有

$$a^p \equiv a \pmod{p}.$$

证明　若 $(a,p)=1$，由定理 2.4 及 $\varphi(p)=p-1$ 可知

$$a^{p-1} \equiv 1 \pmod{p},$$

从而

$$a^p \equiv a \pmod{p}.$$

若 $(a,p)=p$，则 $a^p \equiv 0 \pmod{p}$，定理显然成立。

对于任一复合数 m，如何计算 $\varphi(m)$?

定理 2.6　若 $(m_1,m_2)=1$，如果 x 遍历 m_1 的一个完全剩余系，y 遍历 m_2 的一个完全剩余系，那么 m_1y+m_2x 遍历 m_1m_2 的一个完全剩余系。

证明　在 m_1m_2 个数 m_1y+m_2x 中，若

$$m_1y+m_2x \equiv m_1y'+m_2x' \pmod{m_1m_2},$$

则

$$m_1y \equiv m_1y' \pmod{m_2}, \qquad m_2x \equiv m_2x' \pmod{m_1}.$$

由于 $(m_1, m_2) = 1$，利用定理 2.1 (3)，得

$$x \equiv x' \pmod{m_1}, \qquad y \equiv y' \pmod{m_2}$$

即 m_1m_2 个数 $m_1y + m_2x$ 模 m_1m_2 两两不同余，从而构成模 m_1m_2 的一个完全剩余系。

例 2.8 取 $m_1 = 2, m_2 = 3$, 令 $x = 0, 1, y = 0, 1, 2$，则

$$0 \cdot 2 + 0 \cdot 3 = 0, 0 \cdot 2 + 1 \cdot 3 = 3, 1 \cdot 2 + 0 \cdot 3 = 2,$$

$$1 \cdot 2 + 1 \cdot 3 = 5, 2 \cdot 2 + 0 \cdot 3 = 4, 2 \cdot 2 + 1 \cdot 3 = 7,$$

构成模 $m_1 \cdot m_2 = 6$ 的一个完全剩余系。

定理 2.7 若 $(m_1, m_2) = 1$，如果 x 遍历 m_1 的一个缩系，y 遍历 m_2 的一个缩系，那么 $m_1y + m_2x$ 遍历 m_1m_2 的一个缩系。

证明 由定理 2.6，$m_1y + m_2x$ 中的数模 m_1m_2 两两不同余。

m_1y+m_2x 与 m_1m_2 互素。否则，必有一素数 p, $p|m_1y+m_2x$, $p|m_1m_2$。因 $(m_1, m_2) = 1$，故 $p|m_1$ 或 $p|m_2$，不妨设 $p|m_1$，则 $p \nmid m_2$。由 $p|m_1y + m_2x$，可知 $p|m_2x$，从而 $p|x$，这与 $(x, p) = 1$ 矛盾。

设 a 是一个整数，且 $(a, m_1m_2) = 1$。由定理 2.6，存在整数 x, y 使得

$$a \equiv m_1y + m_2x \pmod{m_1m_2},$$

设 $(x, m_1) = d$，由 $(a, m_1m_2) = 1$，得 $(a, m_1) = 1$，故

$$1 = (a, m_1) = (m_1y + m_2x, m_1) = (m_2x, m_1) = (x, m_1) = d.$$

同理可得 $(y, m_2) = 1$，因此 $a \equiv m_1y + m_2x \pmod{m_1m_2}$，其中 $(x, m_1) = 1, (y, m_2) = 1$。故 $m_1y + m_2x$ 遍历模 m_1m_2 的一个缩系。

例 2.9 取 $m_1 = 3, m_2 = 5$, 令 x 遍历模 3 的缩系 1, 2, y 遍历模 5 的缩系 1, 2, 3, 4，则

$$1 \cdot 3 + 1 \cdot 5 = 8, \quad 1 \cdot 3 + 2 \cdot 5 = 13, \quad 2 \cdot 3 + 1 \cdot 5 = 11, \quad 2 \cdot 3 + 2 \cdot 5 = 16,$$

$$3 \cdot 3 + 1 \cdot 5 = 14, \quad 3 \cdot 3 + 2 \cdot 5 = 19, \quad 4 \cdot 3 + 1 \cdot 5 = 17, \quad 4 \cdot 3 + 2 \cdot 5 = 22$$

构成模 $m_1m_2 = 15$ 的一个缩系。

定理 2.8 若 $(m_1, m_2) = 1$，那么

$$\varphi(m_1m_2) = \varphi(m_1)\varphi(m_2).$$

证明 由定理 2.7 即得。

定理 2.9 若 $m = p_1^{l_1}p_2^{l_2}\cdots p_s^{l_s}$, $p_1 < p_2 < \cdots < p_s$，则

$$\varphi(m) = m\prod_{i=1}^{s}\left(1 - \frac{1}{p_i}\right).$$

证明 由定理 2.8 可得

$$\varphi(m) = \prod_{i=1}^{s}\varphi(p_i^{l_i}) = \prod_{i=1}^{s}(p_i^{l_i} - p_i^{l_i-1}) = m\prod_{i=1}^{s}\left(1 - \frac{1}{p_i}\right).$$

例 2.10 取 $m = 2840$，易知 $m = 2^3 \cdot 5 \cdot 71$，因此 $\varphi(m) = 2840\left(1-\frac{1}{2}\right)\left(1-\frac{1}{5}\right)\left(1-\frac{1}{71}\right) = 1120$。

在实际应用中，经常需要计算大整数的方幂 $a^k \pmod n$。为了快速计算幂乘运算，通常使用如下的**“平方 – 乘”**算法：

设 k 的二进制表示为

$$k = a_0 + a_1 \cdot 2 + \cdots + a_r \cdot 2^r, \quad a_i = 0 \text{ 或 } 1,$$

先连续“平方”，计算

$$\begin{aligned} t_0 &\equiv a \pmod n, \\ t_1 &\equiv a^2 \pmod n, \\ t_2 &\equiv t_1^2 \equiv a^{2^2} \pmod n, \\ t_3 &\equiv t_2^2 \equiv a^{2^3} \pmod n, \\ &\cdots \\ t_r &\equiv t_{r-1}^2 \equiv a^{2^r} \pmod n. \end{aligned}$$

后连续“乘”，计算

$$a^k = t_{i_1} \times t_{i_2} \times \cdots \times t_{i_s}.$$

这里 $0 \leqslant i_1 < i_2 < \cdots < i_s \leqslant r$，$(a_{i_1}, \cdots, a_{i_s})$ 为 $(a_0, a_1, \cdots, a_r)$ 中所有的 1。

例 2.11 计算 $23^{35} \pmod{101}$。因为 $35 = 1 + 1 \cdot 2 + 1 \cdot 2^5$，因此

$$\begin{aligned} t_0 &\equiv 23 \pmod{101}, \\ t_1 &\equiv t_0^2 \equiv 24 \pmod{101}, \\ t_2 &\equiv t_1^2 \equiv 71 \pmod{101}, \\ t_3 &\equiv t_2^2 \equiv 92 \pmod{101}, \\ t_4 &\equiv t_3^2 \equiv 81 \pmod{101}, \\ t_5 &\equiv t_4^2 \equiv 97 \pmod{101}, \end{aligned}$$

所以 $23^{35} = t_0 \times t_1 \times t_5 = 23 \times 24 \times 97 \equiv 14 \pmod{101}$。

习 题

1. 在模 m 的一个剩余类中，如果有一个数与 m 互素，则该剩余类中每一个数都与 m 互素。

2.

(1) 写出模 11 的一个完全剩余系，它的每个数都是奇数；

(2) 写出模 11 的一个完全剩余系，它的每个数都是偶数。

3. 证明：若 m 为偶数，则模 m 的一个完全剩余系中一定奇偶各半。

4. 写出模 16, 18 的缩系。

5. 证明：当 $m>2$ 时，$0^2,1^2,\cdots,(m-1)^2$ 一定不是模 m 的完全剩余系。

6. 若 $(m,n)=1$，证明：$m^{\varphi(n)}+n^{\varphi(m)}\equiv 1 \pmod{mn}$。

7. 设 s 为 (m,n) 中不同素因子之积，则

$$\frac{\varphi(mn)}{\varphi(m)\varphi(n)}=\frac{s}{\varphi(s)}.$$

8. 证明：

(1) $\varphi(n)=\dfrac{1}{2}n$ 当且仅当 $n=2^k$, $k\in\mathbb{N}$;

(2) $\varphi(n)=\dfrac{1}{3}n$ 当且仅当 $n=2^k\cdot 3^i$, $k,i\in\mathbb{N}$。

9. 定义整变量的函数 μ 为

$$\mu(n)=\begin{cases}1, & 若\ n=1,\\ 0, & 若\ n有平方因子,\\ (-1)^s, & 若\ n=p_1\cdots p_s.\end{cases}$$

证明：

(1) 若 $n>1$，有 $\sum_{d|n}\mu(d)=0$;

(2) $n=\sum_{d|n}\mu(d)\cdot\varphi(\frac{n}{d})$.

10. 求出所有正整数 n，使得 $\varphi(n)|n$。

11. 设 p 是素数，证明：若 q 是 2^p-1 的一个因子，那么 $q\equiv 1 \pmod{p}$。

12. 设 n 是一个正整数，考虑数列

$$\frac{1}{n},\frac{2}{n},\cdots,\frac{n}{n}=1,$$

将上面的序列中，每个数均写成既约分数。证明：

(1) 每一项的分母一定是 n 的因子；

(2) n 的每一个因子 d $(d>0)$，一定做为分母出现在上述序列中，并且出现 $\varphi(d)$ 次。

13. 设 n 是正整数，证明 $n=\sum\limits_{d|n}\varphi(d)$。

§2.3 同 余 方 程

今讨论形如

$$ax+b\equiv 0 \pmod{m} \tag{2.7}$$

的同余方程的解。若 x 是 (2.7) 的一个解，$x'\equiv x \pmod{m}$，则 x' 也是 (2.7) 的一个解。即一个模 m 的剩余类中，若有一个数是某同余方程的解，则这个剩余类中所有的数都是该同余

方程的解，所以讨论同余方程的解时，以一个剩余类作为一个解。若 x 是同余方程 (2.7) 的一个解，则存在整数 y，使得

$$ax + my = -b. \tag{2.8}$$

方程 (2.8) 称为关于变量 x 和 y 的**二元一次不定方程**。由此可见一次同余方程与二元一次不定方程有密切的联系。

定理 2.10　设 a, b, n 为整数，则方程 $ax + by = n$ 有整数解的充分必要条件是 $(a, b)|n$。

证明　如方程有解，则由等式可见 $(a, b)|n$。

反之，若 $(a, b)|n$，不妨设 $n = (a, b)n_1$，n_1 为整数。利用辗转相除法可找到整数 x_0, y_0，使得

$$ax_0 + by_0 = (a, b).$$

将上式两边同乘以 n_1，得

$$a(x_0n_1) + b(y_0n_1) = n,$$

即 $x = x_0n_1, y = y_0n_1$ 是方程的解。

由于同余方程 (2.7) 是否有解，等价于不定方程 (2.8) 是否有整数解，定理 2.10 也表明，同余方程 (2.7) 有解的充分必要条件是 $(a, m)|b$。

定理 2.11　设 a, b, n 为整数，$(a, b) = 1$，x_0, y_0 为方程 $ax + by = n$ 的一个整数解，则该方程的任一解可表示为

$$x = x_0 + bt, \quad y = y_0 - at,$$

且对任何整数 t，上式都是解。

证明　由定理 2.10，方程的整数解 x_0, y_0 一定存在。今设 x, y 是方程的任一解，则

$$ax + by = n, \quad ax_0 + by_0 = n,$$

故

$$a(x - x_0) + b(y - y_0) = 0.$$

由 $(a, b) = 1$，得 $b|(x - x_0)$，所以有整数 t，使得 $x - x_0 = bt$，即 $x = x_0 + bt$，从而 $y = y_0 - at$。

反之，对任意整数 t，$x = x_0 + bt$, $y = y_0 - at$ 显然是方程的解。

定理 2.12　设 a, b, m 是整数，$(a, m)|b$，则同余方程 $ax + b \equiv 0 \pmod{m}$ 有 (a, m) 个模 m 互不同余的解。

证明　设 $(a, m) = d$，求方程 $ax + b \equiv 0 \pmod{m}$ 的解，即为求方程

$$ax + b = my \tag{2.9}$$

的整数解 x, y。

若 $d = 1$，则有 x_0, y_0 使

$$ax_0 + my_0 = 1,$$

故

$$a(-bx_0)+m(-by_0)=-b,$$

即 $x=-bx_0$ 为方程 $ax+b\equiv 0 \pmod m$ 的解。如果 x_1,x_2 均为此方程的解，则

$$ax_1+b\equiv 0 \pmod m,\quad ax_2+b\equiv 0 \pmod m,$$

有

$$a(x_1-x_2)\equiv 0 \pmod m.$$

由 $d=1$ 得 $m|x_1-x_2$，此即 $x_1\equiv x_2 \pmod m$，因此方程在模 m 的意义下只有唯一解。

若 $d>1$，考虑方程

$$\frac{a}{d}x+\frac{b}{d}\equiv 0\left(\bmod \frac{m}{d}\right),\qquad \left(\frac{a}{d},\frac{m}{d}\right)=1. \tag{2.10}$$

由上面的讨论可知，(2.10) 必有唯一解 x_1 适合 $0\leqslant x_1<\dfrac{m}{d}$，而

$$x=x_1+\frac{m}{d}t$$

都是 (2.10) 的解，对于模 m，

$$x_1,x_1+\frac{m}{d},x_1+2\frac{m}{d},\cdots,x_1+(d-1)\frac{m}{d} \tag{2.11}$$

是两两不同余的，且都是方程 $ax+b\equiv 0 \pmod m$ 的解。

设 x' 是方程 $ax+b\equiv 0 \pmod m$ 的任一解，则 x' 是 $\dfrac{a}{d}x+\dfrac{b}{d}\equiv 0\left(\dfrac{m}{d}\right)$ 的解，从而有 $x'\equiv x_1\left(\dfrac{m}{d}\right)$。故有整数 t，$0\leqslant t\leqslant d-1$，使得

$$x'\equiv x_1+t\frac{m}{d} \pmod m,$$

即式 (2.11) 为方程 $ax+b\equiv 0 \pmod m$ 的所有不同的解。

例 2.12 求同余方程 $6x+3\equiv 0 \pmod{51}$ 的解。

解 首先考虑同余方程 $2x+1\equiv 0 \pmod{17}$ 的解，易见 $x\equiv 8 \pmod{17}$ 是该方程模 17 的唯一解。故 $x\equiv 8,25,42 \pmod{51}$ 为原同余方程的 3 个解。

现在考虑高次同余方程，设

$$f(x)=a_nx^n+a_{n-1}x^{n-1}+\cdots+a_0$$

为一整系数多项式，m 是一正整数，$m\nmid a_n$，则同余方程

$$f(x)\equiv 0 \pmod m$$

称为**n 次模 m 同余方程**。

高次同余方程的求解比较困难，在本章中，我们仅考虑解的个数。通过简单的计算可以发现，高次同余方程的解数非常不规则，例如：

1. 同余方程 $x^2+1\equiv 0 \pmod 3$ 无解；

2. 同余方程 $x^3-x=(x-1)(x-2)x\equiv 0 \pmod 6$ 有 6 个解。

若 m_1,m_2 互素，则同余方程 $f(x)\equiv 0 \pmod{m_1m_2}$ 与同余方程组

$$\begin{cases} f(x)\equiv 0 \pmod{m_1}, \\ f(x)\equiv 0 \pmod{m_2} \end{cases}$$

等价，因此有如下定理：

定理 2.13　设 m_1,m_2 为整数，$(m_1,m_2)=1$，则同余方程

$$f(x)\equiv 0 \pmod{m_1m_2}$$

的解数为二方程

$$f(x)\equiv 0 \pmod{m_1},\quad f(x)\equiv 0 \pmod{m_2}$$

的解数之积。

证明　设 $x_1,x_2,\cdots,x_k$ 是方程 $f(x)\equiv 0 \pmod{m_1}$ 的所有解，$y_1,y_2,\cdots,y_l$ 是方程 $f(x)\equiv 0 \pmod{m_2}$ 的所有解。对任意的 $1\leqslant i\leqslant k$，$1\leqslant j\leqslant l$，考虑方程组

$$\begin{cases} x\equiv x_i \pmod{m_1}, \\ x\equiv y_j \pmod{m_2}. \end{cases}$$

由 $(m_1,m_2)=1$，利用中国剩余定理，方程组有唯一解 x（模 m_1m_2 意义下）。此时，$f(x)\equiv f(x_i)\equiv 0 \pmod{m_1}$，$f(x)\equiv f(y_j)\equiv 0 \pmod{m_2}$。因 m_1,m_2 互素，故 $f(x)\equiv 0 \pmod{m_1m_2}$。

反之，若 x 是 $f(x)\equiv 0 \pmod{m_1m_2}$ 的任一解，则 $f(x)\equiv 0 \pmod{m_1}$，$f(x)\equiv 0 \pmod{m_2}$，所以存在 i 和 j，使 $x\equiv x_i \pmod{m_1}$，$x\equiv y_j \pmod{m_2}$。

上述定理容易推广到多个 m_i 的情形。设模数 m 的典范分解式为 $m=p_1^{l_1}p_2^{l_2}\cdots p_s^{l_s}$，则 $f(x)\equiv 0 \pmod m$ 的解数就是诸 $f(x)\equiv 0 \pmod{p_i^{l_i}}$ 解数之积。故只须考虑形如

$$f(x)\equiv 0 \pmod{p^l}$$

的方程的解数，其中 p 为素数。仅考虑 $l=1$ 的情形。

定理 2.14　设 p 为素数，$f(x)=a_nx^n+\cdots+a_0$ 是一整系数多项式，则同余方程

$$f(x)\equiv 0 \pmod p \tag{2.12}$$

的解数小于等于 n(重数计算在内)。

证明　对同余方程的次数归纳，因此不妨假设 $p\nmid a_n$。

$n=1$ 时，由定理 2.12，结论显然成立。

假定 $\leqslant n-1$ 时结论成立。

设 $f(x)\equiv 0 \pmod p$ 是一个 n 次同余方程。如果方程没有解，则结论成立。不妨设 $f(x)\equiv 0 \pmod p$ 有一个解为 $x\equiv a_1 \pmod p$。作带余除法：

$$f(x)=(x-a_1)f_1(x)+r_1,$$

用 a_1 代替 x，可得 $r_1 \equiv 0 \pmod p$，所以

$$f(x) \equiv (x-a_1)f_1(x) \pmod p,$$

若 a_1 还是 $f_1(x) \equiv 0 \pmod p$ 的解，则同样可得

$$f_1(x) \equiv (x-a_1)f_2(x) \pmod p,$$

这时 a_1 为 $f(x)$ 的重解。不妨设 a_1 是 $f(x) \equiv 0 \pmod p$ 的 k 重解，则

$$f(x) \equiv (x-a_1)^k g(x) \pmod p,$$

这里 $g(x)$ 是 $n-k$ 次多项式，且 a_1 不是 $g(x) \equiv 0 \pmod p$ 的解。设 $y \neq a_1$ 是方程 $f(x) \equiv 0 \pmod p$ 的任一解，因 p 为素数，这时一定有 $g(y) \equiv 0 \pmod p$。由归纳假设，这样的 y 的个数不超过 $n-k$，从而方程 $f(x) \equiv 0 \pmod p$ 的解数 $\leqslant n$。

下面考虑一类最简单的高次同余方程。由欧拉定理，同余方程

$$x^{p-1} \equiv 1 \pmod p$$

以 $1, 2, 3, \cdots, p-1$ 为解，故

$$x^{p-1} - 1 \equiv (x-1)(x-2)\cdots(x-p+1) \pmod p,$$

以 $x=0$ 代入，得 $(-1)^{p-1}(p-1)! \equiv -1 \pmod p$。

推论 2.1 (Wilson) *若 p 为素数，则*

$$(p-1)! \equiv -1 \pmod p.$$

例 2.13 化简同余方程 $x^{15}+4x^{12}+2x^{11}+x^9+x \equiv 0 \pmod 5$。

解 由 Fermat 小定理，

$$x^5 \equiv x \pmod 5,$$

故

$$x^{15} \equiv x^3 \pmod 5, \qquad x^{12} \equiv x^4 \pmod 5,$$
$$x^{11} \equiv x^3 \pmod 5, \qquad x^9 \equiv x \pmod 5,$$

所以原方程可化为

$$4x^4+3x^3+2x \equiv 0 \pmod 5.$$

方程两端同乘以 4，得

$$16x^4+12x^3+8x \equiv 0 \pmod 5,$$

即

$$x^4+2x^3+3x \equiv 0 \pmod 5.$$

直接验证可知，仅 $x \equiv 0 \pmod 5$ 为方程的解。

习　　题

1. 求解下列同余方程：

(1) $7x \equiv 1 \pmod{31}$;　　(2) $541x \equiv 539 \pmod{3571}$;

(3) $3504x \equiv 12 \pmod{5418}$;　　(4) $2589x \equiv 15 \pmod{2919}$.

2. 求解同余方程组 $\begin{cases} 3x \equiv 1 \pmod{10}, \\ 4x \equiv 3 \pmod{15}. \end{cases}$

3. 若 $f(x) \equiv 0 \pmod{13}$ 的解为 $x \equiv 2, 7 \pmod{13}$，$f(x) \equiv 0 \pmod{9}$ 的解为 $1, 3, 4$，求出 $f(x) \equiv 0 \pmod{117}$ 的全部解。

4. 设 $p > 3$ 为素数，证明

$$\frac{(p-1)!}{1} + \frac{(p-1)!}{2} + \cdots + \frac{(p-1)!}{(p-1)} \equiv 0 \pmod{p^2}.$$

5. 设 $f(x) = a_n x^n + a_{n-1} x^{n-1} + \cdots + a_1 x + a_0$ 是整系数多项式，定义 $f'(x) = n a_n x^{n-1} + (n-1) a_{n-1} x^{n-2} + \cdots + 2 a_2 x + a_1$，称 $f'(x)$ 为 $f(x)$ 的导数。设 p 是素数，x_0, k 是整数，证明 $f(x_0 + kp) \equiv f(x_0) + kpf'(x_0) \pmod{p^2}$。

6. 设 p 为素数，$f(x)$ 为整系数多项式，x_0 是同余方程 $f(x) \equiv 0 \pmod{p}$ 的根，$f'(x_0) \not\equiv 0 \pmod{p}$。证明存在唯一的整数 k $(0 \leqslant k < p)$，使得 $f(x_0 + kp) \equiv 0 \pmod{p^2}$。

7. 设 p 为素数，l 为正整数，$f(x)$ 为整系数多项式，x_0 是同余方程 $f(x) \equiv 0 \pmod{p^l}$ 的根，并且 $f'(x_0) \not\equiv 0 \pmod{p}$。证明存在唯一的整数 k $(0 \leqslant k < p)$，使得 $f(x_0 + kp^l) \equiv 0 \pmod{p^{l+1}}$。

8. 设 x_0 是同余方程 $f(x) \equiv 0 \pmod{p^l}$ 的根，则 x_0 一定是同余方程 $f(x) \equiv 0 \pmod{p}$ 的根。

9. 试求同余方程 $f(x) = x^3 + x + 1 \equiv 0 \pmod{3^4}$ 的所有解。

§2.4　原　根

由欧拉定理，若 $(a, m) = 1$，那么

$$a^{\varphi(m)} \equiv 1 \pmod{m}.$$

满足

$$a^d \equiv 1 \pmod{m}$$

的最小正整数 d_0 称为 a 模 m 的**阶**，记为 $\delta_m(a)$。

关于阶有下面两个定理：

定理 2.15　设 $(a, m) = 1$，$d_0 = \delta_m(a)$，则 $a^k \equiv 1 \pmod{m}$ 当且仅当 $d_0 | k$。

证明　一方面，由带余除法，存在整数 q 及 r，满足 $k = qd_0 + r$, $0 \leqslant r < d_0$。由

$$1 \equiv a^k = a^{d_0 q + r} = (a^{d_0})^q \cdot a^r \equiv a^r \pmod{m},$$

由 d_0 的最小性可知 $r = 0$，即 $d_0 | k$。

另一方面，若 $d_0 | k$，则存在整数 q 使得 $k = d_0 q$，则有

$$a^k = a^{d_0 q} = (a^{d_0})^q \equiv 1 \pmod{m}.$$

结论得证。

定理 2.16 给定 m 及 $(a,m)=1$，如果 $\delta_m(a)=l$，则对任意的正整数 k，有 $\delta_m(a^k)=\dfrac{l}{(l,k)}$。

证明 令 $d=(l,k)$，$l=l_1 d$，$k=k_1 d$，则有 $(l_1,k_1)=1$。一方面

$$(a^k)^{\frac{l}{(l,k)}} = (a^k)^{l_1} = a^{k_1 d l_1} = (a^l)^{k_1} = 1 \pmod{m},$$

由定理 2.15 可知 $\delta_m(a^k) | \dfrac{l}{(l,k)}$。另一方面，如果 s 是正整数，并且 $(a^k)^s \equiv 1 \pmod{m}$，由定理 2.15 可知 $l|ks$，从而有 $l_1|k_1 s$，因 $(l_1,k_1)=1$，则有 $l_1|s$，即 $\dfrac{l}{(l,k)}|s$。即 $\dfrac{l}{(l,k)}$ 是满足 $(a^k)^s \equiv 1 \pmod{m}$ 的最小正整数，从而 $\delta_m(a^k)=\dfrac{l}{(l,k)}$，证毕。

给定正整数 m 及 $(a,m)=1$，有三种方法计算 a 模 m 的阶 $\delta_m(a)$：第一种方法：依次计算 $a^1, a^2, \cdots, \pmod{m}$，直到第一次出现 $a^d \equiv 1 \pmod{m}$，则 $\delta_m(a)=d$。

第二种方法：由 Euler 定理可知 $a^{\varphi(m)} \equiv 1 \pmod{m}$，由定理 2.15 知，$\delta_m(a)$ 一定是 $\varphi(m)$ 的因子，将 $\varphi(m)$ 分解，用 $\varphi(m)$ 的每一个因子 d，验证 $a^d \equiv 1 \pmod{m}$ 是否成立，选择满足这个条件的最小因子 d 即可。

第三种方法：如果知道了某个元素 a 模 m 的阶，则可以方便地计算另外一些元素的阶。

例 2.14 取 $m=11$，$\varphi(11)=10=2\cdot 5$，则对任意的整数 a，$(a,11)=1$，则 a 模 $m=11$ 的阶一定是：1, 2, 5, 10。

先计算 $a=2$ 的阶。由于 $2^1 \equiv 2 \pmod{11}$，$2^2 \equiv 4 \pmod{11}$，$2^3 \equiv 8 \pmod{11}$，$2^4 \equiv 5 \pmod{11}$，$2^5 \equiv 10 \pmod{11}$。这说明 1, 2, 5 都不是 2 模 11 的阶，因此 $\delta_{11}(2)=10$。这样就不需要一直计算下去，直到 $2^d \equiv 1 \pmod{11}$ 成立为止，从而减少了计算量。

利用定理 2.16 可得如下元素的阶：

$$\delta_{11}(2^2)=\delta_{11}(4)=\frac{10}{(2,10)}=5,$$

$$\delta_{11}(2^3)=\delta_{11}(8)=\frac{10}{(3,10)}=10,$$

$$\delta_{11}(2^4)=\delta_{11}(5)=\frac{10}{(4,10)}=5,$$

$$\delta_{11}(2^5)=\delta_{11}(10)=\frac{10}{(5,10)}=2,$$

$$\delta_{11}(2^6)=\delta_{11}(9)=\frac{10}{(6,10)}=5,$$

$$\delta_{11}(2^7)=\delta_{11}(7)=\frac{10}{(7,10)}=10,$$

$$\delta_{11}(2^8)=\delta_{11}(3)=\frac{10}{(8,10)}=5,$$

$$\delta_{11}(2^9)=\delta_{11}(6)=\frac{10}{(9,10)}=10,$$

$$\delta_{11}(2^{10})=\delta_{11}(1)=\frac{10}{(10,10)}=1.$$

这就很方便地计算出模 $m=11$ 的缩系中，每个元素的阶。

例 2.15　设 $1\leqslant k\leqslant 10$, 计算同余方程 $x^k-1\equiv 0 \pmod{11}$ 的解的个数。

解　当且仅当 $\delta_{11}(a)|k$ 时，a 是同余方程 $x^k-1\equiv 0 \pmod{11}$ 的解。利用例 2.14 的计算结果，当 $k=1,3,7,9$ 时，仅有 $x\equiv 1 \pmod{11}$ 一个解；当 $k=2,4,6,8$ 时，有 $x\equiv 1,10 \pmod{11}$ 两个解；当 $k=5$ 时，有 $x\equiv 1,3,4,5,9 \pmod{11}$5 个解；当 $k=10$ 时，则有 10 个解。

对于一般情况，有下述定理。

定理 2.17　*设 k 为正整数，p 为素数，则同余方程*

$$x^k\equiv 1 \pmod p$$

的解数为 $(k,p-1)$。

证明　设 $d=(k,p-1)$，则一定有两整数 s，t 使

$$sk+t(p-1)=d.$$

因此，$x^d=(x^k)^s\cdot(x^{p-1})^t$。故方程 $x^k\equiv 1 \pmod p$ 的任一解必为 $x^d\equiv 1 \pmod p$ 的解。反之，$x^d\equiv 1 \pmod p$ 的解显然是方程 $x^k\equiv 1 \pmod p$ 的解（因 $d|k$）。所以方程 $x^k\equiv 1 \pmod p$ 与方程 $x^d\equiv 1 \pmod p$ 有相同的解数。

由 $d|p-1$，可知 $x^d-1|x^{p-1}-1$ (利用恒等式 $x^n-1=(x-1)(x^{n-1}+\cdots+x+1)$)。而方程 $x^{p-1}\equiv 1 \pmod p$ 有 $p-1$ 个不同的解，由定理 2.14，整系数方程

$$\frac{x^{p-1}-1}{x^d-1}\equiv 0 \pmod p$$

的解数不超过 $p-1-d$，故 $x^d\equiv 1 \pmod p$ 有 d 个解。

定理 2.18　*设 $l|p-1$, p 为素数。则模 p 的阶为 l 的互不同余的整数个数为 $\varphi(l)$。特别地，有 $\varphi(p-1)$ 个互不同余的整数模 p 的阶为 $p-1$。*

证明　由定理 2.17，方程 $x^l\equiv 1 \pmod p$ 有 $(l,p-1)=l$ 个解。由阶的定义，阶为 l 的数一定是上述方程的解。

对 l 作数学归纳。$l=1$ 时，结论显然成立。设阶 $\leqslant l-1$ 时结论成立。考虑 l 的情形。不难发现，方程 $x^l\equiv 1 \pmod p$ 的 l 个解为所有阶为 d（d 取遍 l 的所有正因子）的数之集合。因此，由归纳假设，阶为 l 的数的个数为

$$l-\sum_{d|l,\,0<d<l}\varphi(d).$$

下面证明，$l=\sum\limits_{d|l}\varphi(d)$。若 $l=l_1l_2$, $(l_1,l_2)=1$, 利用定理 2.8 可得

$$\sum_{d|l_1l_2}\varphi(d)=\sum_{d_1|l_1,d_2|l_2}\varphi(d_1d_2)=\sum_{d_1|l_1}\varphi(d_1)\cdot\sum_{d_2|l_2}\varphi(d_2).$$

故只要对 $l=q^t$，q 为素数的情形证明即可。而

$$\sum_{d|q^t}\varphi(d)=\varphi(1)+\varphi(q)+\varphi(q^2)+\cdots+\varphi(q^t)$$
$$=1+(q-1)+(q^2-q)+\cdots+(q^t-q^{t-1})=q^t.$$

故阶为 l 的数的个数为 $\varphi(l)$。

例 2.16 令 $p=19, l=p-1=18$，用定理 2.18 的证明方法来证明阶为 $l=18$ 的元素有 $\varphi(18)=6$ 个。首先方程 $x^{18}\equiv 1 \pmod{19}$ 的解数为 $\gcd(18,p-1)=18$，将这些解的集合记为 $A=\{x_1,x_2,\cdots,x_{18}\}$。对于每一个 $x_i\in A$，元素 x_i 的阶一定是 $l=18$ 的因子。而 $l=18$ 的因子有 $d=1,2,3,6,9,18$。下面说明对于 $l=18$ 的每一个因子 d，阶为 d 的元素恰好有 $\varphi(d)$ 个：

当 $d=1$ 时，阶为 1 的元素一定是 1，只有 $\varphi(1)=1$ 个阶为 $d=1$ 的数，即 $d=1$ 时结论成立。

当 $d=2$ 时，阶为 2 的元素一定是方程 $x^2\equiv 1 \pmod{19}$ 的解，这个方程有两个解，而阶为 1 的元素也满足这个方程，因此阶为 $d=2$ 的元素有 $2-1=\varphi(2)$ 个，即 $d=2$ 时，结论成立。

当 $d=3$ 时，阶为 3 的元素一定是方程 $x^3\equiv 1 \pmod{19}$ 的解，这个方程有 $\gcd(3,p-1)=3$ 个解。其中阶为 1 的元素也满足这个方程，除此之外，该方程的其他解的阶均为 $d=3$，因此阶为 $d=3$ 的元素有 $3-1=\varphi(3)$ 个，即当 $d=3$ 时结论成立。

当 $d=6$ 时，阶为 6 的元素一定是方程 $x^6\equiv 1 \pmod{19}$ 的解，该方程有 $\gcd(6,p-1)=6$ 个解。它们的阶可能为 1，这样的元素有 1 个，也可能为 2 (因为 $2|6$)，已经证明，这样的元素有 $\varphi(2)=1$ 个，也可能为 3，也已经证明，这样的元素有 $\varphi(3)=2$ 个。剩下的 $6-1-1-2=2$ 个元素，其阶为 6，即阶为 6 的元素有 $\varphi(6)=(2-1)(3-1)=2$ 个。

当 $d=9$ 时，阶为 9 的元素一定是方程 $x^9\equiv 1 \pmod{19}$ 的解，该方程有 $\gcd(9,p-1)=9$ 个解。它们的阶可能为 1，这样的元素有 1 个，可能有 3，这样的元素有 $\varphi(3)=2$ 个，剩下的都是阶为 9 的元素，即阶为 9 的元素有 $9-1-2=6=\varphi(9)$ 个。

在集合 A 中，除了上述元素之外，其他元素的阶一定是 $l=18$，其个数为 $18-\varphi(1)-\varphi(2)-\varphi(3)-\varphi(6)-\varphi(9)=6=\varphi(18)$，这里用到一个关于欧拉函数的等式

$$n=\sum_{d|n}\varphi(d).$$

从而结论得证。

定义 2.2 设 m 是正整数，a 是整数，若 $\delta_m(a)=\varphi(m)$，则称 a 为模 m 的一个原根。

当 $m=p$ 为素数时，由于 $\varphi(p)=p-1$，故阶为 $p-1$ 的数是模 p 的原根，由定理 2.18 可知，模 p 的原根总是存在的，而且有 $\varphi(p-1)$ 个。

例 2.17 由例 2.14 可知 2, 6, 7, 8 是模 11 的原根，共有 $\varphi(10)=4$ 个。

模 p 的原根就是模 p 缩系的生成元, 若 g 为模 p 的原根，则

$$g^0, g^1, g^2, \cdots, g^{p-2} \pmod p$$

模 p 两两不同余，且都与 p 互素，故构成模 p 的一个缩系。由定理 2.16 可知，如果 g 是模 p 的原根，当且仅当 $(s, p-1) = 1$ 时，g^s 为模 p 的原根，从而可计算出模 p 所有的原根。

素数 p 的原根总是存在的。其他情况原根未必存在。关于原根的存在性，有如下定理:

定理 2.19 (1) 对于奇素数 p 和正整数 l, p^l 的原根总是存在的。若 g 是 p 的原根，则 g 和 $g+p$ 中总有一个是 g^2 的原根；若 g 是 p^2 的原根，则 g 是 p^l 的原根，其中 $l \geqslant 1$。

(2) 对于奇素数 p 和正整数 l, $2p^l$ 的原根总是存在的。若 g 是 p^l 的原根，则 g 和 $g+p^l$ 中为奇数者是 $2p^l$ 的原根。

(3) 2 的原根为 1，4 的原根为 3。

(4) 对于其他形式的整数，其原根均不存在。

此定理的证明请参考华罗庚的《数论导引》。根据此定理，当 $n = 2, 4, p^l, 2p^l$ 时，n 的缩系可用 n 的原根生成，具有比较简单的形式。但对于其他的 n，就没有这种简单的形式，不过对于 $n = 2^l$，我们有如下结论。

定理 2.20 当 $l \geqslant 3$ 时，-1 是 2^l 的 2 阶元，5 是 2^l 的 2^{l-2} 阶元。2^l 的缩系可表示为 $\{\pm 5^s \pmod{2^l} \mid 0 \leqslant s < 2^{l-2}\}$。

注意到 ± 1 其实是 -1 的方幂，所以当 $l \geqslant 3$ 时，2^l 的缩系可由 -1 和 5 这两个元生成。此定理的证明请参考华罗庚的《数论导引》。

定义 2.3 设 p 为素数，g 为模 p 的一个原根，则对任一整数 n, $(n, p) = 1$，总存在唯一整数 a, $0 \leqslant a \leqslant p-2$，使

$$n \equiv g^a \pmod p.$$

a 称为以 g 为基的 n 模 p 的指数，记为 $a = \mathrm{ind}_g n$，在不引起混淆的情况下，通常记成 $\mathrm{ind}\, n$。

例 2.18 设 $p = 11$，由例 2.14 可知 $g = 2$ 为模 $p = 11$ 的原根

a	0	1	2	3	4	5	6	7	8	9
$2^a \pmod{11}$	1	2	4	8	5	10	9	7	3	6

可知 $\mathrm{ind}_2(3) = 8$, $\mathrm{ind}_2(10) = 5$，等等。

若 m 为任一整数，使 $n = g^m \pmod p$，则 $g^{m-\mathrm{ind}(n)} \equiv 1 \pmod p$，故 $m \equiv \mathrm{ind}\, n \pmod{p-1}$。指数与通常的对数有类似的性质:

1. 当 $p \nmid ab$ 时，$\mathrm{ind}\, ab \equiv \mathrm{ind}\, a + \mathrm{ind}\, b \pmod{p-1}$；
2. 当 $p \nmid a$ 时，$\mathrm{ind}\, a^l \equiv l \cdot \mathrm{ind}\, a \pmod{p-1}$。

如何寻找模 p 的原根，当 p 较小时，可以采用直接计算的方法。

例 2.19 求模 23 的原根。

解 由于 a 模 p 的阶必是 $p-1$ 的因子，要求 a 的阶，只要计算 $a^d \bmod p$ 即可，这里 $d|p-1$。

$23-1=22=2\times 11$，它的因子有 $1,2,11,22$。先求 $a=2$ 模 23 的阶：

$$2^2\equiv 4 \pmod{23},\qquad 2^{11}\equiv 1 \pmod{23},$$

故 $\delta_{23}(2)=11$，2 不是模 23 的原根。再求 $a=3$ 模 23 的阶：

$$3^2\equiv 9 \pmod{23},\qquad 3^{11}\equiv 1 \pmod{23},$$

故 $\delta_{23}(3)=11$，3 不是模 23 的原根。再求 $a=5$ 模 23 的阶：

$$5^2\equiv 2 \pmod{23},\qquad 5^{11}\equiv 22 \pmod{23},\qquad 5^{22}\equiv 1 \pmod{23},$$

所以 $\delta_{23}(5)=22$，故 5 是模 23 的原根。

易知，若 m 为正整数，a 为整数，且 $\delta_m(a)=s_1s_2$，则 $\delta_m(a^{s_1})=s_2$。

定理 2.21 设 m 为正整数，a,b 为整数，$\delta_m(a)=u$，$\delta_m(b)=v$，$(u,v)=1$，则 $\delta_m(ab)=uv$。

证明 设 $\delta_m(ab)=d$。由 $(ab)^{uv}=(a^u)^v(b^v)^u\equiv 1 \pmod{m}$，有 $d|uv$。

另一方面，$a^{dv}\equiv (ab)^{dv}\equiv 1 \pmod{m}$，故 $u|dv$。因 $(u,v)=1$，所以 $u|d$；同理 $v|d$。再由 $(u,v)=1$，可知 $uv|d$。因此 $d=uv$。

例 2.20 求模 41 的原根。

解 $41-1=40=3^3\cdot 5$，其因子有 $1,2,4,8,5,10,20,40$，依次求 $2,3,\cdots$ 模 41 的阶。

$$2^2\equiv 4 \pmod{41},\quad 2^4\equiv 16 \pmod{41},\quad 2^5\equiv -9 \pmod{41},$$
$$2^{10}\equiv -1 \pmod{41},\quad 2^{20}\equiv 1 \pmod{41}.$$

所以 $\delta_{41}(2)|20$，以上计算表明，当 $d<20$ 时 $2^d\not\equiv 1 \pmod{41}$，所以 $\delta_{41}(2)=20$。

$$3^2\equiv 9 \pmod{41},\quad 3^4\equiv -1 \pmod{41},\quad 3^8\equiv 1 \pmod{41},$$

所以 $\delta_{41}(3)=8$。由于 $(5,8)=1$，注意到

$$\delta_{41}(2^4)=5,\qquad \delta_{41}(3)=8,$$

故 $a=2^4\cdot 3=48$ 是模 41 的原根。因此 7 为模 41 的原根。

对于较大的素数 p，可利用以下的算法判断一个数 g 是否是模 p 的原根。

定理 2.22 设 p 为奇素数，$q_1,q_2,\cdots,q_k$ 为 $p-1$ 的所有不同素因子，g 是模 p 的原根的充分必要条件是

$$g^{\frac{p-1}{q_i}}\not\equiv 1 \pmod{p},\quad i=1,\cdots,k. \tag{2.13}$$

证明 设 g 为模 p 的原根，则 g 模 p 的阶为 $p-1$，(2.13) 显然成立。

反之，假设条件 (2.13) 成立。令 d 为 g 模 p 的阶，若 g 不是模 p 的原根，则 $d|p-1$，$d<p-1$，一定存在某个 $q_i\ (1\leqslant i\leqslant k)$，使 $q_i\left|\dfrac{p-1}{d}\right.$，从而 $d\left|\dfrac{p-1}{q_i}\right.$，故

$$g^{\frac{p-1}{q_i}}\equiv 1 \pmod{p},$$

与条件 (2.13) 矛盾。

但应用定理 2.22 时，首先要将 $p-1$ 因子分解，找出它全部的素因子。当 p 较大时 (如十进制 150 位)，一般来说，这是很困难的。在利用条件 (2.13) 时，则要计算模 p 的方幂，这可利用 2.2 中介绍的“平方乘”算法。

习　　题

1. 设 k 为正整数, n 为整数, p 为素数, $p\nmid n$, 则同余方程

$$x^k \equiv n \pmod p$$

或无解, 或有 $(k,p-1)$ 个解。

2. 设 k 是任一正整数, p 为素数, 则当 x 遍历模 p 的一个缩系时, x^k 取 $\dfrac{p-1}{(k,p-1)}$ 个模 p 不同的值。

3. 证明: 若 $ab\equiv 1 \pmod m$, 则 $\delta_m(a)=\delta_m(b)$。

4. 设 $\delta_m(a)=s, \delta_m(b)=t$, 问 $\delta_m(ab)$ 一定等于 st 吗?

5. 令 $p=29$, 在剩余类环 $\mathbb{Z}_{29}$ 中, 元素的阶 d 都能取什么值? 对每一个可能的阶 d, 计算出所有阶为 d 的元素。

6. 本题讨论原根不存在的条件。

(1) 设 $(g,100)=1$, 利用欧拉定理证明 $g^{20}\equiv 1 \pmod 4$ 以及 $g^{20}\equiv 1 \pmod{25}$;

(2) 为什么我们要考虑 g^{10}, 10 是怎么来的? 利用类似的方法证明 21 没有原根。

(3) p,q 为两个素因子, 证明: 若 $p|m, q|m$, 则 m 无原根。

7.

(1) 若 $\delta_m(a)=d$, 求证 $a^x\equiv 1 \pmod m$ 等价于 $d|x$。

(2) 设 $\delta_m(a)=126$, 求使 $a^x\equiv 1 \pmod m$ 成立的全体整数 x。请用同余语言来描述这个解。

(3) 若 $\delta_{127}=126$, 求使得 $3^x\equiv 1 \mod 127$ 成立的全部整数 x。

8. 设 $p=2^n+1$ 为 Fermat 素数, 证明 3 为模 p 的原根。

9. 设 p 为素数, $a^p\equiv b^p \pmod p$, 证明 $a^p\equiv b^p \pmod{p^2}$。

10. 令 p 是奇素数且 $l\geqslant 2$, 试证: 对任意整数 a, 有

$$(1+ap)^{p^{l-2}}\equiv 1+ap^{l-1} \pmod{p^l}.$$

§2.5　RSA 公钥密码体制

作为本章的结尾，介绍现代密码学中一个重要的公钥密码体制 ——**RSA 公钥密码**。这是由 Rivest, Shamir 和 Adleman 在 1978 年提出的一个密码算法，其主要基础是初等数论。

在使用传统密码加密信息时，信息的发方将明文 m（它通常用一个 0–1 序列表示，通过整数的二进制，也可把它表示为一个整数）通过加密运算

$$c = E_k(m)$$

变为密文 c 后发给收方。收方接到密文 c 之后，利用解密运算

$$m = D_k(c)$$

得到明文 m。这里 k 是一个密钥，它参与运算，对同一个明文选用不同的密钥可以得到不同的密文，这可以增加敌方破译的难度。密钥是不能泄露的。在传统的密码中，加密运算和解密使用同样的密钥，因此在通信前，发方和收方必须通过一个安全信道约定所选用的密钥。

在计算机网络环境下，用户的数量可以很多，相互之间的业务关系也不是固定的，利用上述传统的密码是不方便的。在 20 世纪 70 年代，提出了公钥密码的概念。在这种系统中，每个用户有两个密钥，一个公开，一个保密，分别称为**公钥和私钥**，并且要求从一个用户的公钥很难推算出他的私钥。

Rivest,Shamir 和 Adleman 在 1978 年发表的题为“数字签名和公钥密码的一个方法”一文中，提出了一个公钥密码，现在人们称它为 RSA 公钥密码。RSA 公钥密码体制如下：

成立一个密钥分发中心，一个用户如要使用密码，就去该中心登记领取密钥。密钥分发中心选用一个正整数 $n = pq$，这里 p 和 q 是两个不同的素数，通常要取得很大。n 是公开的，而 p, q 是保密的，这时 $\varphi(n) = (p-1)(q-1)$，如果不知道 p 和 q，即不知道 n 的因子分解，就不能利用这个公式计算 $\varphi(n)$。

当一个用户来中心登记领取密钥时，中心给他选取一个数 e，e 为小于 $\varphi(n)$ 且与它互素的正整数。利用辗转相除法，可以找到整数 d 和 x，使

$$ed + x\varphi(n) = 1,$$

即

$$ed \equiv 1 \pmod{\varphi(n)},$$

e 作为用户的公钥，d 作为用户的私钥。

只要知道了该用户 A 的公钥 e 和 n，任何人 B 都可向他发送加密信息。在计算机中，一个信息都用一个由 0 和 1 组成的数字串表示。设 B 要发给 A 的信息为

$$M = (m_0, m_1, \cdots, m_l), \quad m_i = 0 \text{ 或} 1,$$

利用二进制，可将 m 表成一个整数

$$m = m_0 + 2m_1 + \cdots + 2^l m_l,$$

假设 $m < n$，且 m 与 n 互素（m 与 n 不互素的情况，出现的可能性极小）。B 利用 A 的公钥 e 将 m 加密，得到成密文

$$c \equiv m^e \pmod{n}.$$

B 将密文 c 经公开信道发给 A。A 在收到 c 后，利用自己的私钥解密，计算 $c^d \pmod{n}$，由于

$$c^d \equiv m^{ed} \equiv m^{1-x\varphi(n)} \equiv m \cdot \left(m^{\varphi(n)}\right)^{-x} \equiv m \pmod n,$$

（这里利用了定理 2.4）。A 从密文 c 就得到了明文 m。

任何人都可从公开信道上截获密文 c，但由于他不知道 A 的私钥 d，因此很难从密文 c 计算出明文 m。如果不知道 $\varphi(n)$，就很难从已知的公钥 e 算出私钥 d。若知道 $\varphi(n)$，则由

$$pq = n, \qquad p + q = n - \varphi(n) + 1,$$

可知 p, q 是二次方程 $x^2 + (\varphi(n) - n - 1)x + n = 0$ 的根，可以算出 p, q，从而将 n 因子分解。所以 RSA 公钥密钥的安全性，与因子分解密切相关。若能知道 n 的因子分解，该密码就能破译了。因此要选用足够大的 n，使得在当今技术条件下要分解它是困难的，目前认为选用 1024 比特的 n 和 512 比特的 p, q 是安全的。

第3章 二次剩余

设 n 为正整数，模 n 的缩系中的平方元称为模 n 的二次剩余。给定与 n 互素的一个整数 a，判断 a 是否是模 n 的二次剩余，这称为二次剩余问题。当 n 为素数时，利用 Legendre 符号可以解决二次剩余问题。本章给出了 Legendre 符号的定义及其计算方法。当 n 为合数时，基于 Legendre 符号定义了模 n 的 Jacobi 符号，讨论了 Jacobi 符号的计算方法，但 Jacobi 符号不像 Legendre 符号那样，可以给出模 n 的二次剩余问题的一个解法。当 n 为合数且不知道它的因子分解时，一般猜想模 n 的二次剩余问题与 n 的因子分解难度相当，这个猜想至今尚未证明。

§3.1 Legendre 符号及 Euler 判别法则

设 m 为大于 1 的正整数，$(n, m) = 1$，如果方程

$$x^2 \equiv n \pmod{m}$$

有解，则 n 称为模 m 的**二次剩余**，否则称为模 m 的**二次非剩余**。

定义 3.1 设 p 为奇素数，n 为整数，关于整变量 n 的函数

$$\left(\frac{n}{p}\right) = \begin{cases} 1, & \text{若 } n \text{ 为模 } p \text{ 的二次剩余,} \\ -1, & \text{若 } n \text{ 为模 } p \text{ 的二次非剩余,} \\ 0, & p|n \end{cases}$$

称为模 p 的**Legendre符号**。

定理 3.1 Legendre 符号有下列基本性质：

1. 若 $n_1 \equiv n_2 \pmod{p}$，则 $\left(\frac{n_1}{p}\right) = \left(\frac{n_2}{p}\right)$；
2. 若 $p \nmid n$，则 $\left(\frac{n^2}{p}\right) = 1$；
3. $\left(\frac{1}{p}\right) = 1$；
4. 同余方程 $x^2 \equiv n \pmod{p}$ 的解数为 $1 + \left(\frac{n}{p}\right)$。

证明 由定义很容易得出，读者可自行练习。

定理 3.2 设 p 为奇素数，则模 p 的缩系中有 $\frac{1}{2}(p-1)$ 个二次剩余，有 $\frac{1}{2}(p-1)$ 个二次非剩余，且

$$1^2, 2^2, \cdots, \left(\frac{1}{2}(p-1)\right)^2$$

为所有的模 p 二次剩余。

证明 设 n 为任一模 p 的二次剩余，则有整数 $0 < x \leqslant p-1$，使

$$x^2 \equiv n \pmod p,$$

同时也有

$$(p-x)^2 \equiv n \pmod p.$$

因此，一定有整数 x，$0 < x \leqslant \frac{1}{2}(p-1)$，使得

$$x^2 \equiv n \pmod p.$$

若 $x^2 \equiv y^2 \pmod p$，$0 < x, y \leqslant \frac{1}{2}(p-1)$，由于 $x^2 - y^2 = (x+y)(x-y) \equiv 0 \pmod p$，则 $p|x+y$ 或 $p|x-y$，但 $0 < x+y < p$，所以一定有 $p|x-y$，故 $x=y$。因此

$$1^2, 2^2, \cdots, \left(\frac{1}{2}(p-1)\right)^2$$

模 p 两两不同余。

定理 3.3 (Euler 判别法则) 设 p 为奇素数，$p \nmid n$，则

$$\left(\frac{n}{p}\right) \equiv n^{\frac{p-1}{2}} \pmod p.$$

证明 若 $\left(\frac{n}{p}\right) = 1$，则有整数 x，使 $x^2 \equiv n \pmod p$，由 Euler 定理 (定理 2.4) 知

$$n^{\frac{p-1}{2}} \equiv x^{p-1} \equiv 1 \pmod p。$$

由于 $n^{p-1} \equiv 1 \pmod p$，故 $p|n^{p-1}-1$，从而 $p|n^{\frac{p-1}{2}}+1$ 或 $p|n^{\frac{p-1}{2}}-1$，此即 $n^{\frac{p-1}{2}} \equiv -1 \pmod p$，或 $n^{\frac{p-1}{2}} \equiv 1 \pmod p$。由定理 2.14，方程

$$x^{\frac{p-1}{2}} \equiv 1 \pmod p$$

最多只有 $\frac{p-1}{2}$ 个解，而定理 3.2 表明它有且仅有 $\frac{p-1}{2}$ 个解，它们是模 p 的所有二次剩余，由此可知当 $\left(\frac{n}{p}\right) = -1$ 时，n 一定是二次非剩余，故有 $n^{\frac{p-1}{2}} \equiv -1 \pmod p$。

定理 3.4 设 p 为奇素数，m, n 为整数，则

$$\left(\frac{mn}{p}\right) = \left(\frac{m}{p}\right)\left(\frac{n}{p}\right).$$

证明 $p|mn$ 时，结论显然成立，故不妨假设 $p \nmid mn$。由定理 3.3，有

$$\left(\frac{mn}{p}\right) \equiv (mn)^{\frac{p-1}{2}} = m^{\frac{p-1}{2}} n^{\frac{p-1}{2}} \equiv \left(\frac{m}{p}\right)\left(\frac{n}{p}\right) \pmod p,$$

由于上式两端都为 ± 1，且 $p > 2$，故定理成立。

由定理 3.4 可知，只要能计算

$$\left(\frac{-1}{p}\right), \left(\frac{2}{p}\right), \left(\frac{q}{p}\right) \ (q\text{为奇素数}),$$

就可以计算所有模 p 的 Legendre 符号。

利用定理 3.3，

$$\left(\frac{-1}{p}\right) \equiv (-1)^{\frac{p-1}{2}} \pmod p,$$

由于 $p > 2$，且上式两边均为 ± 1，故

$$\left(\frac{-1}{p}\right) = (-1)^{\frac{p-1}{2}}. \tag{3.1}$$

因此当 $p \equiv 1 \pmod 4$ 时，-1 为模 p 的二次剩余，当 $p \equiv 3 \pmod 4$ 时，-1 为模 p 的二次非剩余。

定理 3.5 (高斯引理)　*设 p 为奇素数，$p \nmid n$，设 $\frac{1}{2}(p-1)$ 个数*

$$n, 2n, \cdots, \frac{1}{2}(p-1)n \tag{3.2}$$

模 p 的最小正余数中有 m 个大于 $p/2$，则

$$\left(\frac{n}{p}\right) = (-1)^m。$$

证明　设 $a_1, a_2, \cdots, a_l$ $(l = \frac{1}{2}(p-1)-m)$ 表示式 (3.2) 中 $< \frac{p}{2}$ 的所有最小正余数，$b_1, b_2, \cdots, b_m$ 表示式 (3.2) 中 $> \frac{p}{2}$ 的所有最小正余数。因此 $a_1, a_2, \cdots, a_l, p-b_1, p-b_2, \cdots, p-b_m$ 都在 1 与 $\frac{1}{2}(p-1)$ 之间，它们是两两不相等的。这是因为若

$$a_i = p - b_j,$$

则 $a_i + b_j = p$，即存在整数 x, y, $1 \leqslant x, y \leqslant \frac{1}{2}(p-1)$，使

$$xn + yn \equiv 0 \pmod p.$$

由于 $p \nmid n$，故 $p | x+y$，这是不可能的。所以

$$\prod_{i=1}^{l} a_i \cdot \prod_{j=1}^{m} (p - b_j) = \left(\frac{p-1}{2}\right)!,$$

而

$$\begin{aligned}\prod_{i=1}^{l} a_i \cdot \prod_{j=1}^{m} (p - b_j) &\equiv (-1)^m \prod_{k=1}^{(p-1)/2} kn \pmod p \\ &\equiv (-1)^m \left(\frac{p-1}{2}\right)! n^{\frac{p-1}{2}} \pmod p,\end{aligned}$$

故

$$n^{\frac{p-1}{2}} \equiv (-1)^m \pmod p.$$

由定理 3.3，得

$$\left(\frac{n}{p}\right) = (-1)^m.$$

例 3.1　当 $p = 5, n = 8$ 时，因 $1 \times 8 \equiv 3 \pmod 5$, $2 \times 8 \equiv 1 \pmod 5$，故 $m = 1$，所以 $\left(\frac{8}{5}\right) = (-1)^1 = -1$。

当 $p = 7, n = 2$ 时，因 $1 \times 2 \equiv 2 \pmod 7$, $2 \times 2 \equiv 4 \pmod 7$, $3 \times 2 \equiv 6 \pmod 7$，故 $m = 2$，所以 $\left(\frac{2}{7}\right) = (-1)^2 = 1$。

定理 3.6　*若 p 为奇素数，则*

$$\left(\frac{2}{p}\right) = (-1)^{\frac{1}{8}(p^2-1)}.$$

证明　当 $n = 2$ 时，下述 $\frac{p-1}{2}$ 个数

$$2, 2 \times 2, 2 \times 3, \cdots, 2 \times \frac{p-1}{2}$$

落在 1 与 p 之间。若 $\frac{p}{2} < 2k < p$，则 $\frac{p}{4} < k < \frac{p}{2}$，所以 $m = \left[\frac{p}{2}\right] - \left[\frac{p}{4}\right]$，设 $p = 8a + r, r = 1, 3, 5, 7$，则

$$m = 2a + \left[\frac{r}{2}\right] - \left[\frac{r}{4}\right] \equiv 0, 1, 1, 0 \pmod 2$$

即当 $p \equiv \pm 1 \pmod 8$ 时，$\left(\frac{2}{p}\right) = (-1)^m = 1 = (-1)^{\frac{1}{8}(p^2-1)}$；当 $p \equiv \pm 3 \pmod 8$ 时，$\left(\frac{2}{p}\right) = (-1)^m = -1 = (-1)^{\frac{1}{8}(p^2-1)}$。

习　　题

1. 令 $p = 11$，试写出所有模 p 的二次剩余。

2. 令 $p = 11$，取 $a = 3$，利用高斯引理，计算 Legendre 符号 $\left(\frac{3}{11}\right)$。

3. 设 $p = 31$，问 2 是模 p 的原根吗？说明理由。

§3.2　二次互反律

现在，已经知道了如何计算 $\left(\frac{-1}{p}\right)$ 和 $\left(\frac{2}{p}\right)$。为了能计算出所有的模 p 的 Legendre 符号，还需计算 $\left(\frac{q}{p}\right)$（p, q 为奇素数）的情形。首先，给出如下的定理。

定理 3.7 (二次互反律)　*设 p, q 为奇素数，$p \neq q$，则*

$$\left(\frac{p}{q}\right)\left(\frac{q}{p}\right) = (-1)^{\frac{p-1}{2} \cdot \frac{q-1}{2}}.$$

证明　设 $a_i, i = 1, 2, \cdots, l$; $b_j, j = 1, 2, \cdots, m$。如定理 3.5 证明中所示，令

$$a = \sum_{i=1}^{l} a_i, \qquad b = \sum_{j=1}^{m} b_j.$$

设

$$kq = q_k p + r_k, \quad q_k = \left[\frac{kq}{p}\right], \quad 0 \leqslant r_k < p, k = 1, 2, \cdots, \frac{p-1}{2},$$

则

$$\sum_{k=1}^{\frac{1}{2}(p-1)} r_k = a + b.$$

由定理 3.5 的证明可知，$a_i, p - b_j$ 遍历 $1, 2, \cdots, \frac{1}{2}(p-1)$，故

$$\frac{p^2-1}{8} = 1 + 2 + \cdots + \frac{1}{2}(p-1) = \sum_{s=1}^{l} a_s + \sum_{t=1}^{m}(p - b_t) = a + mp - b,$$

又

$$\frac{p^2-1}{8} q = \sum_{k=1}^{(p-1)/2} kq = p \sum_{k=1}^{\frac{1}{2}(p-1)} q_k + \sum_{k=1}^{\frac{1}{2}(p-1)} r_k = p \sum_{k=1}^{\frac{1}{2}(p-1)} q_k + a + b,$$

两式相减得

$$\frac{p^2-1}{8}(q-1) = p \sum_{k=1}^{\frac{1}{2}(p-1)} q_k - mp + 2b.$$

由于 $\frac{p^2-1}{8}$ 是整数，$q-1$ 是偶数 $(q > 2)$，所以由上式可得

$$m \equiv \sum_{k=1}^{\frac{1}{2}(p-1)} q_k = \sum_{k=1}^{\frac{1}{2}(p-1)} \left[\frac{qk}{p}\right] \pmod 2,$$

故

$$\left(\frac{q}{p}\right) = (-1)^m = (-1)^{\sum\limits_{k=1}^{\frac{1}{2}(p-1)} \left[\frac{qk}{p}\right]}.$$

同理

$$\left(\frac{p}{q}\right) = (-1)^{\sum\limits_{s=1}^{\frac{1}{2}(q-1)} \left[\frac{sp}{q}\right]}.$$

于是

$$\left(\frac{q}{p}\right)\left(\frac{p}{q}\right) = (-1)^{\sum\limits_{k=1}^{\frac{1}{2}(p-1)} \left[\frac{kq}{p}\right] + \sum\limits_{s=1}^{\frac{1}{2}(q-1)} \left[\frac{sp}{q}\right]}.$$

下面证明

$$\sum_{k=1}^{\frac{1}{2}(p-1)} \left[\frac{kq}{p}\right] + \sum_{l=1}^{\frac{1}{2}(q-1)} \left[\frac{lp}{q}\right] = \frac{p-1}{2} \cdot \frac{q-1}{2}.$$

事实上，在平面内以 $(0,0)$, $\left(0, \frac{1}{2}q\right)$, $\left(\frac{1}{2}p, 0\right)$, $\left(\frac{1}{2}p, \frac{1}{2}q\right)$ 为顶点的矩形（如图 3.1 所示）内整点（两坐标都为整数）个数为 $\frac{p-1}{2} \cdot \frac{q-1}{2}$，而从点 $(0,0)$ 到点 $\left(\frac{1}{2}p, \frac{1}{2}q\right)$ 的对角线 $y = xq/p$ 下方的三角形内整点的个数为 $\sum\limits_{k=1}^{\frac{1}{2}(p-1)} \left[\frac{kq}{p}\right]$，对角线上方的三角形内的整点个数为 $\sum\limits_{s=1}^{\frac{1}{2}(q-1)} \left[\frac{sp}{q}\right]$，故上式成立。从而定理得证。

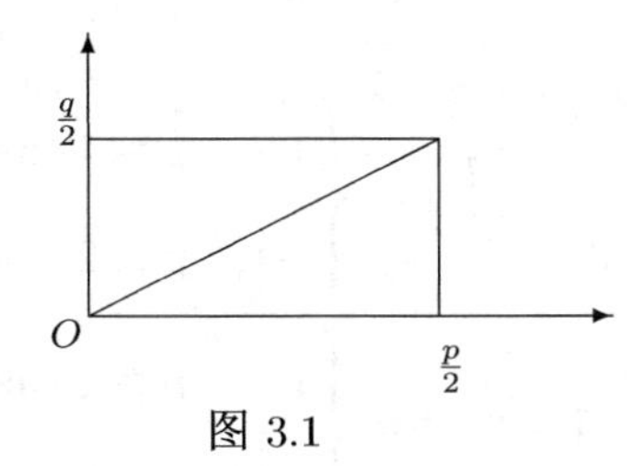

图 3.1

例 3.2　求 $\left(\dfrac{137}{227}\right)$。

解

$$\begin{aligned}\left(\frac{137}{227}\right) &= \left(\frac{-90}{227}\right)\\ &= \left(\frac{-1}{227}\right)\left(\frac{2\cdot 3^2\cdot 5}{237}\right)\\ &= (-1)\left(\frac{2}{227}\right)\left(\frac{3^2}{227}\right)\left(\frac{5}{227}\right)\\ &= (-1)\left(\frac{2}{227}\right)\left(\frac{5}{227}\right),\end{aligned}$$

而

$$\left(\frac{2}{227}\right) = (-1)^{\frac{1}{8}(227^2-1)} = -1\,,\left(\frac{5}{227}\right) = \left(\frac{227}{5}\right) = \left(\frac{2}{5}\right) = -1\,,$$

故

$$\left(\frac{137}{227}\right) = -1。$$

例 3.3　判断同余方程

$$(1)\ \ x^2 \equiv -1 \pmod{137};\qquad\qquad (2)\ x^2 \equiv 2 \pmod{227}$$

是否有解。

解　(1) 因 137 为素数，且

$$\begin{aligned}\left(\frac{-1}{137}\right) &= (-1)^{\frac{137-1}{2}}\\ &= 1,\end{aligned}$$

故方程 (1) 有解。

(2) 因 227 为素数，且

$$\left(\frac{2}{227}\right) = -1,$$

故方程 (2) 没有解。

例 3.4　求所有奇素数 $p \neq 3$，它以 3 为其二次剩余。

解　由二次互反律

$$\left(\frac{3}{p}\right) = \left(\frac{p}{3}\right)(-1)^{\frac{1}{2}(p-1)},$$

因

$$\left(\frac{p}{3}\right)=\begin{cases}1, & p\equiv 1 \pmod 3,\\ -1, & p\equiv 2 \pmod 3,\end{cases}$$

$$(-1)^{\frac{1}{2}(p-1)}=\begin{cases}1, & p\equiv 1 \pmod 4,\\ -1, & p\equiv 3 \pmod 4,\end{cases}$$

由中国剩余定理，立即可以算出

$$\left(\frac{3}{p}\right)=\begin{cases}1, & p\equiv \pm 1 \pmod{12},\\ -1, & p\equiv \pm 5 \pmod{12},\end{cases}$$

即所求素数为满足 $p\equiv \pm 1 \pmod{12}$ 的素数。

例 3.5 求所有奇素数 $p\neq 11$，它以 11 为其二次剩余。

解 由二次互反律

$$\left(\frac{11}{p}\right)=\left(\frac{p}{11}\right)(-1)^{\frac{p-1}{2}},$$

直接计算可得

$$\left(\frac{p}{11}\right)=\begin{cases}1, & p\equiv 1,3,4,5,9 \pmod{11},\\ -1, & p\equiv 2,6,7,8,10 \pmod{11},\end{cases}$$

$$(-1)^{\frac{p-1}{2}}=\begin{cases}1, & p\equiv 1 \pmod 4,\\ -1, & p\equiv 3 \pmod 4,\end{cases}$$

解同余方程

$$\begin{cases}x\equiv a \pmod 4,\\ x\equiv b \pmod{11},\end{cases}$$

可得（利用中国剩余定理）

$$x\equiv 33a+12b \pmod{44},$$

故当 $a=1,\ b=1,3,4,5,9$ 或 $a=3,\ b=2,6,7,8,10$ 时，即 $p=\pm 1,\pm 5,\pm 7,\pm 9,\pm 19 \pmod{44}$ 时，$\left(\frac{11}{p}\right)=1$，故所求素数为满足 $p\equiv \pm 1,\pm 5,\pm 7,\pm 9,\pm 19 \pmod{44}$ 的所有素数。

习　题

1. 计算下列 Legendre 符号

$$\left(\frac{12}{47}\right),\left(\frac{28}{53}\right),\left(\frac{71}{73}\right),\left(\frac{-32}{97}\right),\left(\frac{16}{233}\right),\left(\frac{-105}{223}\right),\left(\frac{91}{563}\right)。$$

2. 写一个具体求 Legendre 符号的算法，分析其复杂度。

3. 判断下列同余方程是否有解：

$$\begin{aligned} &\text{(i)} & x^2 &\equiv -6 \pmod{91};\\ &\text{(ii)} & 11x^2 &\equiv 5 \pmod{227};\\ &\text{(iii)} & x^2 &\equiv 11 \pmod{511};\\ &\text{(iv)} & 5x^2 &\equiv -14 \pmod{6193}. \end{aligned}$$

[**提示**：$91 = 7 \cdot 17$, $511 = 7 \cdot 73$, $6193 = 11 \cdot 563$]

4.

(i) 求 $\left(\dfrac{5}{p}\right) = 1$ 的全体素数；

(ii) 求 $\left(\dfrac{-5}{p}\right) = 1$ 的全体素数。

5. 设素数 $p \nmid a$，证明 $\sum\limits_{x=0}^{p-1} \left(\dfrac{ax+b}{p}\right) = 0$。

6. 设 Q 是模 p 的所有二次剩余的乘积，证明：

$$Q \pmod{p} \equiv \begin{cases} 1, & \text{若 } p \equiv 3 \pmod 4,\\ -1, & \text{若 } p \equiv 1 \pmod 4. \end{cases}$$

7. 证明：

$$\left(\frac{-2}{p}\right) = \begin{cases} 1, & \text{若 } p \equiv 1 \text{ 或 } 3 \pmod 8,\\ -1, & \text{若 } p \equiv 5 \text{ 或 } 7 \pmod 8. \end{cases}$$

8. 证明：$1^2 \cdot 3^2 \cdot 5^2 \cdots (p-2)^2 \equiv (-1)^{\frac{p+1}{2}} \pmod{p}$.

9. 设 $p = 4k+3$ 是素数，并且 $q = 8k+7$ 也是素数。利用 2 是模 q 的二次剩余，证明 $2^p - 1$ 是合数。

§3.3　Jacobi 符号和二次剩余问题

定义 3.2　设 $m > 1$ 为正奇数，$m = \prod\limits_{i=1}^{s} p_i$，$p_i$ 为素数，n 为整数，定义

$$\left(\frac{n}{m}\right) = \left(\frac{n}{p_1}\right)\left(\frac{n}{p_2}\right)\cdots\left(\frac{n}{p_s}\right),$$

把 $\left(\dfrac{n}{m}\right)$ 称为Jacobi符号。

显然，当 m 为奇素数时，$\left(\dfrac{n}{m}\right)$ 就是 Legendre 符号。

定理 3.8　Jacobi 符号有下列基本性质：

1. 若 $n_1 \equiv n_2 \pmod{m}$，则 $\left(\dfrac{n_1}{m}\right) = \left(\dfrac{n_2}{m}\right)$；
2. 若 $(m, n) = 1$，则 $\left(\dfrac{n^2}{m}\right) = \left(\dfrac{n}{m^2}\right) = 1$；

3. $\left(\frac{1}{m}\right)=1$；若 $(m,n)\neq 1$，则 $\left(\frac{n}{m}\right)=0$；

4. $\left(\frac{n_1n_2}{m}\right)=\left(\frac{n_1}{m}\right)\left(\frac{n_2}{m}\right)$。

证明 由定义很容易得出，作为练习。

定理 3.9 设 $m>1$ 为奇数，则 $\left(\frac{-1}{m}\right)=(-1)^{\frac{m-1}{2}}$。

证明 由定义

$$\left(\frac{-1}{m}\right)=\prod_{i=1}^{s}\left(\frac{-1}{p_i}\right)$$
$$=(-1)^{\sum\limits_{i=1}^{s}\frac{p_i-1}{2}},$$

故只要证明

$$\sum_{i=1}^{s}\frac{p_i-1}{2}\equiv\frac{1}{2}\left(\prod_{i=1}^{s}p_i-1\right)\pmod 2.$$

对 s 作数学归纳。

$s=1$，结论显然成立。假设 $s-1$ 时，结论成立。设 $m_{s-1}=\prod\limits_{i=1}^{s-1}p_i$，则 $m=m_{s-1}p_s$。由于 m_{s-1} 及 p_s 为奇数，故

$$(m_{s-1}-1)(p_s-1)\equiv 0\pmod 4,$$

即

$$m_{s-1}p_s-1\equiv m_{s-1}-1+p_s-1\pmod 4,$$

由归纳假设可得

$$\frac{m-1}{2}\equiv\frac{m_{s-1}-1}{2}+\frac{p_s-1}{2}$$
$$\equiv\sum_{i=1}^{s-1}\frac{p_i-1}{2}+\frac{p_s-1}{2}$$
$$\equiv\sum_{i=1}^{s}\frac{p_i-1}{2}\pmod 2.$$

定理 3.10 设 $m>1$ 为奇数，则

$$\left(\frac{2}{m}\right)=(-1)^{\frac{1}{8}(m^2-1)}.$$

证明 设 $m=\prod\limits_{i=1}^{s}p_i$，则

$$\left(\frac{2}{m}\right)=\prod_{i=1}^{s}\left(\frac{2}{p_i}\right)$$
$$=\prod_{i=1}^{s}(-1)^{\frac{1}{8}(p_i^2-1)}$$
$$=(-1)^{\sum\limits_{i=1}^{s}\frac{p_i^2-1}{8}}.$$

故只要证明

$$\sum_{i=1}^{s}\frac{p_i^2-1}{8}\equiv\frac{\prod\limits_{i=1}^{s}p_i^2-1}{8}\equiv\frac{m^2-1}{8}\pmod 2.$$

当 $s=1$ 时，上式显然成立。假设 $s-1$ 时上式成立，设 $m_{s-1}=\prod\limits_{i=1}^{s-1}p_i$，则 $m=m_{s-1}p_s$。由于 m_{s-1} 及 p_s 为奇数，任一奇数的平方模 4 余 1，故

$$(m_{s-1}^2-1)(p_s^2-1)\equiv 0 \pmod{16},$$

即

$$m_{s-1}^2p_s^2-1\equiv m_{s-1}^2-1+p_s^2-1 \pmod{16},$$

由归纳假设可得

$$\begin{aligned}\frac{m^2-1}{8}&\equiv\frac{m_{s-1}^2-1}{8}+\frac{p_s^2-1}{8}\\&\equiv\sum_{i=1}^{s-1}\frac{p_i^2-1}{8}+\frac{p_s^2-1}{8}\\&\equiv\sum_{i=1}^{s}\frac{p_i^2-1}{8}\pmod 2,\end{aligned}$$

从而

$$\left(\frac{2}{m}\right)=(-1)^{\frac{1}{8}(m^2-1)}.$$

定理 3.11　设 $m,n>1$ 为奇数，且 $(m,n)=1$，则

$$\left(\frac{n}{m}\right)\left(\frac{m}{n}\right)=(-1)^{\frac{m-1}{2}\cdot\frac{n-1}{2}}.$$

证明　令 $m=\prod\limits_{i=1}^{s}p_i$, $n=\prod\limits_{j=1}^{l}q_j$，则

$$\begin{aligned}\left(\frac{n}{m}\right)\left(\frac{m}{n}\right)&=\left[\prod_{j=1}^{l}\prod_{i=1}^{s}\left(\frac{q_j}{p_i}\right)\right]\left[\prod_{i=1}^{s}\prod_{j=1}^{l}\left(\frac{p_i}{q_j}\right)\right]\\&=\prod_{j=1}^{l}\prod_{i=1}^{s}\left(\frac{q_j}{p_i}\right)\left(\frac{p_i}{q_j}\right)\\&=\prod_{j=1}^{l}\prod_{i=1}^{s}(-1)^{\frac{p_i-1}{2}\cdot\frac{q_j-1}{2}}\\&=(-1)^{\sum\limits_{i=1}^{s}\frac{p_i-1}{2}\cdot\sum\limits_{j=1}^{l}\frac{q_j-1}{2}}\\&=(-1)^{\frac{m-1}{2}\cdot\frac{n-1}{2}},\end{aligned}$$

其中最后一个等式用到 $\frac{m-1}{2}\equiv\sum\limits_{i=1}^{s}\frac{p_i-1}{2}\pmod 2$，$\frac{n-1}{2}\equiv\sum\limits_{j=1}^{l}\frac{q_j-1}{2}\pmod 2$。

例 3.6　求 $\left(\frac{313}{401}\right)$。

解

$$\begin{aligned}\left(\frac{313}{401}\right) &= \left(\frac{88}{313}\right)\\ &= \left(\frac{2}{313}\right)\left(\frac{2^2}{313}\right)\left(\frac{11}{313}\right)\\ &= \left(\frac{11}{313}\right)\\ &= \left(\frac{5}{11}\right) = 1.\end{aligned}$$

例 3.7 求 $\left(\frac{165}{503}\right)$。

解

$$\begin{aligned}\left(\frac{165}{503}\right) &= \left(\frac{8}{165}\right)\\ &= \left(\frac{2}{165}\right)\\ &= (-1)^{\frac{165^2-1}{8}}\\ &= -1.\end{aligned}$$

设 n 为奇正整数，整数 a 与 n 互素，判断 a 是否是模 n 的二次剩余，称为**二次剩余问题**。当 $n=p$ 为素数时，只要计算 Legendre 符号 $\left(\frac{a}{p}\right)$, 若 $\left(\frac{a}{p}\right)=1$，则 a 为二次剩余；若 $\left(\frac{a}{p}\right)=-1$，则 a 为二次非剩余。但当 n 为合数时，二次剩余问题就要困难得多。若 a 是模 n 的二次剩余，则存在 b，使 $a \equiv b^2 \pmod{n}$，所以 $\left(\frac{a}{n}\right)=\left(\frac{b^2}{n}\right)=1$。反之，若 $\left(\frac{a}{n}\right)=1$，则 a 不一定是模 n 的二次剩余。定义

$$Q_n=\{a|(a,n)=1,\ a\text{是模 } n \text{ 的二次剩余}\},\quad \mathbb{Z}_n^1=\{a|\left(\tfrac{a}{n}\right)=1\},$$

则有 $Q_n \subset \mathbb{Z}_n^1$。集合 $\widetilde{Q}_n=\mathbb{Z}_n^1-Q_n$ 中的数称为模 n 的**伪二次剩余**。

例 3.8 令 $n=21$。表 3.1 中给出模 21 的缩系中每个数的 Jacobi 符号。

表 3.1

a	1	2	4	5	8	10	11	13	16	17	19	20
a^2 mod 21	1	4	16	4	1	16	16	1	4	16	4	1
$\left(\frac{a}{3}\right)$	1	−1	1	−1	−1	1	−1	1	1	−1	1	−1
$\left(\frac{a}{7}\right)$	1	1	1	−1	1	−1	1	−1	1	−1	−1	−1
$\left(\frac{a}{21}\right)$	1	−1	1	1	−1	−1	−1	−1	1	1	−1	1

易见，$Q_{21}=\{1,4,16\}$, $\mathbb{Z}_{21}^1=\{1,4,5,16,17,20\}$, 5, 17, 20 都是模 21 的伪二次剩余。

定理 3.12 若 $n=pq$，且 n 的素因子 p 和 q 已知，则整数 a 为模 n 的二次剩余，当且仅当

$$\left(\frac{a}{p}\right)=\left(\frac{a}{q}\right)=1.$$

证明　若 $a \equiv b^2 \pmod{n}$ 是模 n 的二次剩余，则显然有

$$\left(\frac{a}{p}\right) = \left(\frac{b^2}{p}\right) = 1, \qquad \left(\frac{a}{q}\right) = \left(\frac{b^2}{q}\right) = 1.$$

反之，若 $\left(\frac{a}{p}\right) = \left(\frac{a}{q}\right) = 1$，则存在 b_1 和 b_2，使

$$a \equiv b_1^2 \pmod{p}, \quad a \equiv b_2^2 \pmod{q},$$

令 b 是同余方程组

$$b \equiv b_1 \pmod{p}, \quad b \equiv b_2 \pmod{q}$$

的解，由中国剩余定理可知，b 模 $n = pq$ 是唯一的。这时 $a \equiv b^2 \pmod{n}$，所以 a 是模 n 的二次剩余。

定理 3.12 表明，当知道 n 的因子分解时，模 n 的二次剩余问题就可以解决。但如果不知道 n 的因子分解，定理 3.12 的方法则不能利用。一般猜想二次剩余问题的难度与因子分解的难度相当，但这个结论至今并不能证明。

若 $n = pq$, $a \equiv b^2 \pmod{n}$，则由下列四个同余方程组给出 a 模 n 的四个平方根：

$$\begin{cases} x_1 \equiv b & \pmod{p}, \\ x_1 \equiv b & \pmod{q}, \end{cases} \qquad \begin{cases} x_2 \equiv b & \pmod{p}, \\ x_2 \equiv -b & \pmod{q}, \end{cases}$$

$$\begin{cases} x_3 \equiv -b & \pmod{p}, \\ x_3 \equiv b & \pmod{q}, \end{cases} \qquad \begin{cases} x_4 \equiv -b & \pmod{p}, \\ x_4 \equiv -b & \pmod{q}, \end{cases}$$

当 $p \equiv q \equiv 3 \pmod{4}$ 时，这四个平方根的 Legendre 符号为

$$\begin{cases} \left(\frac{x_1}{p}\right) = 1, \\ \left(\frac{x_1}{q}\right) = 1, \end{cases} \quad \begin{cases} \left(\frac{x_2}{p}\right) = 1, \\ \left(\frac{x_2}{q}\right) = -1, \end{cases} \quad \begin{cases} \left(\frac{x_3}{p}\right) = -1, \\ \left(\frac{x_3}{q}\right) = 1, \end{cases} \quad \begin{cases} \left(\frac{x_4}{p}\right) = -1, \\ \left(\frac{x_4}{q}\right) = -1. \end{cases}$$

(x_1, x_2, x_3, x_4 可能要交换顺序。)

例如，例 3.8 表明，1, 8, 13, 20 为 1 模 21 的 4 个平方根，2, 5, 16, 19 是 4 模 21 的 4 个平方根，4, 10, 11, 17 是 16 模 21 的 4 个平方根。

定理 3.13　*给定 $x, y \in \mathbb{Z}_n^*$，若 $x^2 \equiv y^2 \pmod{n}$, $x \not\equiv \pm y \pmod{n}$，则存在一个 n 因子分解的多项式时间算法。*

证明　由于 $0 \equiv x^2 - y^2 \equiv (x+y)(x-y) \pmod{n}$，且 $x \not\equiv \pm y \pmod{n}$，可知 n 与 $x \pm y$ 的最大公因子一定是 n 的素因子，而计算最大公因子是一个多项式时间算法。

定理 3.13 表明，求解 $x^2 \equiv a \pmod{n}$ 的计算复杂度不低于 n 因子分解的计算复杂度，因而前者也是一个困难的问题。

定理 3.14　*若已知 $n = pq$ 的因子分解，则存在一个计算复杂度为 $O(\lg^3(n))$ 的多项式时间算法判断任一 $a \in \mathbb{Z}_n^1$ 是否为模 n 的二次剩余。*

证明　若 $a \in \mathbb{Z}_n^1$。当 $\left(\frac{a}{p}\right) = 1$ 时，a 为模 n 的二次剩余，当 $\left(\frac{a}{p}\right) = -1$ 时，a 为模 n 的二

次非剩余。由定理 3.11，计算 $\left(\dfrac{a}{p}\right)$ 相当于计算一次辗转相除法，其计算量为 $O(\lg^3(n))$，(见 1.3 节)。

二次剩余假设：若不知道 $n=pq$ 的因子分解，判断 $a\in\mathbb{Z}_n^1$ 是否为模 n 的二次剩余是一个困难问题。

定理 3.14 表明，当 n 的因子分解为已知时，存在多项式时间复杂度为 $O(\lg^3(n))$ 的算法判断 $a\in\mathbb{Z}_n^1$ 是否是二次剩余。我们称上述问题是带陷门的。在 3.4 节，将基于判断二次剩余的困难性构造一个公钥密码。

习　　题

1. 设 a,b 是正整数，b 为奇数。证明 Jacobi 符号有

$$\left(\frac{a}{2a+b}\right)=\begin{cases}\left(\dfrac{a}{b}\right), & \text{若 } a\equiv 0,1 \pmod 4,\\ -\left(\dfrac{a}{b}\right), & \text{若 } a\equiv 2,3 \pmod 4.\end{cases}$$

2. 设 a,b,c 是正整数，b 为奇数，$(a,b)=1$ 且 $b<4ac$。证明

$$\left(\frac{a}{4ac-b}\right)=\left(\frac{a}{b}\right).$$

3. 设 p 是奇素数，$p\equiv 1 \pmod 4$。证明：

(1) $1,2,\cdots,(p-1)/2$ 中模 p 的二次剩余与二次非剩余的个数均为 $(p-1)/4$；

(2) $1,2,\cdots,p-1$ 中有 $(p-1)/4$ 个偶数为模 p 的二次剩余，也有 $(p-1)/4$ 个奇数为模 p 的二次剩余；

(3) $1,2,\cdots,p-1$ 中有 $(p-1)/4$ 个偶数为模 p 的二次非剩余，也有 $(p-1)/4$ 个奇数为模 p 的二次非剩余；

(4) $1,2,\cdots,p-1$ 中全体模 p 的二次剩余之和为 $\dfrac{p(p-1)}{4}$；

(5) $1,2,\cdots,p-1$ 中全体模 p 的二次非剩余之和也等于 $\dfrac{p(p-1)}{4}$。

4. 设 p 是奇素数，证明：若 q 是 2^p-1 的一个因子，那么 (1) $q\equiv 1 \pmod p$; (2) $q\equiv \pm 1 \pmod 8$。

5. 证明：若 q 是 $F_k=2^{2^k}+1$ 的一个正因子，那么 $q\equiv 1 \pmod{2^{k+1}}$；若 $k\geqslant 2$，那么 $q\equiv 1 \pmod{2^{k+2}}$。

§3.4　基于二次剩余假设的公钥密码

给定正整数 $k\in\mathbb{N}$, k 称为安全参数。随机选取二个 k 比特的素数 p_1, p_2，令 $n=p_1p_2$，选取一个模 n 的二次非剩余 $y\in\mathbb{Z}_n^1$。令 (n,y) 为公钥，(p_1, p_2) 为私钥。

加密算法 E_n:

发方 B 欲将消息（比特串）$m = m_1m_2\cdots m_r$ 发给收方 A，对每个 $m_i \in \{0,1\}$, B 随机选取 $x_i \in \mathbb{Z}_n^*$，若 $m_i = 1$，则令 $e_i \equiv x_i^2 \pmod n$。若 $m_i = 0$，则令 $e_i \equiv yx_i^2 \pmod n$。B 将密文 $E_n(m) = (e_1, e_2, \cdots, e_r)$ 发给 A。易见加密算法的计算量为 $O(rk^2)$。

解密算法 D_n:

收方掌握私钥 (p_1, p_2)，当他收到密文 $E_n(m) = (e_1, e_2, \cdots, e_r)$ 后，取 $Q_n(e_i) = m_i$ 就可得到明文 $m = m_1m_2\cdots m_r$。由定理 3.14，$Q_n(e_i)$ 的计算量为 $O(k^3)$，所以解密算法的计算量为 $O(rk^3)$。易见，$D_n(E_n(m)) = m$。

明文 m 的密文 $E_n(m) = (e_1, e_2, \cdots, e_r)$ 不是唯一的，随着 $x_1, x_2, \cdots, x_r$ 不同的选取而变化。我们将它称为概率公钥密码。

设 $m = m_1m_2\cdots m_r$ 和 $m' = m_1'm_2'\cdots m_r'$ 为两个消息，令 $u = u_1u_2\cdots u_r$，其中 $u_i = m_im_i'$ $(1 \leqslant i \leqslant r)$，为一新的消息。若 $E_n(m') = (e_1', e_2', \cdots, e_r')$，易见

$$
\begin{aligned}
E_n(u) &= E_n(u_1u_2\cdots u_r) = E_n(m_1m_1', m_2m_2', \cdots, m_rm_r') \\
&= (e_1e_1', e_2e_2', \cdots, e_re_r') = E_n(m)E_n(m').
\end{aligned}
$$

可见加密算法具有同态性质。

可以用以下随机的方法设置密钥参数 $n = p_1p_2$ 和 y。随机选取长为 $4k$ 的比特串，验证它的左边第一个 k 比特串和第二个 k 比特串分别为两个素数的二进制表示，右边的 $2k$ 比特串为 $\mathbb{Z}_n^1$ 中的一个二次非剩余的二进制表示。如果上述要求满足，则停止搜索。如果未能满足，则随机选取另一个 $4k$ 比特串。利用素数定理、素性检验算法，以及定理 3.14，可知该算法是一个多项式时间算法。

第4章 连分数

本章介绍简单连分数的性质。简单连分数是用有理数逼近无理数的一个工具。作为连分数的一个应用，本章介绍了基于连分数的一个整数因子分解方法。将简单连分数表达式中的整数换成多项式，就得到连分式。连分式有很多与连分数类似的性质，它也是用有理函数逼近幂级数的一个工具。本章最后介绍了利用连分式判断给定的有限序列是否满足线性递归关系，并在满足线性递归关系时找出它的连接多项式的方法。

§4.1 简单连分数

定义 4.1 设 $a_0, a_1, \cdots, a_n, \cdots$ 是一个无穷实数序列，其中 $a_j > 0$, $j \geqslant 1$, n 为非负整数。分数

$$a_0 + \cfrac{1}{a_1 + \cfrac{1}{a_2 + \cfrac{1}{\ddots + \cfrac{1}{a_n}}}} \tag{4.1}$$

称为有限连分数，如果 a_0 为整数，$a_1, \cdots, a_n$ 为正整数，则称为有限简单连分数。当 $n \to \infty$ 时，则分别称为连分数或简单连分数。

式 (4.1) 通常记成 $[a_0, a_1, a_2, \cdots, a_n]$，当 $n \to \infty$ 时又记成 $[a_0, a_1, \cdots]$。

例 4.1 求有限连分数 $\left[-3, 1, \frac{1}{2}, 2, \frac{1}{3}, 3\right]$ 的值。

解

$$\begin{aligned}\left[-3, 1, \frac{1}{2}, 2, \frac{1}{3}, 3\right] &= \left[-3, 1, \frac{1}{2}, 2, \frac{1}{3} + \frac{1}{3}\right] \\ &= \left[-3, 1, \frac{1}{2}, 2 + \frac{3}{2}\right] \\ &= \left[-3, 1, \frac{1}{2} + \frac{2}{7}\right] \\ &= \left[-3, 1 + \frac{14}{11}\right]\end{aligned}$$

$$= -3 + \frac{11}{25}$$
$$= -\frac{64}{25},$$

容易得到

$$[a_0] = \frac{a_0}{1}, \quad [a_0, a_1] = \frac{a_0 a_1 + 1}{a_1}, \quad [a_0, a_1, a_2] = \frac{a_2 a_1 a_0 + a_2 + a_0}{a_2 a_1 + 1}, \cdots.$$

设 $[a_0, a_1, \cdots, a_k] = \dfrac{p_k}{q_k}$，则 p_k 和 q_k 是 $a_0, a_1, \cdots, a_n$ 的多项式，$\dfrac{p_k}{q_k}(0 \leqslant k \leqslant n)$ 称为 $[a_0, a_1, \cdots, a_n]$ 的第 k 个渐近分数。

定理 4.1　设 p_k/q_k 是 $[a_0, a_1, \cdots, a_n]$ 的第 k 个渐近分数，则

$$p_0 = a_0, \quad p_1 = a_1 a_0 + 1, \quad p_k = a_k p_{k-1} + p_{k-2} \quad (2 \leqslant k \leqslant n);$$
$$q_0 = 1, \quad q_1 = a_1, \quad q_k = a_k q_{k-1} + q_{k-2} \quad (2 \leqslant k \leqslant n).$$

证明　对 k 用数学归纳法。$k = 0, 1, 2$ 时容易验证其成立。假设 $k-1$ 时成立，即

$$p_{k-1} = a_{k-1} p_{k-2} + p_{k-3}, \quad q_{k-1} = a_{k-1} q_{k-2} + q_{k-3},$$

则

$$\begin{aligned}
\frac{p_k}{q_k} &= [a_0, a_1, \cdots, a_{k-1}, a_k] \\
&= \left[a_0, a_1, \cdots, a_{k-2}, a_{k-1} + \frac{1}{a_k}\right] \\
&= \frac{\left(a_{k-1} + \dfrac{1}{a_k}\right) p_{k-2} + p_{k-3}}{\left(a_{k-1} + \dfrac{1}{a_k}\right) q_{k-2} + q_{k-3}} \\
&= \frac{a_k(a_{k-1} p_{k-2} + p_{k-3}) + p_{k-2}}{a_k(a_{k-1} q_{k-2} + q_{k-3}) + q_{k-2}} \\
&= \frac{a_k p_{k-1} + p_{k-2}}{a_k q_{k-1} + q_{k-2}}.
\end{aligned}$$

例 4.2　求有限简单连分数 $[1, 1, 1, 1, 1, 1, 1, 1, 1, 1]$ 的各个渐近分数。

解　由定理 4.1，$p_0 = 1$, $p_1 = 2$, $p_2 = 3$, $p_3 = 5$, $p_4 = 8$, $p_5 = 13$, $p_6 = 21$, $p_7 = 34$, $p_8 = 55$, $p_9 = 89$; $q_0 = 1$, $q_1 = 1$, $q_2 = 2$, $q_3 = 3$, $q_4 = 5$, $q_5 = 8$, $q_6 = 13$, $q_7 = 21$, $q_8 = 34$, $q_9 = 55$。

故各个渐近分数为

$$\frac{1}{1}, \frac{2}{1}, \frac{3}{2}, \frac{5}{3}, \frac{8}{5}, \frac{13}{8}, \frac{21}{13}, \frac{34}{21}, \frac{55}{34}, \frac{89}{55}.$$

在例 4.2 中的数列 $p_0, p_1, p_2, \cdots$ 及 $q_0, q_1, q_2, \cdots$ 称为**Fibonacci 数列**。从第三项开始，每个数都是前两个数之和，依这个规则，这个数列可以任意延长。

定理 4.2　p_k 与 q_k 如定理4.1，则

$$\frac{p_k}{q_k} - \frac{p_{k-1}}{q_{k-1}} = \frac{(-1)^{k-1}}{q_k q_{k-1}} \quad (k \geqslant 1), \tag{4.2}$$

$$\frac{p_k}{q_k}-\frac{p_{k-2}}{q_{k-2}}=\frac{(-1)^k a_k}{q_k q_{k-2}}\quad (k\geqslant 2).\tag{4.3}$$

证明 对 k 用数学归纳法。$k=1$ 时，式 (4.2), 式 (4.3) 显然成立。利用归纳法及定理 4.1，

$$\begin{aligned}p_k q_{k-1}-p_{k-1}q_k&=(a_k p_{k-1}+p_{k-2})q_{k-1}-p_{k-1}(a_k q_{k-1}+q_{k-2})\\&=-(p_{k-1}q_{k-2}-p_{k-2}q_{k-1})\\&=(-1)^{k-1},\\p_k q_{k-2}-p_{k-2}q_k&=(a_k p_{k-1}+p_{k-2})q_{k-2}-p_{k-2}(a_k q_{k-1}+q_{k-2})\\&=a_k(p_{k-1}q_{k-2}-p_{k-2}q_{k-1})\\&=(-1)^k a_k,\end{aligned}$$

即

$$\frac{p_k}{q_k}-\frac{p_{k-1}}{q_{k-1}}=\frac{(-1)^{k-1}}{q_k q_{k-1}}\quad (k\geqslant 1),\qquad \frac{p_k}{q_k}-\frac{p_{k-2}}{q_{k-2}}=\frac{(-1)^k a_k}{q_k q_{k-2}}\quad (k\geqslant 2).$$

记 $\alpha_i=[a_0,a_1,\cdots,a_i]=p_i/q_i$, 则式 (4.3) 表明

$$\alpha_1>\alpha_3>\alpha_5>\cdots>\alpha_{2t+1}>\cdots,\quad \alpha_0<\alpha_2<\alpha_4<\cdots<\alpha_{2t}<\cdots,$$

式 (4.2) 表明

$$\alpha_{2t+1}>\alpha_{2t},\quad t=0,1,\cdots$$

因此

$$\alpha_1>\alpha_3>\cdots>\alpha_{2t+1}>\cdots>\alpha_{2t}>\cdots>\alpha_2>\alpha_0.\tag{4.4}$$

定理 4.3 若 $[a_0,a_1,\cdots]$ 是简单连分数，则

(1) 当 $n>1$，则 $q_n\geqslant q_{n-1}+1$，从而 $q_n\geqslant n$;

(2) p_n/q_n 为既约分数。

证明 (1) 当 $n>1$ 时，$q_n\geqslant q_{n-1}+1$，从而由归纳法可证 $q_n\geqslant n$;

(2) 由 $p_nq_{n-1}-p_{n-1}q_n=(-1)^{n-1}$, 且 p_i,q_i 为正整数，知 $(p_n,q_n)=1$，从而 p_n/q_n 是既约分数。

由定理 4.3 及式 (4.4)，若 $[a_0,a_1,\cdots]$ 是简单连分数，则

$$\alpha_{2t+1}-\alpha_{2t}=\frac{1}{q_{2t+1}q_{2t}}\leqslant\frac{1}{2t(2t+1)}\to 0\quad (t\to\infty),$$

故极限 $\lim\limits_{n\to\infty}p_n/q_n$ 存在，称此极限为 $[a_0,a_1,\cdots]$ 的值。

易见有限简单连分数的值一定是有理数。反之，任一有理数也可表成有限简单连分数。

例 4.3 将 $\frac{233}{112}$ 表示为有限简单连分数。

解

$$\frac{233}{112}=\left[2,\frac{112}{9}\right]=\left[2,12,\frac{9}{4}\right]=\left[2,12,2,\frac{4}{1}\right]=[2,12,2,4].$$

例 4.3 中 $[2,12,2,4]$ 也可表为 $[2,12,2,3,1]$。下述定理表明，在一定的规定下，这种表示是唯一的。

定理 4.4　设 $[a_0,a_1,\cdots,a_n]$ 和 $[b_0,b_1,\cdots,b_m]$ 是两个有限简单连分数，且 $a_n>1$, $b_m>1$，如果

$$[a_0,a_1,\cdots,a_n]=[b_0,b_1,\cdots,b_m], \tag{4.5}$$

则 $m=n$，且 $a_i=b_i$, $i=0,1,\cdots,n$。

证明　不妨设 $m\geqslant n$。对 n 用数学归纳法。$n=0$ 时，若 $m>0$，则

$$\begin{aligned}a_0&=[b_0,b_1,\cdots,b_m]\\&=[b_0,[b_1,\cdots,b_m]]\\&=b_0+\frac{1}{[b_1,\cdots,b_m]}.\end{aligned}$$

由于 $b_m>1$，故 $[b_1,\cdots,b_m]>1$，上式不可能成立，所以 $m=0$, $a_0=b_0$。

假设 $n=k$ 时结论成立。设 $n=k+1$，则

$$[a_0,a_1,\cdots,a_{k+1}]=a_0+\frac{1}{[a_1,\cdots,a_{k+1}]},\quad [b_0,b_1,\cdots,b_m]=b_0+\frac{1}{[b_1,\cdots,b_m]}.$$

由 $a_{k+1}>1$ 及 $b_m>1$ 得 $[a_1,\cdots,a_{k+1}]>1$, $[b_1,\cdots,b_m]>1$。由式 (4.5) 得

$$a_0=b_0,\quad [a_1,\cdots,a_{k+1}]=[b_1,\cdots,b_m].$$

由归纳假设可得 $m=k+1$，且 $a_i=b_i$, $i=1,\cdots,k+1$，即 $n=k+1$ 时结论成立。

习　　题

1. 求下列有限连分数的值：

(1) $[-2,1,2/3,1,1/2,3]$；　(2) $[1,1,1,1,1,1,1]$。

2. 求有限简单连分数 $[1,1,2,1,4,1,6,3,2,5]$ 的各个渐近分数。

3. 将下列有理数表示成有限简单连分数：

(1) $\frac{9}{19}$；　(2) $\frac{13}{73}$；　(3) $\frac{395}{287}$.

§4.2　用连分数表示实数

下面先看一个例子。

例 4.4　计算 $\sqrt{15}$ 的近似值。

解　因为 $3<\sqrt{15}<4$，所以

$$\sqrt{15}=3+(\sqrt{15}-3)$$

$$= 3 + \cfrac{1}{\cfrac{\sqrt{15}+3}{6}}$$

$$= 3 + \cfrac{1}{1 + \cfrac{\sqrt{15}-3}{6}}$$

$$= 3 + \cfrac{1}{1 + \cfrac{1}{\cfrac{6}{\sqrt{15}+3}}}$$

$$= 3 + \cfrac{1}{1 + \cfrac{1}{6 + (\sqrt{15}-3)}}$$

$$= 3 + \cfrac{1}{1 + \cfrac{1}{6 + \cfrac{1}{1 + \cfrac{1}{6 + (\sqrt{15}-3)}}}}$$

$$= \cdots$$

因此，可以得到下列若干近似的值：

$$\sqrt{15} = 3, 4, \frac{27}{7}, \frac{31}{8}, \frac{213}{55}, \frac{244}{63}, \frac{1677}{433}, \cdots$$

上述近似值中，后一个比前一个更精确。

一般地，设 α 为一实数，通过下述方法得到一个连分数。取 $a_0 = [\alpha]$，令

$$\alpha_1' = \frac{1}{\alpha - [\alpha]}, \qquad a_1 = [\alpha_1'],$$

再令

$$\alpha_2' = \frac{1}{\alpha_1' - [\alpha_1']}, \qquad a_2 = [\alpha_2'],$$

继续此法，令

$$\alpha_n' = \frac{1}{\alpha_{n-1}' - [\alpha_{n-1}']}, \qquad a_n = [\alpha_n']。$$

这样就得到连分数 $[a_0, a_1, a_2, \cdots]$。下面讨论此连分数与实数 α 的关系。

由于 $a_1, a_2, a_3, \cdots$ 是正整数，因此 $[a_0, a_1, a_2, \cdots]$ 是简单连分数，由定理 4.3 后面的注可知，简单连分数 $[a_0, a_1, a_2, \cdots]$ 是一个实数，其值为 $\lim\limits_{n\to\infty} p_n/q_n$，其中 $p_n/q_n = [a_0, a_1, \cdots, a_n]$。

定理 4.5 设 α 是任一实数，则

(1) 若 α 是有理数，则存在正整数 N，使得 $\alpha = [a_0, a_1, \cdots, a_N]$，即 α 为有限简单连分数；

(2) 若 α 是无理数，则对任意正整数 n，有

$$\alpha - \frac{p_n}{q_n} = \frac{(-1)^n \delta_n}{q_n q_{n+1}}, \quad 0 < \delta_n < 1.$$

证明　(1) 设 $\alpha = \dfrac{p}{q}$，则 $a_0 = \left[\dfrac{p}{q}\right]$，因而 $p = a_0 q + r_1$，$0 \leqslant r_1 < q$; 故有

$$\alpha_1' = \left(\frac{p}{q} - a_0\right)^{-1} = \frac{q}{r_1}, a_1 = \left[\frac{q}{r_1}\right], \quad q = a_1 r_1 + r_2,\ 0 < r_2 < r_1;$$

$$\alpha_2' = \left(\frac{q}{r_1} - a_1\right)^{-1} = \frac{r_1}{r_2}, \quad a_2 = \left[\frac{r_1}{r_2}\right], \quad q = a_2 r_2 + r_3,\ 0 < r_3 < r_2;$$

$$\cdots \qquad \cdots$$

$$\alpha_N' = \left(\frac{r_N}{r_{N-1}} - a_{N-1}\right)^{-1} = \frac{r_{N-1}}{r_N}, \quad a_N = \left[\frac{r_{N-1}}{r_N}\right] = \frac{r_{N-1}}{r_N}, \ r_{N-1} = a_N r_N.$$

由于 $r_1 > r_2 > \cdots \geqslant 0$, 一定存在正整数 N，使 $r_N | r_{N-1}$，因而 $\alpha = [a_0, a_1, a_2, \cdots, a_N]$。

(2) 设 α 为无理数，则

$$\begin{aligned} \alpha &= [a_0, a_1'] \\ &= [a_0, a_1, a_2'] \\ &= \left[a_0, a_1, \cdots, a_n + \frac{1}{a_{n+1}'}\right] \\ &= \frac{a_{n+1}'(a_n p_{n-1} + p_{n-2}) + p_{n-1}}{a_{n+1}'(a_n q_{n-1} + q_{n-2}) + q_{n-1}} \\ &= \frac{a_{n+1}' p_n + p_{n-1}}{a_{n+1}' q_n + q_{n-1}}, \end{aligned} \tag{4.6}$$

故

$$\begin{aligned} \alpha - \frac{p_n}{q_n} &= \frac{q_n p_{n-1} - p_n q_{n-1}}{q_n(a_{n+1}' q_n + q_{n-1})} \\ &= \frac{(-1)^n}{q_n(a_{n+1}' q_n + q_{n-1})}, \end{aligned} \tag{4.7}$$

令

$$\begin{aligned} \delta_n &= \frac{q_{n+1}}{a_{n+1}' q_n + q_{n-1}} \\ &= \frac{a_{n+1} q_n + q_{n-1}}{a_{n+1}' q_n + q_{n-1}}, \end{aligned}$$

因 α 是无理数，故 $a_{n+1}' > a_{n+1}$，从而 $0 < \delta_n < 1$。

定理 4.6　若 α 为任一实数，则

$$\alpha = \lim_{n \to \infty} \frac{p_n}{q_n} = [a_0, a_1, \cdots, a_n, \cdots].$$

证明　由定理 4.3 (1) 及定理 4.5 即证。

称 p_n/q_n, $n = 0, 1, 2, \cdots$ 为 α 的渐近连分数。

例 4.5　用连分数表示 $\alpha = \dfrac{\sqrt{5}+1}{2}$。

解

$$a_0=[\alpha]=1,\qquad a_1'=\frac{\sqrt{5}+1}{2}-1=\frac{\sqrt{5}-1}{2},$$

$$a_1=\left[\frac{2}{\sqrt{5}-1}\right]=\left[\frac{\sqrt{5}+1}{2}\right]=1,\qquad a_2'=\frac{\sqrt{5}+1}{2}-1=\frac{\sqrt{5}-1}{2},$$

可见 $(\sqrt{5}+1)/2=[1,1,1,\cdots]$。

例 4.6 用连分数表示 $\sqrt{8}$。

解

$$\begin{aligned}
a_0&=[\sqrt{8}]=2, & a_1'&=\frac{1}{\sqrt{8}-2};\\
a_1&=\left[\frac{1}{\sqrt{8}-2}\right]=1, & a_2'&=\frac{4}{\sqrt{8}-2};\\
a_2&=\left[\frac{4}{\sqrt{8}-2}\right]=4, & a_3'&=\frac{1}{\sqrt{8}-2};\\
a_3&=\left[\frac{1}{\sqrt{8}-2}\right]=1, & a_4'&=\frac{4}{\sqrt{8}-2};\\
a_4&=\left[\frac{4}{\sqrt{8}-2}\right]=4, & a_5'&=\frac{1}{\sqrt{8}-2};\\
&\cdots
\end{aligned}$$

所以 $\sqrt{8}=[2,1,4,1,4,1,4,\cdots]$。

习 题

1. 将下列实数表示成简单连分数:

(1) $\sqrt{3}$; (2) $2+\sqrt{5}$; (3) $7+\sqrt{2}$。

2. 称连分数 $[a_0,\ a_1,\ a_2,\ \cdots]$ 是循环连分数，是指存在整数 n_0 及 k，当 $l\geqslant n_0$ 时，都有 $a_l=a_{l+k}$，记为

$$[a_0,\cdots,a_{n_0-1},\dot{a}_{n_0},\dot{a}_{n_0+1},\cdots,\dot{a}_{n_0+k-1}].$$

计算循环连分数 $[1,2,3,\dot{1},\dot{2}]$ 所表示的实数。

3. 证明一个连分数是循环连分数，当且仅当该连分数表示的实数是某个二次有理系数不可约多项式的根。

§4.3 连分数因子分解算法

连分数有很多应用，本节介绍连分数在整数的因子分解中的一个应用。

设 N 是一个正整数 (大整数)，假如能够找到两个整数 A 和 B，使得

$$A^2\equiv B^2\pmod N,\tag{4.8}$$

那么，$N|(A+B)(A-B)$。如果 $N\nmid A+B, N\nmid A-B$, 则 $(A+B,N)$ 就是 N 的真因子，从而就能够分解 N。当 $N=pq$ 为两个素因子乘积时，则可能有以下四种情况：(1) $pq|A+B$;(2) $pq|A-B$;(3) $p|A+B, q|A-B$;(4) $p|A-B, q|A+B$。在 (3)，(4) 两种情况下有 $N\nmid A+B$, $N\nmid A-B$，故 $N\nmid A+B, N\nmid A-B$ 的概率为 $\frac{1}{2}$，因此如果能找到 10 个形如 (4.8) 的同余式，就有 $1-2^{-10}=99.99\%$ 的可能性分解 N。

为了寻找 (4.8) 形式的同余式，首先找出一批整数 $a_i, i=1,2,\cdots,l$, 使得

$$a_i^2 \equiv b_i \pmod N, \quad i=1,2,\cdots,l, \tag{4.9}$$

这里 b_i 的素因子都很小，比如说在最小的 k 个素数 $p_1=2, p_2=3, \cdots, p_k$ 之中。设

$$b_i=\prod_{j=1}^{l} p_j^{e_{ij}},$$

令 $\alpha_i=(e_{i1},e_{i2},\cdots,e_{il}),\ i=1,2,\cdots,l$。如果 $\alpha_1,\alpha_2,\cdots,\alpha_l$ 中若干向量之和的分量全为偶数，则把相应的这些形如式 (4.9) 的同余式相乘就可以找出一个形如 (4.8) 的同余式。

利用连分数方法可以构造形如式 (4.9) 的同余式。设 $\alpha=\sqrt{N}$, 将 α 用连分数表示：

$$a_0=[\sqrt{N}], \qquad a_1'=\frac{1}{\alpha-a_0}$$
$$a_1=[\alpha_1'], \qquad a_2'=\frac{1}{\alpha_1'-a_1}$$
$$\cdots$$

则 $\alpha=[a_0,a_1,a_2,\cdots]$, 令 $p_n/q_n=[a_0,a_1,\cdots,a_n]$。

定理 4.7　当 $n\geqslant 0$ 时，存在正整数 Q_n，使 $0<Q_n<2\sqrt{N}$，且

$$p_n^2\equiv(-1)^{n-1}Q_n \pmod N.$$

证明　当 $n=0$ 时，$p_0^2=a_0^2=[\sqrt{N}]^2$, 令 $Q_0=N-[\sqrt{N}]^2$, 则

$$p_0^2\equiv -Q_0 \pmod N,$$

且

$$Q_0=\sqrt{N}^2-[\sqrt{N}]^2=(\sqrt{N}-[\sqrt{N}])(\sqrt{N}+[\sqrt{N}])<2\sqrt{N},$$

当 $n\geqslant 1$ 时，由式 (4.6) 和式 (4.7) 有

$$p_n-\alpha q_n=\frac{(-1)^{n-1}}{a_{n+1}'q_n+q_{n-1}},$$

及

$$\alpha=\frac{a_{n+1}'p_n+p_{n-1}}{a_{n+1}'q_n+q_{n-1}},$$

故

$$p_n^2\equiv\frac{2\alpha q_n(-1)^{n-1}}{a_{n+1}'q_n+q_{n-1}}+\frac{1}{(a_{n+1}'q_n+q_{n-1})^2}$$

$$\equiv (-1)^{n-1}\cdot 2\alpha\Big(\frac{q_n}{a'_{n+1}q_n+q_{n-1}}+\frac{(-1)^{n-1}}{2(a'_{n+1}p_n+p_{n-1})(a'_{n+1}q_n+q_{n-1})}\Big)$$

$$\equiv (-1)^{n-1}\cdot 2\alpha\frac{2a'_{n+1}p_nq_n+2p_{n-1}q_n+(-1)^{n-1}}{2(a'_{n+1}p_n+p_{n-1})(a'_{n+1}q_n+q_{n-1})}$$

$$\equiv (-1)^{n-1}\cdot 2\alpha\frac{2a'_{n+1}p_nq_n+p_nq_{n-1}+p_{n-1}q_n}{2(a'_{n+1}p_n+p_{n-1})(a'_{n+1}q_n+q_{n-1})}\ (\mathrm{mod}\ N).$$

由于 $a'_{n+1}\geqslant 1$, 上述分数的分子小于分母，取

$$Q_n=2\alpha\frac{2a'_{n+1}p_nq_n+p_nq_{n-1}+p_{n-1}q_n}{2(a'_{n+1}p_n+p_{n-1})(a'_{n+1}q_n+q_{n-1})},$$

则 $0<Q_n<2\sqrt{N}$。

这样对于给定的 N，利用定理 4.7，就得到若干式 (4.9) 形式的同余式：

$$p_n^2\equiv(-1)^{n-1}Q_n\ (\mathrm{mod}\ N),\quad n=1,2,\cdots,$$

其中 $0<Q_n<2\sqrt{N}$。所以 Q_n 相对比较小，它的素因子很可能在预先选定的范围内，从而可以构造出形如式 (4.8) 的同余式，达到分解 N 的目的。

例 4.7　分解 $N=7663$。

解

$$\begin{aligned}
a_0&=[\sqrt{N}]=87, & a'_1&=\frac{\sqrt{N}+87}{94};\\
a_1&=1, & a'_2&=\frac{\sqrt{N}+7}{81};\\
a_2&=1, & a'_3&=\frac{\sqrt{N}+74}{27};\\
a_3&=5, & a'_4&=\frac{\sqrt{N}+61}{146};\\
a_4&=1, & a'_5&=\frac{\sqrt{N}+85}{3};\\
a_5&=57, & a'_6&=\frac{\sqrt{N}+86}{89};\\
a_6&=1, & a'_7&=\frac{\sqrt{N}+3}{86};\\
a_7&=1, & a'_8&=\frac{\sqrt{N}+83}{9}.
\end{aligned}$$

故

$$\begin{aligned}
&p_0=87, && p_1=88, && p_2=175, && p_3=963,\\
&p_4=1138, && p_5\equiv 4525\ (\mathrm{mod}\ N), && p_6\equiv 5663\ (\mathrm{mod}\ N), && p_7\equiv 2525\ (\mathrm{mod}\ N).
\end{aligned}$$

从而

$$\begin{aligned}
&p_0^2\equiv -94=-2\times 47 && (\mathrm{mod}\ N), && p_1^2\equiv 81=3^4 && (\mathrm{mod}\ N),\\
&p_2^2\equiv -27=-3^3 && (\mathrm{mod}\ N), && p_3^2\equiv 146=2\times 73 && (\mathrm{mod}\ N),
\end{aligned}$$

$$p_4^2 \equiv -3 \pmod N, \qquad p_5^2 \equiv 89 \pmod N,$$
$$p_6^2 \equiv -86 = -2 \times 43 \pmod N, \qquad p_7^2 \equiv 9 = 3^2 \pmod N.$$

由 $p_1^2 \equiv 9^2 \pmod N$ 即得

$$88^2 \equiv 9^2 \pmod N.$$

由辗转相除法知

$$(88+9, N) = (97, 7663) = 97.$$

因此可得 $7663 = 79 \times 97$。

习　　题

1. 试用连分数的方法分解 13561。

§4.4　连　分　式

将式 (4.1) 中的 $a_0, a_1, \cdots, a_n$ 换为以有理数为系数的多项式 $a_0(x), a_1(x), \cdots, a_n(x)$，其中 $a_j(x)\,(j>0)$ 的次数 $\geqslant 1$，这样得到的有理式

$$a_0(x) + \cfrac{1}{a_1(x) + \cfrac{1}{a_2(x) + \cfrac{1}{\ddots + \cfrac{1}{a_n(x)}}}} \tag{4.10}$$

称为**有限连分式**，当 $n \to \infty$ 时称为**连分式**。这里的系数集合有理数可以换成其他数集合（实际上可以是任何一个域，见第 7 章关于域的定义）。

与连分数的表示类似，将式 (4.10) 中的有限连分式记为 $[a_0(x), a_1(x), \cdots, a_n(x)]$，将连分式记为 $[a_0(x), a_1(x), \cdots, a_n(x), \cdots]$。

设 $[a_0(x), a_1(x), \cdots, a_n(x)] = p_k(x)/q_k(x)$, $(0 \leqslant k \leqslant n)$, 称为 $[a_0(x), a_1(x), \cdots, a_n(x)]$ 的**第 k 个渐近分式**。这里 $p_k(x)$, $q_k(x)$ 是 x 的多项式。类似于定理 4.1 和 4.2，可以证明如下定理。

定理 4.8　设 $p_k(x)/q_k(x)$ 是 $[a_0(x), a_1(x), \cdots, a_n(x)]$ 的第 k 个渐近连分式，则

$$p_0(x) = a_0(x), \quad p_1(x) = a_1(x)a_0(x) + 1,$$
$$p_k(x) = a_k(x)p_{k-1}(x) + p_{k-2}(x) \quad (2 \leqslant k \leqslant n), \tag{4.11}$$

$$q_0(x) = 1, \quad q_1(x) = a_1(x), \quad q_k(x) = a_k(x)q_{k-1}(x) + q_{k-2}(x) \quad (2 \leqslant k \leqslant n), \tag{4.12}$$

定理 4.9 设 $p_k(x), q_k(x)$ 如定理4.8，则

$$\frac{p_k(x)}{q_k(x)}-\frac{p_{k-1}(x)}{q_{k-1}(x)}=\frac{(-1)^{k-1}}{q_k(x)q_{k-1}(x)},\quad k\geqslant 1, \tag{4.13}$$

$$\frac{p_k(x)}{q_k(x)}-\frac{p_{k-2}(x)}{q_{k-2}(x)}=\frac{(-1)^{k}a_k(x)}{q_k(x)q_{k-2}(x)},\quad k\geqslant 2. \tag{4.14}$$

推论 4.1 对任一 $k\geqslant 0$, $p_k(x)$ 与 $q_k(x)$ 互素。

证明 当 $k=0$ 时, $p_0(x)=a_0(x)$, $q_0(x)=1$，结论成立，由式 (4.13) 有 $p_k(x)q_{k-1}(x)-q_k(x)p_{k-1}(x)=(-1)^{k-1}$, 因而 $p_k(x)$ 与 $q_k(x)$ 互素。

一个有限连分式一定是一个有理函数，反之，任何一个有理函数可以用有限连分式表示。

例 4.8 用连分式表示 $\dfrac{x^2+1}{x^5+x+1}$。

解

$$\frac{x^2+1}{x^5+x+1}=\cfrac{1}{x^3-x+\cfrac{2x+1}{x^2+1}}=\cfrac{1}{x^3-x+\cfrac{1}{\cfrac{x}{2}-\cfrac{1}{4}+\cfrac{5/4}{2x+1}}}$$

$$=\left[0,x^3-x,\frac{x}{2}-\frac{1}{4},\frac{8}{5}x+\frac{4}{5}\right].$$

一般的，设有理函数 $\alpha(x)=f(x)/g(x)$，对 $f(x)$ 和 $g(x)$ 应用辗转相除法，得到

$$f(x)=a_0(x)g(x)+r_1(x),\quad r_1(x)\neq 0,\ 0\leqslant\deg r_1(x)<\deg g(x),$$

$$g(x)=a_1(x)r_1(x)+r_2(x),\quad r_2(x)\neq 0,\ 0\leqslant\deg r_2(x)<\deg r_1(x),$$

$$\cdots$$

$$r_{n-1}(x)=a_n(x)r_n(x).$$

这时

$$\alpha(x)=[a_0(x),a_1(x),\cdots,a_n(x)].$$

令 $r_i=\deg a_i(x)$ $(i\geqslant 0)$, 则当 $i\geqslant 1$ 时，有 $r_i\geqslant 1$。由式 (4.12)，得

$$d_k=\deg q_i(x)=\sum_{i=1}^{k}r_k,\quad k\geqslant 1. \tag{4.15}$$

易见 $d_1<d_2<d_3<\cdots$ 且 $d_k\geqslant k$。由式 (4.11)，当 $a_0(x)\neq 0$ 时，

$$\deg p_k(x)=\sum_{i=0}^{k}r_i,\quad k\geqslant 0, \tag{4.16}$$

当 $a_0(x)=0$ 时

$$\deg p_k(x)=\sum_{i=2}^{k}r_k,\quad k\geqslant 2. \tag{4.17}$$

定理 4.6 表明，将任一实数表示为简单连分数，就可以让有理数任意精度地逼近该实数。定义 x^{-1} 的**无穷幂级数**为

$$\alpha(x)=\sum_{i=k}^{-\infty}c_ix^i,\quad c_i\in\mathbb{Q},\ c_k\neq 0,\tag{4.18}$$

k 可以是正整数，也可以是负整数。k 定义为 $\alpha(x)$ 的**阶**，记为 $o(\alpha(x))$，x^k 称为 $\alpha(x)$ 的**首项**。当 $\alpha(x)$ 为多项式时，$o(\alpha(x))$ 等于 $\deg(\alpha(x))$。当 $\alpha=f(x)/g(x)$ 为有理函数时，设

$$f(x)=\sum_{i=0}^{m}c_ix^i,\quad g(x)=\sum_{i=0}^{n}b_ix^i,\quad c_m\neq 0,\, b_n\neq 0,$$

则

$$\begin{aligned}\alpha(x)&=\frac{x^m(c_m+c_{m-1}x^{-1}+\cdots+c_0x^{-m})}{x^n(b_n+b_{n-1}x^{-1}+\cdots+b_0x^{-n})}\\&=x^{m-n}\left(\frac{c_m}{b_n}+\left(c_{m-1}-\frac{b_{n-1}c_m}{b_n}\right)x^{-1}+\cdots\right).\end{aligned}$$

可见 $o(\alpha(x))=\deg(f(x))-\deg(g(x))$。形如式 (4.18) 的幂级数有加、减、乘、除四则运算，例如：

$$\alpha(x)^{-1}=\left(\sum_{i=k}^{-\infty}c_ix^i\right)^{-1}=c_k^{-1}x^{-k}-c_{k-1}c_k^{-2}x^{-k-1}+\cdots$$

无穷幂级数 (4.18) 具有连分式表示，并且该连分式的渐近分式可任意逼近该无穷幂级数。

$$a_0(x)=\sum_{i=k}^{0}c_ix^i,\qquad a_1'(x)=\left(\sum_{i=-1}^{-\infty}c_ix^i\right)^{-1},$$

$$a_i'(x)=a_i(x)+\left(a_{i+1}'(x)\right)^{-1},\quad i=2,3,\cdots,$$

其中 $a_i(x)$ 为多项式, $o\left(a_{i+1}'(x)\right)\geqslant 1$。于是得到 $\alpha\,(x)$ 的连分式表示 $[a_0\,(x),a_1\,(x),\cdots,a_n\,(x),\cdots]$。类似于定理 4.5 有如下定理。

定理 4.10 设 $\alpha(x)$ 为式(4.18)中的无穷幂级数，则对任意正整数 n，有

$$\alpha(x)-\frac{p_n(x)}{q_n(x)}=\frac{(-1)^n\delta_n(x)}{q_n(x)q_{n+1}(x)},$$

其中 $\delta_n(x)$ 是一幂级数，且 $o(\delta_n(x))=0$。

证明

$$\begin{aligned}\alpha(x)&=[a_0(x),a_1(x),a_2(x),\cdots,a_n(x)+1/a_{n+1}'(x)]\\&=\frac{(a_n(x)+1/a_{n+1}'(x))p_{n-1}(x)+p_{n-2}(x)}{(a_n(x)+1/a_{n+1}'(x))q_{n-1}(x)+q_{n-2}(x)}\\&=\frac{a_{n+1}'(x)(a_n(x)p_{n-1}(x)+p_{n-2}(x))+p_{n-1}(x)}{a_{n+1}'(x)(a_n(x)q_{n-1}(x)+q_{n-2}(x))+q_{n-2}(x)}\\&=\frac{a_{n+1}'p_n(x)+p_{n-1}(x)}{a_{n+1}'(x)q_n(x)+q_{n-1}(x)},\end{aligned}$$

因而

$$\alpha(x)-\frac{p_n(x)}{q_n(x)}=\frac{q_n(x)p_{n-1}(x)-p_n(x)q_{n-1}(x)}{q_n(x)(a'_{n+1}(x)q_n(x)+q_{n-1}(x))}$$

$$=\frac{(-1)^n}{q_n(x)(a'_{n+1}(x)q_n(x)+q_{n-1}(x))}$$

$$=\frac{(-1)^n\delta_n(x)}{q_n(x)q_{n+1}(x)},$$

其中

$$\delta_n(x)=\frac{q_{n+1}(x)}{a'_{n+1}(x)q_n(x)+q_{n-1}(x)}$$

$$=\frac{a_{n+1}q_n(x)+q_{n-1}(x)}{a'_{n+1}(x)q_n(x)+q_{n-1}(x)}.$$

因 $o(a'_{n+1}(x))=o(a_{n+1}(x))$, 故 $o(\delta_n(x))=0$。

由定理 4.10，可知

$$o\Big(\alpha(x)-\frac{p_n(x)}{q_n(x)}\Big)=-o\big(q_n(x)q_{n+1}(x)\big)$$

$$=-(d_n+d_{n+1})\to-\infty\quad(n\to\infty).$$

当 $n\to\infty$ 时，有理函数 $p_n(x)/q_n(x)$ 可以无限逼近幂级数 $\alpha(x)$。

§4.5 连分式和线性递归序列

给定 n 个有理数 $t_0,t_1,\cdots,t_{n-1}$，由递归公式

$$t_k=c_1t_{k-1}+c_2t_{k-2}+\cdots+c_nt_{k-n},\quad k\geqslant n,\ c_i\in\mathbb{Q},\ c_n\neq 0, \tag{4.19}$$

生成 $t_n,t_{n+1},\cdots$, 序列 $t=\{t_0,t_1,\cdots,t_n\}$ 称为 n 阶线性递归序列。定义序列 t 对应的幂级数

$$S_t(x)=t_0x^{-1}+t_1x^{-2}+\cdots+t_nx^{-n-1}+\cdots$$

习惯上把多项式

$$f(x)=1-c_1x-c_2x^2-c_nx^n$$

称为序列 t 的**连接多项式**，它的互反多项式为

$$\widehat{f}(x)=x^nf(x^{-1})=x^n-c_1x^{n-1}-\cdots-c_n,$$

则

$$f(x^{-1})S_t(x)=(1-c_1x^{-1}-\cdots-c_nx^{-n})(t_0x^{-1}+c_1x^{-2}+\cdots+t_nx^{-n-1}+\cdots)$$

$$=t_0x^{-1}+(t_1-c_1t_0)x^{-2}+\cdots+(t_{n-1}-c_1t_{n-2}-\cdots-c_{n-1}t_0)x^{-n},$$

由递归公式 (4.19)，上式中 x^{-k} $(k \geqslant n+1)$ 项都不出现。从而

$$\begin{aligned} S_t(x) &= \frac{t_0 x^{-1} + (t_1 - c_1 t_0)x^{-2} + \cdots + (t_{n-1} - c_1 t_{n-2} - \cdots - c_{n-1} t_0)x^{-n}}{1 - c_1 x^{-1} - \cdots - c_n x^{-n}} \\ &= \frac{g(x)}{\widehat{f}(x)}, \end{aligned}$$

其中 $g(x)$ 是次数不超过 $n-1$ 的多项式。$S_t(x)$ 是一个有理函数，它可以用一个有限连分式表示。

例 4.9　取 $t_0 = 1, t_1 = 2, t_3 = -2, f(x) = 1 - x^2 - x^4$，即递归公式为

$$x_k = x_{k-2} + x_{k-4}, \quad k \geqslant 4,$$

得到 4 阶线性递归序列

$$1, -1, 2, -2, 3, -3, 5, -5, \cdots$$

记

$$S(x) = x^{-1} - x^{-2} + 2x^{-3} - 2x_3^{-4}x^{-5} - 3x^{-6} + 5x^{-7} - 5x^{-8} + \cdots$$

则

$$f(x^{-1})S(x) = x^{-1} - x^{-2} + x^{-3} - x^{-4},$$

故

$$S(x) = \frac{x^3 - x^2 + x - 1}{x^4 - x^2 - 1}.$$

在实际应用中，往往需要根据线性递归序列已知的有限长的一段序列，计算它的连接多项式。将 $c_1, c_2, \cdots, c_n$ 当作未知数，式 (4.19) 即为关于 c_i 的一个线性方程，若知道 n 个方程

$$\begin{aligned} c_1 t_{n-1} + c_2 t_{n-2} + \cdots + c_n t_0 &= t_n, \\ c_1 t_n + c_2 t_{n-1} + \cdots + c_n t_1 &= t_{n+1}, \\ & \\ c_1 t_{2n-2} + c_2 t_{2n-3} + \cdots + c_n t_{n-1} &= t_{2n-1}, \end{aligned}$$

就能确定 c_i $(1 \leqslant i \leqslant n)$。因此需要知道序列中 $t_0, t_1, \cdots, t_{2n-1}$ 共 $2n$ 个连续的数，就能确定它的递归关系。

提出如下问题：给定长为 $2n$ 的序列 $\{t\} = \{t_0, t_1, \cdots, t_{2n-1}\}$，确定它是否满足阶数 $\leqslant n$ 的线性递归关系，如果是，则找出阶数最低的递归关系。该问题可以利用连分式解决。

定理 4.11　令序列 $\{t\} = \{t_0, t_1, \cdots, t_{n-1}\}$, $T(x) = t_0 x^{-1} + t_1 x^{-2} + \cdots + t_{n-1} x^{-n}$。将 $T(x)$ 表示为有限连分式，设 $p_i(x)/q_i(x)$, $i = 1, 2, \cdots$ 为渐近连分式，$d_i = \deg(q_i(x))$。取正整数 m，使 $2d_m \leqslant n < 2d_{m+1}$。若 $2d_m \leqslant n < d_m + d_{m+1}$, $q_m(x)$ 的常数项为零，则序列 $\{t\}$ 满足 d_m 阶线性递归关系，$\widehat{q}_m(x)$ 是它的连接多项式。

证明　容易得出

$$a_0(x) = 0, \ \ a_1(x) = t_0^{-1} x + c,$$

由式 (4.15), 式 (4.16), 式 (4.17) 得

$$\deg\ (p_m(x)) = d_m - 1.$$

不妨设 $q_m(x)$ 的首项系数为 1，令

$$q_m(x) = x^{d_m} + c_1 x^{d_m - 1} + \cdots + c_{d_m},\ d_m \neq 0, \quad p_m(x) = b_1 x^{d_m - 1} + \cdots + b_{d_m},$$

由定理 4.10 有

$$q_m(x)T(x) - p_m(x) = \frac{(-1)^m \delta_m(x)}{q_{m+1}(x)},$$

亦即

$$\begin{aligned}(1 + c_1 x^{-1} + \cdots + c_{d_m} x^{-d_m})(t_0 x^{-1} + t_1 x^{-2} + \cdots + t_{n-1} x^{-n}) - (b_1 x^{-1} + \cdots + b_{d_m} x^{-d_m}) \\ = \frac{(-1)^m \delta_m(x) x^{-d_m}}{q_{m+1}(x)}.\end{aligned}$$

上述等式右端的阶为 $-d_m - d_{m+1}$，因而等式左端不出现 x^{-k} $(1 \leqslant k \leqslant n)$ 项，因此

$$t_k + c_1 t_{k-1} + c_2 t_{k-2} + \cdots c_{d_m} t_{k-d_m} = 0, \quad d_m \leqslant k \leqslant n-1,$$

序列 $\{t\}$ 满足 d_m 阶线性递归关系，且 $\widehat{q}_m(x)$ 是它的连接多项式。

反之，可以证明，若 $\{t\}$ 满足 $\leqslant n/2$ 阶的线性递归关系，则它的连接多项式一定是某个 $\widehat{q}_i(x)$ (可以乘一个常数因子)。

例 4.10 已知 $n = 8$, $\{t\} = \{1, -1, 2, -2, 3, -3, 5, -5\}$, 判断 $\{t\}$ 是否满足阶数 $\leqslant 4$ 的线性递归关系。如果满足，找出它的连接多项式。

解 令 $T(x) = x^{-1} - x^{-2} + 2x^{-3} - 2x^{-4} + 3x^{-5} - 3x^{-6} + 5x^{-7} - 5x^{-8}$, 计算

$$a_0(x) = 0,$$

$$a_1'(x) = \frac{1}{T(x)}$$

$$= x + 1 - \frac{x^{-2} + x^{-4} + 2x^{-6} - 5x^{-8}}{T(x)},$$

$$a_2'(x) = \frac{T(x)}{-x^{-2} - x^{-4} - 2x^{-6} + 5x^{-8}}$$

$$= -x + 1 + \frac{x^{-3} - x^{-4} + x^{-5} - x^{-6} + 10x^{-7} - 10x^{-8}}{-2x^{-2} - x^{-4} - 2x^{-6} + 5x^{-8}},$$

$$a_3'(x) = \frac{-x^{-2} - x^{-4} - 2x^{-6} + 5x^{-8}}{x^{-3} - x^{-4} + x^{-5} - x^{-6} + 10x^{-7} - 10x^{-8}}$$

$$= -x - 1 + \frac{x^{-4} + 7x^{-6} - 5x^{-8}}{x^{-3} - x^{-4} + x^{-5} - x^{-6} + 10x^{-7} - 10x^{-8}},$$

$$a_4'(x) = \frac{x^{-3} - x^{-4} + x^{-5} - x^{-6} + 10x^{-7} - 10x^{-8}}{-x^{-4} + 7x^{-6} - 5x^{-8}}$$

$$= -x + 1 + \frac{8x^{-5} - 8x^{-6} + 5x^{-7} - 5x^{-8}}{-x^{-4} + 7x^{-6} - 5x^{-8}},$$

得到 $a_1(x) = x+1, a_2(x) = -x+1, a_3(x) = -x-1, a_4(x) = -x+1, r_1 = r_2 = r_3 = r_4 = r_5 = 1$，因而 $d_4 = 4, d_5 = 5, 2d_4 \leqslant 8 < d_4 + d_5$，计算

$$\begin{aligned}
&q_0(x) = 1,\\
&q_1(x) = x + 1,\\
&q_2(x) = (-x+1)(x+1) + 1 = -x^2 + 2,\\
&q_3(x) = (x+1)(2-x^2) + x + 1 = x^3 + x^2 - x - 1,\\
&q_4(x) = (1-x)(x^3 + x^2 - x - 1) + 2 - x^2 = -x^4 + x^2 + 1,
\end{aligned}$$

所以 $\{t\}$ 满足 4 阶线性递归关系，连接多项式为 $\widehat{g}_4(x) = x^4 - x^2 - 1$。

在编码和密码中经常应用由“0”和“1”组成的二元序列。将 $\{0,1\}$ 看作模 2 的完全剩余系，其上有加法 $(0+0=0, 0+1=1, 1+1=0)$，有乘法 $(0\times 0=0, 0\times 1=0, 1\times 1=1)$。实际上也有除法，仅有 1 可作为除数，而除以 1 与乘 1 是一样的，$\{0,1\}$ 成为具有二个元素组成的域 (见第 8 章)，记为 $GF(2)$，或 $\mathbb{F}_2$。

以 $\{0,1\}$ 作为系数的多项式，代替以有理系数的多项式生成连分式，本章前面所讨论的连分式的有关性质都没有变化。同样本节中讨论的线性递归有理数序列的性质，也都适用于由 $\{0,1\}$ 组成的线性递归序列。

例 4.11　令 $GF(2)$ 上的序列 $\{t\} = \{11101011\}$，其长度 $n = 8$。判断 $\{t\}$ 是否满足阶数 $\leqslant 4$ 的线性递归序列，如果满足，找出它的连接多项式。

解　令 $T(x) = x^{-1} + x^{-2} + x^{-3} + x^{-5} + x^{-7} + x^{-8}$, 计算它所对应的连分式:

$$\begin{aligned}
a_0(x) &= 0,\\
a_1'(x) &= \frac{1}{T(x)}\\
&= x + 1 + \frac{x^{-3} + x^{-4} + x^{-5} + x^{-6} + x^{-8}}{T(x)},\\
a_2'(x) &= \frac{T(x)}{x^{-3} + x^{-4} + x^{-5} + x^{-6} + x^{-8}}\\
&= x^2 + \frac{x^{-4} + x^{-5} + x^{-6} + x^{-7} + x^{-8}}{x^{-3} + x^{-4} + x^{-5} + x^{-6} + x^{-8}},\\
a_3'(x) &= \frac{x^{-3} + x^{-4} + x^{-5} + x^{-6} + x^{-8}}{x^{-4} + x^{-5} + x^{-6} + x^{-7} + x^{-8}}\\
&= x + \frac{x^{-7} + x^{-8}}{x^{-4} + x^{-5} + x^{-6} + x^{-7} + x^{-8}},
\end{aligned}$$

得到 $a_1(x) = x+1, a_2(x) = x^2, a_3(x) = x, r_1 = 1, r_2 = 2, r_3 = 1, r_4 = 3$，因而 $d_3 = 4, d_4 = 7$，故 $2d_3 \leqslant 8 < d_3 + d_4$，计算

$$q_0(x) = 1,$$

$$q_1(x) = x + 1,$$

$$q_2(x) = x^2(x+1) + 1 = x^3 + x^2 + 1,$$

$$q_3(x) = x(x^3 + x^2 + 1) + x + 1 = x^4 + x^3 + 1,$$

所以 $\{t\}$ 满足 4 阶线性递归关系，连接多项式为 $\widehat{q}_3(x) = 1 + x + x^4$。

例 4.12 令 $GF(2)$ 上的序列 $\{t\} = \{100101110111\}$, 其长度 $n = 12$，判断 $\{t\}$ 是否满足次数 $\leqslant 6$ 的线性递归关系，如果满足，找出它的连接多项式。

解 令 $T(x) = x^{-1} + x^{-4} + x^{-6} + x^{-7} + x^{-8} + x^{-10} + x^{-11} + x^{-12}$, 计算它所对应的连分式：

$$a_0(x) = 0,$$

$$a_1'(x) = \frac{1}{T(x)}$$

$$= x + \frac{x^{-3} + x^{-5} + x^{-6} + x^{-7} + x^{-9} + x^{-10} + x^{-11}}{T(x)},$$

$$a_2'(x) = \frac{T(x)}{x^{-3} + x^{-5} + x^{-6} + x^{-7} + x^{-9} + x^{-10} + x^{-11}}$$

$$= x^2 + 1 + \frac{x^{-7} + x^{-12}}{x^{-3} + x^{-5} + x^{-6} + x^{-7} + x^{-9} + x^{-10} + x^{-11}},$$

得到 $a_1(x) = x$, $a_2(x) = x^2 + 1$, $r_1 = 1$, $r_2 = 2$, $r_3 = 4$，因而 $d_2 = 3$, $d_3 = 7$, $2d_2 < 12 < 2d_3$, 但 $d_2 + d_3 < 12$，故 $\{t\}$ 不满足阶数 $\leqslant 6$ 的线性递归关系。

习　　题

1. 判断下列 $GF(2)$ 上的序列是否满足阶数 $\leqslant n/2$ (n 为序列的长度) 的线性递归关系；如果满足，找出它的连接多项式。

(1) 111001111100;　　(2) 10100101111。

第5章　群

群的结构是大家熟知的数系的抽象，群的性质具有一般性，因而在许多领域都有很重要的应用。本章分 6 小节，前 3 节分别介绍群的概念，表示方法和一类具体的群 —— 变换群，并证明任意一个群都可以与某一变换群同构。第 4 节讨论群关于其子群的陪集分解，进而介绍著名的拉格朗日定理，即一个有限群的任一子群所含元素的个数一定是该群元素个数的因子。第 5 节介绍商群的概念和群的同态基本定理。第 6 节介绍一类特殊的群 —— 循环群的结构和性质，循环群是应用较多的一类群。

§5.1　群 的 定 义

定义 5.1　设 A 是一个非空集合，A 上的一个二元运算记为 $a\cdot b$ 或 ab，称之为 a 与 b 的乘积。

例 5.1　设 $A=\mathbb{Z}$ 为全体整数构成的集合，定义 A 上的一个乘法运算

$$a\cdot b=a+b,$$

它就是整数集合上的通常的加法。

例 5.2　设 $A=\{a,b\}$，定义 A 上的乘法运算为

$$x\cdot y=x,$$

则

$$a\cdot b=a\cdot a=a,$$
$$b\cdot a=b\cdot b=b。$$

定义 5.2　设 G 是一个非空集合，且 G 上有一个乘法“$\cdot$”，如果它满足下列条件：

(1) $\forall a,b,c\in G$，均有 $(ab)c=a(bc)$；

(2) 在 G 中有一个元 e，使得 $\forall a\in G$，均有 $ae=ea=a$；

(3) $\forall a\in G$，在 G 中相应地存在一个元 b，使得 $ab=ba=e$。

则称 G 关于乘法“$\cdot$”构成一个群，记为 $(G,\cdot)$。

在一个集合上可以有很多种乘法，因此说一个集合 G 是一个群，要指明它的乘法。

群定义中的条件 (1) 称为**结合律**；满足条件 (2) 的元 e 称为群 G 的**单位元**；而条件

(3) 中的元 b 称为 a 的**逆元**。在一个群中单位元唯一，任意一个元的逆元也是唯一的 (习题 1，2)。a 的逆元 b 通常记成 a^{-1}，即 $b=a^{-1}$。显然 $(a^{-1})^{-1}=a$。

例 5.3　整数集 $\mathbb{Z}$ 关于通常的加法运算 "+" 构成一个群，其中单位元为 0，任一整数 a 的逆元为 $-a$。

例 5.4　整数模 m 的所有剩余类构成的集合 $\mathbb{Z}_m$ 关于剩余类的加法构成一个群，称为**整数模 m 的加群**。这是因为任意 $[a],[b],[c]\in\mathbb{Z}_m$，

1. $([a]+[b])+[c]=[a+b+c]=[a]+([b]+[c])$;
2. $[0]+[a]=[a]+[0]=[a]$;
3. $[a]+[m-a]=[m-a]+[a]=[m]=[0]$。

由此可知，$[0]$ 是单位元，$[m-a]$ 是 $[a]$ 的逆元。

例 5.5　用 $\widetilde{\mathbb{Z}}_m$ 表示 $\mathbb{Z}_m$ 中所有与 m 互素的剩余类构成的集合，在 $\widetilde{\mathbb{Z}}_m$ 上定义乘法：

$$[a]\cdot[b]=[a\cdot b],\quad \forall[a],[b]\in\widetilde{\mathbb{Z}}_m.$$

由于 $[a],[b]$ 都与 m 互素，所以 $[ab]$ 也与 m 互素。因此上述定义的乘法是 $\widetilde{\mathbb{Z}}_m$ 上的乘法运算。

1. $\forall[a],[b],[c]\in\widetilde{\mathbb{Z}}_m$, $([a][b])[c]=[abc]=[a]([b][c])$;
2. $\forall[a]\in\widetilde{\mathbb{Z}}_m$, $[1][a]=[a][1]=[a]$;
3. $\forall[a]\in\widetilde{\mathbb{Z}}_m$, 由 $(a,m)=1$ 可知，存在整数 u,v 使得 $ua+vm=1$，故 $[u][a]=[1]$。

所以 $\widetilde{\mathbb{Z}}_m$ 关于上述乘法构成一个群，$[1]$ 为单位元，而 $[a]$ 的逆元为 $[u]$。

例 5.6　$A=\{a,b\}$，在 A 上定义乘法 "·" 为

$$aa=a,\ ab=b,\ ba=b,\ bb=a.$$

容易证明 A 关于此乘法构成一个群，其中 a 是单位元，a 的逆元为 a，b 的逆元为 b。

一个群 G，如果其中任意两个元 a,b 都满足 $ab=ba$，则称群 G 的乘法满足交换律，并称 G 为**交换群**，或**Abel 群**。如果群 G 中的交换律不成立，即存在 $a,b\in G$，使得 $ab\neq ba$，则称 G 为非交换群。以上几个例子均是交换群，下面的例子是非交换群。

例 5.7　记 $GL(n,\mathbb{R})$ 为实数域 $\mathbb{R}$ 上的 n 阶可逆矩阵的全体构成的集合，其乘法为矩阵的通常乘法，则由矩阵乘法的性质，$GL(n,\mathbb{R})$ 关于矩阵的乘法构成群，它是非交换的。

设 G 是群，G 中所含元素的个数称为群 G 的**阶**，记为 $|G|$。当 $|G|$ 是一个有限数时，则 G 称为**有限群**，否则 G 称为**无限群**。例 5.3，例 5.7 是无限群，例 5.4，例 5.5，例 5.6 是有限群。

若 $a\in G$，由于群中乘法适合结合律，所以连乘 $\underbrace{a\cdot a\cdot a\cdots a}_{n}$ 有意义，记为 a^n，并规定 $a^0=e$。显然，当 m,n 为正整数时

$$a^n a^m = a^{n+m}, \qquad (a^m)^n = a^{mn}.$$

规定 $a^{-n} = (a^{-1})^n$，故上式中当 m, n 为任意整数时都成立。

在整数模 m 的加群中，任意元 $[a]$，$\underbrace{[a] + [a] + \cdots + [a]}_{m} = [0]$；同样在例 5.5 中，任意元 $[a]$，有 $[a]^{\varphi(m)} = [1]$，$[1]$ 是该群的单位元。在群 $(G, \cdot)$ 中，满足 $a^n = e$ 的最小正整数 n 称为元素 a 的**阶**，并记为 $o(a)$，如果这样的数不存在，则称 a 的阶是**零**，记成 $o(a) = 0$。

例 5.8 在群 $(\mathbb{Z}, +)$ 中，3 的阶为 0，0 的阶为 1；在群 $(\mathbb{Z}_4, +)$ 中，$[2]$ 的阶为 2，$[1]$ 的阶为 4，等等。

定义 5.3 *设 G 是群，H 是 G 的非空子集。如果 H 关于 G 的乘法也构成一个群，则称 H 为 G 的一个子群，记为 $H \leqslant G$。*

对于任意的群 G 来说，假定 e 为 G 中的单位元，则 $H_1 = \{e\}$ 及 $H_2 = G$ 一定是 G 的子群，称这两个子群为 G 的平凡子群，不是平凡子群的子群称为 G 的真子群，或者非平凡子群。即满足条件 $H \neq \{e\}$，$H \neq G$ 的子群 H，为 G 的真子群。

例 5.9 易见 $(\mathbb{Z}, +)$ 是 $(\mathbb{R}, +)$ 的真子群，而 $(\mathbb{R}, +)$ 又是 $(\mathbb{C}, +)$ 的真子群。这里 $\mathbb{R}$ 表示全体实数，$\mathbb{C}$ 表示全体复数。

令 $m\mathbb{Z}$ 表示所有 m 的倍数的整数集合，则 $m\mathbb{Z}$ 关于整数的加法构成整数加群 $(\mathbb{Z}, +)$ 的子群。

定理 5.1 *设 G 为群，$a, b, c, d, x, y \in G$，则*

(1) 若 $xa = xb$，则 $a = b$ (左消去律)；

(2) 若 $cy = dy$，则 $c = d$ (右消去律)。

证明 若 $xa = xb$，两边从左边乘上 x^{-1}，再由乘法结合律可得

$$(x^{-1}x)a = (x^{-1}x)b,$$

即 $a = b$。

同理可得 $c = d$。

定理 5.2 *设 G 为群，H 是 G 的非空子集，则下列条件等价:*

(1) $H \leqslant G$；

(2) 任意 $a, b \in H$，有 $ab \in H$，$b^{-1} \in H$；

(3) 任意 $a, b \in H$，有 $ab^{-1} \in H$。

证明 (1) $\Rightarrow$ (2) 若 $H \leqslant G$，则任意 $a, b \in H$，显然有 $ab \in H$。由于 H 是群，故有一个单位 e_H。设 e 为 G 的单位元，取 $a \in H$，则由群的定义，有

$$ae = ae_H.$$

由消去律可得 $e = e_H$。

现设任意 $a \in H$，a 在 H 中的逆元记为 a_H^{-1}，则

$$aa^{-1} = e = e_H = aa_H^{-1},$$

其中 a^{-1} 为 a 在 G 中的逆元。由消去律，同样有 $a^{-1}=a_H^{-1}$，这样 $a^{-1}\in H$。

(2)⇒(3)　任意 $a,b\in H$，则 $a,b^{-1}\in H$，从而 $ab^{-1}\in H$。

(3)⇒(1)　任意 $a,b\in H$，则 $e=aa^{-1}\in H$，$b^{-1}=eb^{-1}\in H$，$ab=a(b^{-1})^{-1}\in H$。即 H 有单位元，任一元有逆，关于乘法封闭。而 H 关于乘法显然适合结合律。故 $H\leqslant G$。

由上述定理 5.2 的证明可知，子群 H 中的单位元就是群 G 中的单位元，子群 H 中任一元 a 的逆元就是 a 在 G 中的逆元。

作为定理 5.2 的应用，有

定理 5.3　设 G 是一个群，$\{H_i|i\in I\}$ 是 G 的一个子群簇，则 $\bigcap\limits_{i\in I}H_i$ 也是 G 的子群。

证明　因 $e\in H_i$，故 $\bigcap\limits_{i\in I}H_i$ 非空。若 $a,b\in\bigcap\limits_{i\in I}H_i$，则对每一个指标 i，$a,b\in H_i$。由 $H_i\leqslant G$，有 $ab^{-1}\in H_i$，故 $ab^{-1}\in\bigcap\limits_{i\in I}H_i$。由定理 5.2，$\bigcap\limits_{i\in I}H_i$ 是 G 的一个子群。

例 5.10　设 $G=\mathbb{Z}_{12}=\{[0],[1],[2],[3],[4],[5],[6],[7],[8],[9],[10],[11]\}$，$(G,+)$ 是群。令

$$H=\{[0],[2],[4],[6],[8],[10]\}\subseteq G,$$

则 H 是 G 的子群。而

$$\mathbb{Z}_6=\{[0],[1],[2],[3],[4],[5]\}$$

不是 G 的子群。

习　　题

1. 设 G 是群，证明 G 中单位元唯一。

2. 设 G 是群，证明 G 中任意元素的逆元唯一。

3. 在一个群中，两个子群的并集是否仍是子群？

4. 证明一个有限群的任意元素的阶都是有限正整数。

5. 证明：若群 G 的每一个元素的阶都不超过 2，则 G 是一个交换群。

6. 设 G 为全体 2×2 的非奇异实矩阵构成的乘法群，证明：
$a=\begin{pmatrix}0&-1\\1&0\end{pmatrix}$ 的阶为 4，$b=\begin{pmatrix}0&1\\-1&-1\end{pmatrix}$ 的阶为 3，但 ab 的阶是 0。

7. 设 a,b 是群 G 中元素，证明 $o(a)=o(a^{-1})$，$o(ab)=o(ba)$，且对任意 $c\in G$，$o(a)=o(cac^{-1})$。

8. 设 G 为群，$a\in G$，$o(a)=n$，证明：$a^m=e$ 当且仅当 $n|m$。

9. 设 G 为群，$a,b\in G$，且 $o(a)=3$，$o(b)=7$，$ab=ba$，求 $o(ab)$。

10. 设 G 是一个群，$C(G)=\{x|x\in G,\text{且对任意}a\in G,\ xa=ax\}$。$C(G)$ 称为 G 的**中心**。

(1) 证明 $C(G)$ 是 G 的一个子群；

(2) $a\in G$，令 $C_a=\{x|x\in G,\ xa=ax\}$，C_a 称为 a 的**中心化子**。证明 C_a 也是 G 的一个子群；

(3) 证明 $C(G) \leqslant C_a$。

11. 证明素数阶群 G 的子群只有 G 及 $\{e\}$，即 G 只有平凡子群。

§5.2　群的乘法表

群是一个带有乘法运算的集合。如果在一个集合上定义一个乘法运算，那么该集合关于此乘法能否构成一个群，就看此乘法是否满足群定义的有关性质。因此，一个群的结构如何，关键在于它的乘法。

下面给出有限群乘法结构的一种表示方式 —— 群的**乘法表**。

设 $G = \{a_1, a_2, \cdots, a_n\}$ 是一个群，将 G 中元素按表 5.1 排列。

表 5.1 称为有限群 G 的乘法表。

例 5.11　$G = \{e, a, b\}$，G 中元素的乘法定义为

$$ee = e, \quad ea = ae = a, \quad eb = be = b$$
$$aa = b, \quad bb = a, \quad ab = ba = e.$$

用乘法表可表示成 5.2 的形式。

表 5.1

$\cdot$	a_1	a_2	a_3	$\cdots$	a_n
a_1	a_1a_1	a_1a_2	a_1a_3	$\cdots$	a_1a_n
a_2	a_2a_1	a_2a_2	a_2a_3	$\cdots$	a_2a_n
a_3	a_3a_1	a_3a_2	a_3a_3	$\cdots$	a_3a_n
$\vdots$	$\cdots$	$\cdots$	$\cdots$	$\cdots$	$\cdots$
a_n	a_na_1	a_na_2	a_na_3	$\cdots$	a_na_n

表 5.2

$\cdot$	e	a	b
e	e	a	b
a	a	b	e
b	b	e	a

很容易验证 G 关于上述乘法构成一个群。

给定一个有限集合 G 的乘法表，很难从表上看出 G 关于此乘法是否构成群。由于群中消去律成立，故 G 关于此乘法要构成群，那么在乘法表中的每一行，G 中的每个元素都要出现一次，同样在每一列，G 中的每个元素也都要出现一次，且对应单位元的行与顶行要一致，对应单位元的列与最左列一致。若群 G 是交换群，那么乘法表关于左上角到右下角的对角线一定对称。遗憾的是，群中乘法的结合律不能直接从表中反映出来。

例 5.12 考虑中心在原点，边与坐标轴平行的正方形 $ABCD$（如图 5.1 所示），设 R 表示将正方形 $ABCD$ 按逆时针方向转 $\frac{\pi}{2}$ 的旋转变换，T_x, T_y, T_{AC}, T_{BD} 分别表示以 x 轴，y 轴，直线 AC，直线 BD 为对称轴的反射变换，I 为恒等变换。

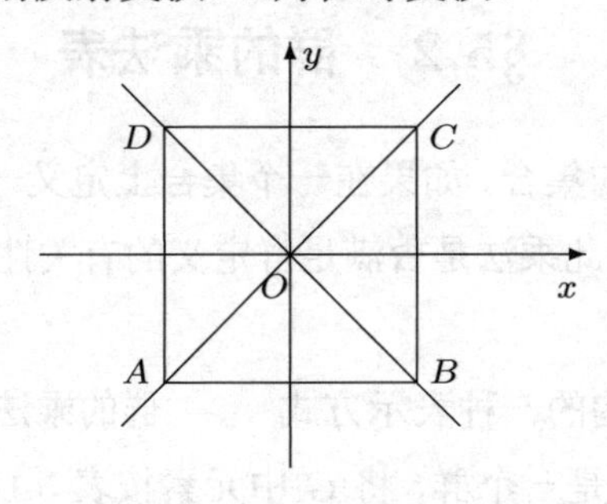

图 5.1

设 $D_4 = \{I,, R, R^2, R^3, T_x, T_y, T_{AC}, T_{BD}\}$，则 D_4 关于变换的乘积构成一个群，称为二面体群。事实上：

(1) 容易验证 D_4 关于变换的乘积封闭；

(2) D_4 中的乘法满足结合律（一般变换的乘法都满足结合律）；

(3) 任意 $x \in D_4$，$Ix = xI = x$，即 I 为 D_4 的单位元；

(4) $T_x^2 = T_y^2 = T_{AC}^2 = T_{BD}^2 = I$，故 T_x, T_y, T_{AC}, T_{BD} 可逆，且逆元为自身；由 $R^4 = I$，故 $R^{-1} = R^3$，$(R^2)^{-1} = R^2$, $(R^3)^{-1} = R$。

D_4 的乘法表如表 5.3 所示：

表 5.3

$\cdot$	I	R	R^2	R^3	T_x	T_y	T_{AC}	T_{BD}
I	I	R	R^2	R^3	T_x	T_y	T_{AC}	T_{BD}
R	R	R^2	R^3	I	T_{AC}	T_{BD}	T_y	T_x
R^2	R^2	R^3	I	R	T_y	T_x	T_{BD}	T_{AC}
R^3	R^3	I	R	R^2	T_{BD}	T_{AC}	T_x	T_y
T_x	T_x	T_{BD}	T_y	T_{AC}	I	R^2	R^3	R
T_y	T_y	T_{AC}	T_x	T_{BD}	R^2	I	R	R^3
T_{AC}	T_{AC}	T_x	T_{BD}	T_y	R	R^3	I	R^2
T_{BD}	T_{BD}	T_y	T_{AC}	T_x	R^3	R	R^2	I

例 5.13 设复数域上的四个二阶矩阵为

$$\boldsymbol{I} = \begin{pmatrix} 1 & 0 \\ 0 & 1 \end{pmatrix}, \quad \boldsymbol{A} = \begin{pmatrix} i & 0 \\ 0 & -i \end{pmatrix}, \quad \boldsymbol{B} = \begin{pmatrix} 0 & 1 \\ -1 & 0 \end{pmatrix}, \quad \boldsymbol{C} = \begin{pmatrix} 0 & i \\ i & 0 \end{pmatrix}.$$

令 $H = \{\pm\boldsymbol{I}, \pm\boldsymbol{A}, \pm\boldsymbol{B}, \pm\boldsymbol{C}\}$，则可证明 H 关于矩阵的乘法构成一个群。事实上，乘法显然适合结合律，并且 H 关于乘法封闭；$\boldsymbol{I}$ 是单位元，$\boldsymbol{A}^{-1} = -\boldsymbol{A}$，$\boldsymbol{B}^{-1} = -\boldsymbol{B}$，$\boldsymbol{C}^{-1} = -\boldsymbol{C}$。群 H

称为**四元数群**，也称为**Hamilton 群**，它是非交换的。

读者可以根据矩阵的乘法写出 Hamilton 四元数群的乘法表。

习　　题

1. 设 $G=\{1,2,3,4\}$，在 G 上定义乘法为

	1	2	3	4
1	4	2	3	1
2	2	1	4	3
3	1	3	2	4
4	3	4	1	2

试问 G 是否构成群？

2. 设 G 是有限群，A, B 是 G 的子集，$|A|+|B|>|G|$。令 $AB=\{ab\,|\,a\in A, b\in B\}$，证明 $G=AB$。

3. 令 $\mathbb{C}$ 为所有复数的集合，定义集合 $U=\{x\in\mathbb{C}\,|\,\text{存在正整数}n\text{使得}x^n=1\}$。试证明：(1) U 关于复数的乘法构成一个群；(2) U 中含有无限多个元素；(3) U 中每个元素的阶都有限。

4. 在集合 $\mathbb{F}_2=\{0,1\}$ 上定义加法为

$$0+0=0,\quad 1+0=0+1=1,\quad 1+1=0.$$

定义乘法为

$$0\cdot 0=0,\quad 0\cdot 1=1\cdot 0=0,\quad 1\cdot 1=1.$$

称 $\mathbb{F}_2$ 为二元域。令 G 为元素取自 $\mathbb{F}_2$ 的所有二阶可逆矩阵。(1) 证明 G 在矩阵乘法的意义下构成群；(2) G 中有多少个元素？(3) 试写出 G 的乘法表。(4) 对一般的正整数 n，令 G 为元素取自 $\mathbb{F}_2$ 的所有 n 阶可逆矩阵，试问 G 中有多少个元素？

§5.3　变换群、置换群

本节给出一类重要的群 —— 变换群，并给出著名的 Cayley 定理，即从代数的角度来看任何一个群都是一个变换群。

设 X 是非空集合，集合 X 到 X 的一对一变换称为双射变换，X 上所有双射变换集合记成 $T(X)$。如果 X 为有限集合，则称 $T(X)$ 中的元素为 X 上的**置换**。

由集合论中的知识，映射的乘积（复合）满足结合律，恒等映射在 $T(X)$ 中，且是乘法的单位元，$T(X)$ 中每个元有逆映射且逆也是双射，故在 $T(X)$ 中。由此可知 $T(X)$ 关于映射的乘法构成一个群。$T(X)$ 及其任一子群称为集合 X 上的**变换群**。当 X 是有限集合时，X 上的变换群又称为**置换群**。特别，如果 $|X|=n$，即 X 含有 n 个元素，则记 $T(X)=S_n$，称为n **元对称群**。

下面考虑 X 是有限集合的情形。

设 $X=\{a_1,a_2,\cdots,a_n\}$，S_n 中的元素称为 n 元置换，为了方便用 i 代表元素 a_i，因此每一个 n 元置换 $\sigma\in S_n$ 可以看成数码 $1,2,3,\cdots,n$ 上的一个置换。

如果 $\sigma\in S_n$ 由以下方式给出：

$$\sigma(1)=i_1,\sigma(2)=i_2,\cdots,\sigma(n)=i_n,$$

则记为

$$\sigma=\begin{pmatrix}1 & 2 & 3 & \cdots & n\\ i_1 & i_2 & i_3 & \cdots & i_n\end{pmatrix}.$$

由于 σ 是双射，所以 $i_1,i_2,i_3,\cdots,i_n$ 是数码 $1,2,3,\cdots,n$ 的一个排列。由此可见，对称群 S_n 的阶为 $|S_n|=n!$。

例 5.14 设 $X=\{1,2,3\}$，$\sigma\in S_3$，$\sigma(1)=2,\sigma(2)=3,\sigma(3)=1$，则 σ 可表示成

$$\sigma=\begin{pmatrix}1 & 2 & 3\\ 2 & 3 & 1\end{pmatrix}.$$

定义 5.4 *设 σ 是集合 $\{1,2,3,\cdots,n\}$ 上的一个置换，若有一个子集合 $\{i_1,\cdots,i_r\}$ 存在，使得*

$$\sigma(i_1)=i_2,\ \sigma(i_2)=i_3,\ \cdots,\ \sigma(i_{r-1})=i_r,\ \sigma(i_r)=i_1,$$

而 σ 保持其他数码不动，则称 σ 是 $\{1,2,3,\cdots,n\}$ 上的一个循环置换，并将 σ 记成

$$\sigma=(i_1,i_2,i_3,\cdots,i_r).$$

如果 $\sigma=(i_1,i_2,\cdots,i_r)$，$\tau=(k_1,k_2,\cdots,k_s)$ 是两个循环置换，且 $i_1,\cdots,i_r$ 与 $k_1,\cdots,k_s$ 中没有公共数码，则称 σ 与 τ 是**不相交的**。若 σ 与 τ 不相交，由变换的乘积容易知道 $\sigma\tau=\tau\sigma$，即乘法可交换。

定理 5.4 *n 元数码上的任一置换 σ 都可以唯一地表示成不相交的循环置换的乘积。*

证明 首先证明 σ 可表示成循环置换的乘积。

如果 $\sigma(1)=1$，则取 $\sigma_1=(1)$。否则，不妨假设 $\sigma(1)=i_1,\sigma(i_1)=i_2,\cdots$，这样下去，由于只有 n 个数码，所以 $1,i_1,i_2,\cdots$ 不能都不相同，即必有一个指标 k，使得 $\sigma(i_k)=i_{k+1}$ 就是 $1,i_1,i_2,\cdots,i_k$ 中的某一个。由于 σ 是双射，i_{k+1} 只能等于 1，这样取 σ_1 为

$$\sigma_1=(1,i_1,i_2,\cdots,i_k),$$

它是一个循环置换。若 $k=n-1$，则 σ 就等于 σ_1，否则在剩下的数码中取一个最小的，设 i_{k+1}，类似上述方法可得到循环置换 $\sigma_2,\cdots$。最终假设可得到 t 个循环置换 $\sigma_1,\sigma_2,\cdots,\sigma_t$，则由上述过程可知，$\sigma=\sigma_1\sigma_2\cdots\sigma_t$，$\sigma_1,\cdots,\sigma_t$ 是两两不相交的。

其次证明表示法唯一。设 $\sigma=\tau_1\tau_2\cdots\tau_s=\sigma_1\sigma_2\cdots\sigma_t$，则数码 1 必在某个 τ_i 中，不妨假设在 τ_1 中，由 σ 的作用可知 $\tau_1(1)=i_1,\tau_1(i_1)=i_2,\cdots,\tau(i_k)=1$，从而 $\tau_1=\sigma_1$，同理

$\tau_2,\cdots,\tau_s$ 必是 $\sigma_2,\cdots,\sigma_t$ 中某一个。由于 $\tau_1,\cdots,\tau_s$ 包含所有数码 $1,2,\cdots,n$，故 $t=s$，即 σ_i 必为某一 τ_j，反之，任意 τ_j 必为某一 σ_i。

例 5.15　设

$$\sigma=\begin{pmatrix}1 & 2 & 3 & 4 & 5 & 6 & 7 & 8 & 9 & 10\\ 5 & 8 & 3 & 2 & 4 & 6 & 9 & 1 & 10 & 7\end{pmatrix},$$

则易知

$$\sigma=(15428)(3)(6)(7910)=(15428)(7910).$$

只含有两个数码的循环置换又称为**对换**。

定理 5.5　任一置换可表示为若干个对换的乘积。

证明　因为任一置换都可写成不相交循环置换的乘积，所以只要对循环置换证明结论即可。

不妨假设 $\sigma=(12\cdots r)$，当 $r>1$ 时，$\sigma=(1,r)\cdots(1,3)(1,2)$；当 $r=1$ 时，$\sigma=(1)=(1,2)(1,2)$。

定义 5.5　设 G_1,G_2 是两个群，若存在一个从 G_1 到 G_2 的映射 f，如果对任意的 $a,b\in G$ 都有

$$f(ab)=f(a)f(b)$$

成立，则称 f 为从 G_1 到 G_2 的同态映射，称 G_1 在 G_2 中的象为 G_1 的同态象；如果 f 是满射（即 G_1 的同态象等于 G_2），则称 G_1 与 G_2 同态，并记成

$$G_1\sim G_2;$$

如果 f 更是一个双射（既是单射又是满射），那么称 f 是从 G_1 到 G_2 的一个同构映射，这时也称 G_1 与 G_2 同构，记成

$$G_1\cong G_2.$$

同构的群从代数角度看就是相同的。

例 5.16　$(\mathbb{Z},+)$ 是整数加群，$(\mathbb{Z}_m,+)$ 是整数模 m 加群，定义映射 $f\colon\ \mathbb{Z}\to\mathbb{Z}_m$ 如下：

$$f(a)=[a],\qquad a\in\mathbb{Z},$$

则 f 是从 $\mathbb{Z}$ 到 $\mathbb{Z}_m$ 的一个群同态映射，且是一个满射，故群 $(\mathbb{Z},+)$ 与群 $(\mathbb{Z}_m,+)$ 是同态的。

例 5.17　设 $\widetilde{\mathbb{Z}}_m=\{[a_1],[a_2],\cdots,[a_{\varphi(m)}]\}$，其中 $a_1,a_2,\cdots,a_{\varphi(m)}$ 为整数模 m 的一个缩系，由例 5.5 可知，$\widetilde{\mathbb{Z}}_m$ 关于剩余类的乘法构成一个交换群。设 χ 是 $\widetilde{\mathbb{Z}}_m$ 到复数集内的一个映射，使得 $\chi([1])=1$ 且 $\chi([a][b])=\chi([a])\chi([b])$。令 $G=\{\chi([a_i])|i=1,2,\cdots,\varphi(m)\}$。则 G 是复数集的一个子集合。容易看出 G 关于复数的乘法构成一个子群 —— 非零复数集关于复数乘法所构成的群 $(C^*,\times)$ 的子群。χ 称为模 m 的一个特征，它是从 $\widetilde{\mathbb{Z}}_m$ 到 G 的一个群同态映射。

定理 5.6 (Cayley)　任一群都与某一变换群同构。

证明　设 G 是一个群，任意 $a\in G$，定义 G 上的一个变换 τ_a:

$$\tau_a(x)=ax,\qquad x\in G.$$

由群的性质容易验证 τ_a 是集合 G 上的双射变换，即 $\tau_a \in T(G)$。

定义 G 到 $T(G)$ 的映射 f:

$$f(a) = \tau_a, \qquad a \in G.$$

若 $f(a) = f(b)$，即 $\tau_a = \tau_b$，所以 $a = ae = \tau_a(e) = \tau_b(e) = be = b$（$e$ 为 G 的单位元），即 $a = b$，从而 f 是单射。

任意 $a, b, x \in G$，$\tau_a\tau_b(x) = \tau_a(bx) = a(bx) = (ab)x = \tau_{ab}(x)$，所以 $\tau_a\tau_b = \tau_{ab}$，此即 $f(ab) = f(a)f(b)$。故 f 是一个群同态映射。容易证明 f 的象 $f(G)$ 是 $T(G)$ 的一个子群，从而 $f(G)$ 是一个变换群。因此

$$G \simeq f(G) \leqslant T(G).$$

定理 5.6 表明，任何一个抽象的群实际上都可以看成一个“具体”的群。

习　题

1. 找出 S_3 中与 (123) 乘法不交换的元素。

2. 证明一个循环置换的阶等于它所含元素的个数，即 $o(12\cdots r) = r$。

3. 证明 $G = \{\sigma \in S_n | \sigma(n) = n\}$ 是 S_n 的子群。

4. 试将 S_4 中的每个元素写出互不相交的循环置换的乘积。

5. 设 $\sigma, \tau \in S_n$，令 $\tau = (i_1, i_2, \cdots, i_r)$，试证明：$\sigma\tau\sigma^{-1} = (\sigma(i_1), \sigma(i_2), \cdots, \sigma(i_r))$。

6. 在 S_4 中，令 $K_4 = \{(1), (12)(34), (13)(24), (14)(23)\}$。证明 K_4 是 S_4 的子群（K_4 称为**Klein 四元群**）。

7. 试证明：(1) S_n 中每个元素都可以表示为 $\{(1,2), (1,3), \cdots, (1,n)\}$ 这 $n-1$ 个对换中有限个对换的乘积。(2) S_n 中每个元素也可以表示为 $\{(1,2), (2,3), \cdots, (n-1,n)\}$ 这 $n-1$ 个对换中有限个对换的乘积。

8. 试证明：对任意的 $\sigma \in S_n$, $\sigma = \sigma_1\sigma_2\cdots\sigma_k$，其中每一个 $\sigma_i = (1,2)$ 或者 $(1,2,\cdots,n)$。

9. 设 $\sigma = (1,2,3)(2,3,4)(3,4,5,6)(5,6,7,8)(6,7,8,1,2) \in S_8$，试将 σ 分别表示为如下形式的乘积：

(1) 互不相交的循环置换的乘积；

(2) 对换的乘积；

(3) 形如 $\{(1,2), (1,3), \cdots, (1,8)\}$ 的乘积；

(4) 形如 $\{(1,2), (2,3), (3,4), \cdots, (7,8)\}$ 的对换的乘积；

(5) 形如 $\{(1,2), (1,2,3,4,5,6,7,8)\}$ 的乘积。

10. 设 $f: G \to \overline{G}$ 是群同态映射，令 $a \in G$，证明 $o(f(a)) | o(a)$。

11. 设 G 是群, $\overline{G}$ 是一个集合，带有乘法，f 是从 G 到 $\overline{G}$ 的满射，并且对任意的 $a, b \in G$，都有 $f(ab) = f(a)f(b)$，试证明 $\overline{G}$ 是一个群。

§5.4 等价关系、子群的陪集分解

定义 5.6 设集合 A 上的一个二元关系 $\sim$，满足下列条件:

(1) 若 $x \in A$，则 $x \sim x$;

(2) 若 $x, y \in A$，$x \sim y$，则 $y \sim x$;

(3) 若 $x, y, z \in A$，$x \sim y, y \sim z$，则 $x \sim z$,

那么称 $\sim$ 为 A 上的一个等价关系。条件(1),(2),(3)分别称为等价关系的自反性，对称性和传递性。

设 $x \sim y$，则称 x 与 y 等价。

例 5.18 设 $A = \mathbb{Z}$，则模 7 的同余关系是一个等价关系。

例 5.19 $A = M_n(\mathbb{R})$ 表示实数域上 n 阶矩阵的全体。$\boldsymbol{T}, \boldsymbol{S}$ 为 A 中任意两个矩阵，若存在可逆实数矩阵 $\boldsymbol{P}$，使 $\boldsymbol{T} = \boldsymbol{PSP}^{-1}$，则称 $\boldsymbol{T}$ 与 $\boldsymbol{S}$ 相似。易见相似关系是 A 的一个等价关系。

定义 5.7 设 A 是一个集合，$\{U_i | i \in I\}$ 是 A 的子集簇，其中 I 是一个指标集，如果

(1) $U_i \cap U_j = \varnothing$，当 $i \neq j$;

(2) $\bigcup\limits_{i \in I} U_i = A$,

则称 $\{U_i | i \in I\}$ 是 A 的一个划分。

例 5.20 设 $A = \mathbb{Z}$，令 $U_i = \{7k + i | k \in \mathbb{Z}\}$，$i = 0, 1, 2, 3, 4, 5, 6$。则容易知道 $\{U_0, U_1, U_2, U_3, U_4, U_5, U_6\}$ 是整数集 $\mathbb{Z}$ 的一个划分。

定理 5.7 设 A 是一个集合，若 $\sim$ 是 A 上的一个等价关系，则存在 A 的一个划分 $\{U_i | i \in I\}$，使得任意 i 及 $x, y \in U_i$ 均有 $x \sim y$；反之，若 $\{U_i | i \in I\}$ 是 A 的一个划分，则存在 A 上的一个等价关系 $\sim$，使得任意 $i \in I$ 及 $x, y \in U_i$，均有 $x \sim y$。

证明 若 $\sim$ 是 A 上的一个等价关系，对任意 $a \in A$，令

$$U_a = \{x | x \in A, x \sim a\},$$

则 $\{U_a | a \in A\}$ 是 A 的一个划分。事实上，任意 $a \in A$，有 $a \sim a$，从而 $a \in U_a$，故 $\bigcup\limits_{a \in A} U_a = A$。若 $U_a \cap U_b \neq \varnothing$，则有 $c \in U_a \cap U_b$，由于 $\sim$ 是等价关系，任意 $x \in U_a$ 有 $x \sim a \sim c \sim b$，故 $x \in U_b$，即 $U_a \subseteq U_b$；同理可得 $U_b \subseteq U_a$，所以 $U_a = U_b = U_c$。故 $\{U_a | a \in A\}$ 是 A 的一个划分。

反之，若 $\{U_i | i \in I\}$ 是 A 的一个划分，定义 $x \sim y$ 当且仅当存在某个 i 使得 $x, y \in U_i$，易证 $\sim$ 是 A 上的一个等价关系。

若 $\sim$ 是 A 上的一个等价关系，$a\in A$，则与 a 等价的所有元素组成的一个子集合称为 A 中由 a 确定的一个**等价类**，记成 $[a]$。由上述定理的证明，与等价关系 $\sim$ 相对应的划分实际上就是将 A 表示成一些等价类的并。

例 5.21 设 $A=\mathbb{Z}$，m 是一正整数，定义 $x\sim y$ 当且仅当 $x-y$ 能被 m 整除，则 $\sim$ 是 A 上的一个等价关系，这时

$$A=\bigcup_{i=0}^{m-1}U_i,\qquad U_i=\{km+i\,|\,k\in\mathbb{Z}\}.$$

这里 $U_i=[i]$ 正是第 2 章中讲到的整数模 m 的剩余类，而 $\sim$ 正是 $\mathbb{Z}$ 上的模 m 的同余关系。

设 G 是群，H 是 G 的一个子群。在 G 上定义关系 $\sim$ 如下：

$$a\sim b\text{当且仅当}b^{-1}a\in H.$$

(1) 任意 $a\in G$，$a^{-1}a=e\in H$，故 $a\sim a$；

(2) 若 $a\sim b$，则 $b^{-1}a\in H$，从而 $a^{-1}b=(b^{-1}a)^{-1}\in H$，故 $b\sim a$；

(3) 若 $a\sim b, b\sim c$，则 $b^{-1}a\in H$, $c^{-1}b\in H$，从而 $c^{-1}a\in H$，故 $a\sim c$。

因此 $\sim$ 是 G 上的一个等价关系，称它为 R_H。

定义 5.8 *设 H 是 G 的子群，$a\in G$，则集合 $aH=\{ab|b\in H\}$ 称为 a 关于 H 的一个左陪集。*

定理 5.8 *设 H 是 G 的子群，$a\in G$，则在等价关系 R_H 下，a 的等价类 $[a]=aH$。*

证明

$$\begin{aligned}[a]&=\{b|b\sim a\}\\&=\{b|a^{-1}b\in H\}\\&=\{b|b\in aH\}\\&=aH.\end{aligned}$$

由定理 5.7，定理 5.8 可以得到

定理 5.9 *设 H 是 G 的子群，则*

(1) G 是 H 在 G 中所有左陪集的并；

(2) H 在 G 中的两个左陪集或相等或不相交；

(3) 任意 $a,b\in G$，则 $aH=bH$ 当且仅当 $b^{-1}a\in H$。

例 5.22 $H=\{(1),(12)\}$ 是 S_3 的一个子群，则 S_3 可分解为

$$S_3=(1)H\cup(13)H\cup(23)H,$$

且有

$$(1)H=(12)H=\{(1),(12)\},$$
$$(13)H=(123)H=\{(13),(123)\},$$

$$(23)H = (132)H = \{(23), (132)\}.$$

从定理 5.9 可知，两个左陪集 aH 与 bH 相等，当且仅当 a 与 b 在同一个左陪集中，这对于计算左陪集是很有用处的。对 aH 中任一元素 b，都有 aH=bH，即 aH 中任一元素都可作为该左陪集的代表元。

基于上述左陪集的分解，可以定义另一种等价关系 R'_H：

$$a \sim b \Leftrightarrow ab^{-1} \in H.$$

令 $Ha = \{ba|b \in H\}$ 称为 a 关于 H 的**右陪集**。则有

定理 5.10　设 H 是 G 的子群，则

(1) G 是 H 在 G 中所有右陪集的并；

(2) H 在 G 中的两个右陪集或相等或不相交；

(3) 任意 $a, b \in G$，则 $Ha = Hb$ 当且仅当 $ab^{-1} \in H$。

H 关于 G 的左陪集的个数称为 H 在 G 中的**指数**，记成 $[G:H]$。

定理 5.11　若 $H \leqslant K \leqslant G$，则

$$[K:H][G:K] = [G:H],$$

且当这三个指数中任何两个有限时，第三个也是有限的。

证明　设

$$G = \bigcup_{i \in I} a_i K, \qquad K = \bigcup_{j \in J} b_j H$$

分别为 G 关于 K 和 K 关于 H 左陪集分解的不相交的并，那么

$$G = \bigcup_{i \in I} \bigcup_{j \in J} a_i b_j H. \tag{5.1}$$

下面证明，在 (5.1) 中，$a_i b_j H$ 是彼此不相交的。

若有 $a_{i_1} b_{j_1} H = a_{i_2} b_{j_2} H$，则有 $h \in H$ 使得

$$a_{i_1} b_{j_1} = a_{i_2} b_{j_2} h,$$

故

$$a_{i_2}^{-1} a_{i_1} = b_{j_2} h b_{j_1}^{-1}. \tag{5.2}$$

注意到 $b_{j_1}, b_{j_2}, h \in K$，上式表明 $a_{i_1} K = a_{i_2} K$，所以

$$a_{i_1} = a_{i_2}\ （因为\ G = \bigcup_{i \in I} a_i K\ 是不相交的并）。$$

由式 (5.2) 可得

$$b_{j_2}^{-1} b_{j_1} = h \in H,$$

所以 $b_{j_1} H = b_{j_2} H$，从而也有 $b_{j_1} = b_{j_2}$。由此，式 (5.1) 是不相交的并，即为 G 关于 H 的左陪集分解。从而

$$[G:H] = |I| \cdot |J| = [G:K] \cdot [K:H].$$

显然，上式中两个有限时，第三个也是有限的。

推论 5.1 (Lagrange) 设 G 是一个有限群，若 H 是 G 的子群，那么 $[G:H]\cdot|H|=|G|$，特别地，一个有限群的任一子群的阶必是这个群的阶的因子。

推论 5.2 G 为有限群，则 G 中每个元素的阶都是 $|G|$ 的因子。

证明 任意 $a\in G$，设 a 的阶为 n，令 $H=\{e,a,a^2,\cdots,a^{n-1}\}$，则 H 是 G 的一个子群。事实上，H 关于乘法适合结合律，有单位元 e，a^i 有逆元 a^{n-i}。由推论 5.1，$n||G|$。

例 5.23 $\mathbb{Z}_6=\{[0],[1],[2],[3],[4],[5]\}$，$H=\{[0],[3]\}$ 是 $\mathbb{Z}_6$ 的子群，而

$$\mathbb{Z}_6=[0]+H\cup[1]+H\cup[2]+H$$

是 $\mathbb{Z}_6$ 表示成 H 的左陪集的不相交的并，所以 $[\mathbb{Z}_6:H]=3$，$|\mathbb{Z}_6|=6$，$|H|=2$，$6=2\times3$。

例 5.24 在 S_4 中，令

$$K_4=\{(1),(12)(34),(13)(24),(14)(23)\},$$

则 K_4 是 S_4 的子群。S_4 可分解成 K_4 的左陪集的不相交的并如下：

$$S_4=(1)K_4\bigcup(12)K_4\bigcup(13)K_4\bigcup(123)K_4\bigcup(132)K_4,$$

所以 $[S_4:K_4]=6$，$|K_4|=4$，$|S_4|=4!=24$，显然有 $4\times6=24$。

习　题

1. 设 H,K 是 G 的有限子群，令 $HK=\{hk\,|\,h\in H,k\in K\}$，试证明：$|HK|=\dfrac{|H||K|}{|H\cap K|}$。

2. 设 H,K 是 G 的子群，证明 HK 是 G 的子群，当且仅当 $HK=KH$。

3. 设 H,K,N 是 G 的子群，H 是 K 的子群，并且 $H\cap N=K\cap N$，$HN=KN$，证明 $K=N$。

4. 在集合 $\mathbb{Z}_{12}=\{[0],[1],[2],\cdots,[11]\}$ 中，加法定义为 $[a]+[b]=[a+b]$。验证 $H=\{[0],[4],[8]\}$ 是 $\mathbb{Z}_{12}$ 的子群，写出 H 的所有左陪集。

§5.5　正规子群、商群、同态

设 G 是群，H 是 G 的一个子群，则 G 可分解为 H 的一些左陪集的不相交的并。因此得到一个新集合，即 G 关于 H 的所有左陪集构成的集合，记为 G/H。$G/H=\{aH|a\in G\}$。自然要问 G/H 能否构成一个群？要使 G/H 构成一个群，就要定义一个乘法运算。为了定义这个运算，首先做一些准备工作。

定义 5.9 若 H 是群 G 的子群，且任意 $a\in G$，均有 $aH=Ha$，即 a 关于 H 的左右陪集相等，则称 H 是 G 的正规子群，记为 $H\lhd G$。

例 5.25 $H=\{(1),(12)\}$ 是对称群 S_3 的子群，而

$$(13)H = \{(13),(123)\}, \quad H(13) = \{(13),(132)\},$$

故 $(13)H \neq H(13)$，从而 H 不是 S_3 的正规子群。

例 5.26　$N = \{(1),(123),(132)\}$ 是 S_3 的子群，容易验证

$$(1)N = (123)N = (132)N = \{(1),(123),(132)\} = N(1) = N(123) = N(132),$$
$$(12)N = (23)N = (13)N = \{(12),(23),(13)\} = N(12) = N(23) = N(13),$$

故 N 是 S_3 的正规子群。

值得注意的是 $aH = Ha$ 并不是指任意的 $h \in H$ 有 $ah = ha$，而是指集合相等，即 $aH \subseteq Ha$ 且 $Ha \subseteq aH$。因此当 $aH = Ha$ 时，任意 $h \in H, ah \in aH = Ha$，从而存在 $h' \in H$，使得 $ah = h'a$；$ha \in Ha = aH$, 从而存在 $h'' \in H$，使得 $ha = ah''$。这里 h', h'' 不一定等于 h。

由定义容易知道，交换群的任意子群都是正规子群。

定理 5.12　设 N 是群 G 的子群，$a \in G$。令 $a^{-1}Na = \{a^{-1}na | n \in N\}$，则下列条件等价:

(1) N 是 G 的正规子群;

(2) 任意 $a \in G, n \in N$，有 $a^{-1}na \in N$;

(3) 任意 $a \in G$, $a^{-1}Na \subseteq N$;

(4) 任意 $a \in G$, $a^{-1}Na = N$。

证明　(1)⇒(2)。N 是 G 的正规子群，所以任意 $a \in G$，有 $aN = Na$。故对任意 $n \in N$，$na \in Na = aN$，从而存在 $n' \in N$ 使得 $an' = na$，即 $a^{-1}na = n' \in N$。

(2)⇒(3)。显然。

(3)⇒(4)。任意 $a \in G$，有 $a^{-1}Na \subseteq N$。同样对 a^{-1} 也有 $(a^{-1})^{-1}Na^{-1} \subseteq N$，此即 $aNa^{-1} \subseteq N$，从而可得 $N \subseteq a^{-1}Na$。因此 $a^{-1}Na = N$。

(4)⇒(1)。$Na = aa^{-1}Na = aN$。

定理 5.13　设 N 是 G 的正规子群，$G/N = \{aN | a \in G\}$，在 G/N 上定义运算:

$$aN \cdot bN = (ab)N,$$

则上述定义给出 G/N 上的一个乘法，且 G/N 关于这个乘法构成一个群。

证明　首先证明上述定义给出 G/N 上一个乘法运算。这就是要证明，任取 aN 中两个元素 a_1, a_2 和 bN 中两个元素 b_1, b_2，都有 $(a_1b_1)N = (a_2b_2)N$，即该乘法的定义不依赖于 aN 和 bN 的代表元的选取。

由于 $a_1N = a_2N$，$b_1N = b_2N$，故 $a_2^{-1}a_1 \in N$，$b_2^{-1}b_1 \in N$。而 $(a_2b_2)^{-1}(a_1b_1) = b_2^{-1}a_2^{-1}a_1b_1 = (b_2^{-1}b_1)\big(b_1^{-1}(a_2^{-1}a_1)b_1\big)$。由 $a_2^{-1}a_1 \in N$ 且 $N \lhd G$，有 $b_1^{-1}(a_2^{-1}a_1)b_1 \in N$，又 $b_2^{-1}b_1 \in N$，所以 $(a_2b_2)^{-1}(a_1b_1) \in N$，此即 $(a_1b_1)N = a_2b_2N$。故 “·” 为 G/N 上的乘法运算。

其次证明 G/N 构成一个群。

(1) 容易知道上述乘法适合结合律。

(2) 任意 $aN \in G/N$，$eN \cdot aN = aN = aN \cdot eN$。即 eN 是 G/N 的单位元。

(3) 任意 $aN \in G/N$，则 $a^{-1}N \in G/N$，且 $aN \cdot a^{-1}N = eN = a^{-1}N \cdot aN$。即 aN 有逆元。

故 G/N 关于所定义的乘法构成一个子群。

定义 5.10 群 G/N 称为 G 关于其正规子群 N 的商群。

例 5.27 在例 5.25 中，$H = \{(1), (12)\}$ 不是 S_3 的正规子群，$S_3/H = \{(1)H, (13)H, (23)H\}$ 就不构成群，这是因为 $(1)H = (12)H$，$(1)H \cdot (13)H = (13)H$，而 $(12)H \cdot (13)H = (132)H$，并且 $(13)H \neq (132)H$，所以 S_3/H 上没有乘法。

定理 5.14 (群同态基本定理) 设 f：$G_1 \to G_2$ 是群的满同态映射，记

$$\mathrm{Ker}(f) = \{a \in G_1 | f(a) = e_2 \text{为 } G_2 \text{ 的单位元}\},$$

则 $\mathrm{Ker}(f)$ 是 G_1 的正规子群，且 $G_1/\mathrm{Ker}(f) \simeq G_2$。

证明 设 $e_1 \in G_1$ 为 G_1 的单位元，$a \in G_1$。由 $e_2 f(a) = f(a) = f(e_1 a) = f(e_1) f(a)$，利用消去律得 $f(e_1) = e_2$。即 f 将单位元映到单位元。又 $e_2 = f(e_1) = f(aa^{-1}) = f(a) f(a^{-1})$，所以

$$f(a^{-1}) = f(a)^{-1}.$$

下证 $\mathrm{Ker}(f) \leqslant G_1$。对任意 $a, b \in \mathrm{Ker}(f)$，$f(ab^{-1}) = f(a) f(b)^{-1} = e_2$，故 $ab^{-1} \in \mathrm{Ker}(f)$，从而 $\mathrm{Ker}(f) \leqslant G_1$。

任意 $a \in \mathrm{Ker}(f), b \in G_1$，则

$$f(b^{-1}ab) = f(b^{-1}) f(a) f(b) = f(b)^{-1} f(b) = e_2.$$

所以 $b^{-1}ab \in \mathrm{Ker}(f)$。故 $\mathrm{Ker}(f)$ 是 G_1 的正规子群。

定义 $\overline{f}$：$G_1/\mathrm{Ker}(f) \to G_2$ 为 $\overline{f}\big(a\mathrm{Ker}(f)\big) = f(a)$。下面证明 $\overline{f}$ 是群同构。

(1) 若 $a\mathrm{Ker}(f) = b\mathrm{Ker}(f)$，则 $b^{-1}a \in \mathrm{Ker}(f)$。所以 $f(b^{-1}a) = e_2$，即 $f(b)^{-1} f(a) = e_2$ 或 $f(a) = f(b)$。此即 $\overline{f}\big(a\mathrm{Ker}(f)\big) = \overline{f}\big(b\mathrm{Ker}(f)\big)$。故 $\overline{f}$ 为映射。

(2) $\overline{f}\big(a\mathrm{Ker}(f) \cdot b\mathrm{Ker}(f)\big) = \overline{f}\big(ab\mathrm{Ker}(f)\big) = f(ab) = f(a)f(b) = \overline{f}\big(a\mathrm{Ker}(f)\big)\overline{f}\big(b\mathrm{Ker}(f)\big)$。故 $\overline{f}$ 为同态。

(3) $\overline{f}$ 显然是满射。

(4) 若 $\overline{f}(a\mathrm{Ker}(f)) = \overline{f}(b\mathrm{Ker}(f))$，即 $f(a) = f(b)$，则 $f(b^{-1}a) = e_2$。从而 $b^{-1}a \in \mathrm{Ker}(f)$，故 $a\mathrm{Ker}(f) = b\mathrm{Ker}(f)$，$\overline{f}$ 为单射。因此 $\overline{f}$ 为群同构。

$\mathrm{Ker}(f)$ 称为同态映射 f 的**核**。由定理 5.15 的证明可知，同态映射 f：$G_1 \to G_2$ 的核 $\mathrm{Ker}(f)$ 是 G_1 的正规子群。

例 5.28 $f: \mathbb{Z} \to \mathbb{Z}_m$, $f(a) = [a]$ 是群的满同态（加法群）。容易计算 $\mathrm{Ker}(f) = \{mk | k \in \mathbb{Z}\} = m\mathbb{Z}$。由定理 5.14，$\mathbb{Z}/m\mathbb{Z} \simeq \mathbb{Z}_m$。

例 5.29　在 5.4 节的例 5.24 中，$S_4=(1)K_4\cup(12)K_4\cup(13)K_4\cup(23)K_4\cup(123)K_4\cup(132)K_4$。定义 $f: S_4\to S_3$ 为 $f(\tau)=\sigma$ 当 $\tau\in\sigma K_4$ 时，这里 $\tau\in S_4$，$\sigma\in S_3$。容易验证 f 是群同态映射。$\mathrm{Ker}(f)=K_4$。故 $S_4/K_4\simeq S_3$。

习　　题

1. 设 N 是 G 的正规子群，$|N|=2$，证明 $N\subseteq C(G)$。这里 $C(G)$ 是 G 的中心。

2. 设 N 是 G 的子群，且 $[G:N]=2$，证明 N 是 G 的正规子群。

3. 若 $N\lhd G$，$H\lhd G$，证明 $N\cap H\lhd G$，$NH\lhd G$。

4. 若 N 是 G 的子群，$[G:N]=m$，且 G 的指数为 m 的子群只有一个，证明 N 是 G 的正规子群。

5. 群 G 的形如 $a^{-1}b^{-1}ab$ 的元称为 G 的一个**换位子**，记成 $[a,b]$，记 $[G,G]$ 为 G 的所有换位子生成的子群。证明:

(1) $[G,G]$ 是 G 的正规子群;

(2) $G/[G,G]$ 是交换群;

(3) 若 $N\lhd G$，且 G/N 是交换群，则 $[G,G]\subset N$。

6. 证明 Hamilton 四元数群的每个子群都是正规子群。

7. 找出一个群同态 φ: $4\mathbb{Z}\to\mathbb{Z}_5$，并求其核 $\mathrm{Ker}\varphi$。

8. 设 f 是从 G_1 到 G_2 的群同态映射，证明 f 是单同态的充分必要条件是 $\mathrm{Ker}(f)=\{e\}$。

9. 试举一个反例说明正规子群不具有传递性，即 H 是 K 的正规子群，K 是 G 的正规子群，但 H 不是 G 的正规子群。

§5.6　循　环　群

在本章的最后一节，介绍一类特殊的群，这类群是比较常见的，其结构也很简单，这就是循环群。

设 G 是群，$a\in G$，令 $<a>=\{a^k|k\in\mathbb{Z}\}$，它是由 a 生成的 G 的子群。

定义 5.11　设 G 是一个群，若有一个元素 $a\in G$，使得 $<a>=G$，则称 G 为循环群。

例 5.30　整数加群 $(\mathbb{Z},+)$ 就是由 1 或 -1 生成的循环群。

若 $G=<a>$，则称 a 为 G 的一个生成元。当 $o(a)=m$ 为有限整数时，$G=\{e, a, a^2, \cdots, a^{m-1}\}$；当 $o(a)=0$ 时，$G=\{\cdots, a^{-k}, \cdots, a^{-1}, e, a, \cdots, a^r, \cdots\}$。

例 5.31　整数模 m 加群 $(\mathbb{Z}_m,+)$ 也可由 1 的同余类 $[1]$ 生成，故 $(\mathbb{Z}_m,+)$ 也是一个循环群。

例 5.32　$H=\{(1),(123),(132)\}$ 作为 S_3 的子群是由 (123) 生成的一个循环群。

定理 5.15 设 G 是由 a 生成的循环群，则

(1) 若 $o(a)=0$，则 $G\simeq(\mathbb{Z},+)$；

(2) 若 $o(a)=m\neq 0$，则 $G\simeq(\mathbb{Z}_m,+)$。

证明 定义 φ：$\mathbb{Z}\to G$，$\varphi(k)=a^k$。则 φ 是一个满射。又

$$\varphi(m+n)=a^{m+n}=a^{m+n}=a^m\cdot a^n=\varphi(m)\cdot\varphi(n),$$

故 φ 是一个群同态。

(1) 若 $o(a)=0$，$n\in\mathrm{Ker}\varphi$，则 $\varphi(n)=a^n=e$，故 $n=0$，即 $\mathrm{Ker}\varphi=\{0\}$，所以由定理 5.14，$\mathbb{Z}=\mathbb{Z}/\{0\}\simeq G$。

(2) 若 $o(a)=m$，$n\in\mathrm{Ker}\varphi$，则 $\varphi(n)=a^n=e$。设

$$n=qm+r,\quad 0\leqslant r<m,$$

则 $e=a^n=(a^m)^q\cdot a^r$。由阶的定义，$r=0$，所以 $m|n$。反之，若 $m|n$，则有 $a^n=e$。故 $\mathrm{Ker}\varphi=\{mk\,|\,k\in\mathbb{Z}\}=m\mathbb{Z}$。由定理 5.14，$\mathbb{Z}_m=\mathbb{Z}/m\mathbb{Z}\simeq G$.

下面看一下循环群生成元的情况。

设 $G=<a>$ 是 n 阶循环群，则 G 中的元素都是 a^k 的形式，其中 $1\leqslant k\leqslant n$。a^k 是 G 的生成元当且仅当 a^k 的阶为 n，这是因为 $<a^k>$ 是 G 的子群，且所含元素的个数正好等于 a^k 的阶。

设 G 是一个群，$a\in G$，$o(a)=n$，k 是一个正整数，则 $a^k=e$ 当且仅当 $n|k$。事实上，如果 $n|k$，不妨设 $k=nt$，则 $a^k=(a^n)^t=e$。反之，如果 $a^k=e$，设 $k=nq+r$，$0\leqslant r<n$，则 $e=a^k=(a^n)^q\cdot a^r=a^r$。由元素阶的定义可知 $r=0$，即 $n|k$。

定理 5.16 设 $G=<a>$ 是 n 阶循环群，k 是一个正整数，则 $o(a^k)=\dfrac{n}{(k,n)}$。

证明 由定理的假设可知 $o(a)=n$，而 $n\Big|k\cdot\dfrac{n}{(k,n)}$，所以

$$\left(a^k\right)^{\frac{n}{(k,n)}}=a^{k\cdot\frac{n}{(k,n)}}=1.$$

若 $\left(a^k\right)^s=1$，则 $n|k\cdot s$，从而

$$\frac{n}{(k,n)}\Bigg|\frac{k}{(k,n)}\cdot s,$$

由 $\dfrac{n}{(k,n)}$ 与 $\dfrac{k}{(k,n)}$ 互素，可得 $\dfrac{n}{(k,n)}\Bigg|s$。由此，$\dfrac{n}{(k,n)}$ 是最小的正整数，使得 $\left(a^k\right)^{\frac{n}{(k,n)}}=1$，故 $o(a^k)=\dfrac{n}{(k,n)}$。

由定理 5.16，a^k 是 G 的生成元，当且仅当 $(k,n)=1$。因此 G 有 $\varphi(n)$ 个生成元 $a^k,0<k<n$，$(k,n)=1$。

例 5.33 加法群 $\mathbb{Z}_{36}$ 是一个循环群，[1] 是生成元。则由定理 5.16，[6] 的加法阶为 $\dfrac{36}{(6,36)}=6$，[8] 的阶为 $\dfrac{36}{(8,36)}=9$。

例 5.34　设 p 是素数，$\mathbb{Z}_p = \{[0], [1], \cdots, [p-1]\}$ 是整数模 p 的剩余类集。令 $\mathbb{Z}_p^* = \{[1], [2], \cdots, [p-1]\}$。$\mathbb{Z}_p^*$ 关于乘法：$[a] \cdot [b] = [a \cdot b]$ 构成一个群。由定理 2.18，模 p 有原根，故 $\mathbb{Z}_p^*$ 是一个循环群。$\mathbb{Z}_p^*$ 的生成元即为模 p 的原根，共有 $\varphi(p-1)$ 个。要找出生成元，可按求原根的办法先求出一个，然后用定理 5.16 可找出所有的 $\varphi(p-1)$ 个生成元。

由定理 5.15，循环群在同构的意义下只有两种：$\mathbb{Z}$ 和 $\mathbb{Z}_m$。

定理 5.17　*设 $G = < a >$ 是由 a 生成的循环群，H 是 G 的子群，则 H 也是循环群。*

证明　显然 H 中的元素都是 a^k 的形式，且当 $a^k \in H$ 时，$a^{-k} \in H$。若 $H = \{e\}$，则结论显然成立，否则设

$$r = \min\{k \mid k > 0, a^k \in H\}.$$

若 $a^m \in H$，不妨设 $m \geqslant 0$。令 $m = rq + t, 0 \leqslant t < r, t, q \in \mathbb{Z}$。如果 $t \neq 0$，则

$$a^t = a^m \cdot \left(a^r\right)^{-q} \in H,$$

这与 r 的选取矛盾，所以 $m = rq$。又显然对任意的 k，$a^{rk} \in H$，故 $H = < a^r >$。

习　　题

1. 设 $G = < a >$ 是 n 阶循环群，证明 $G = \langle a^r \rangle$，这里 $(r, n) = 1$。

2. 若 G 是一个素数阶群，证明 G 是循环群。

3. 若 G 是一个群，令 $G^{(m)} = \{a^m | a \in G\}$。证明：如果 G 是循环群，则对任意正整数 m，$G^{(m)}$ 均是 G 的子群。

4. 设 G 是 pq 阶交换群，$(p, q) = 1$。如果 $a, b \in G$, $o(a) = p$, $o(b) = q$，证明 G 是循环群。

5. G 是 n 阶循环群，$k|n$，证明 G 有且仅有一个 k 阶子群。

6. 设 G 是一个 n 阶循环群，证明 G 恰好有 $\varphi(n)$ 个生成元。

7. 证明循环群的商群是循环群。

8. 若 G 是群，$G/C(G)$ 是循环群，证明 G 是交换群。

第6章　环

群是具有一个代数运算的代数对象，但在实际中经常会遇到含有多个代数运算的代数结构，如整数集 $\mathbb{Z}$ 上不仅有加法，还有乘法；再如实数域上的多项式集 $\mathbb{R}[x]$ 上不仅有加法，还有多项式的乘法等。本章介绍具有两个代数运算的代数结构 —— 环。本章分 4 节，第 1 节介绍环的概念及其基本性质，第 2 节介绍理想和商环的概念，第 3 节介绍多项式环，其中包括多项式环中理想的结构，多项式环的商环的结构，构造多项式的 Lagrange 插值公式，以及整系数不可约多项式判断的 Eisenstein 判别法, 第 4 节介绍基于 Lagrange 插值公式的秘密共享方案。

§6.1　环的定义

定义 6.1　*设 R 是一个非空集合, 在 R 上定义两种代数运算 "+" 和 "·", 分别称为加法和乘法, 并且满足下列条件:*

1. *$(R,+)$ 是一个交换群, 即 $(R,+)$ 是一个群, 且对任意 $a,b\in R$, 有 $a+b=b+a$;*
2. *R 关于乘法 $(\cdot)$ 适合结合律, 即对任意 $a,b,c\in R$, 有*
$$(a\cdot b)\cdot c=a\cdot(b\cdot c);$$
3. *分配律成立, 即任意 $a,b,c\in R$, 有*
$$a\cdot(b+c)=a\cdot b+a\cdot c,\qquad (b+c)\cdot a=b\cdot a+c\cdot a.$$

则称 R 关于 "+" 和 "·" 构成一个环, 记成 $(R,+,\cdot)$, 或简记成环 R。

例 6.1　整数集 $\mathbb{Z}$ 关于整数的加法、乘法构成一个环。

例 6.2　设 $F[x]$ 表示数域 F 上的所有一元多项式组成的集合，$F[x]$ 关于多项式的加法和乘法构成一个环。

例 6.3　$M_n(\mathbb{R})$ 表示实数域上 n 阶矩阵的全体，$M_n(\mathbb{R})$ 关于矩阵的加法和乘法构成一个环。

在环 R 中, 加法的单位元称为**零元**, 记为 0; $a\in R$ 关于加法的逆元称为 a 的**负元**, 记为 $-a$。如果环 R 的乘法适合交换律，即 $ab=ba$ 对任意 $a,b\in R$ 都成立，那么称 R 为**交换**

环。

由于环中对乘法并不要求构成群，故对乘法来说不一定有单位元。若环 R 关于乘法有单位元，则称 R 是**有单位元的环**，并用 1 表示该环的单位元。

定理 6.1　设 R 是一个环，$a, b \in R, m, n$ 是正整数，则

1. $a \cdot 0 = 0 \cdot a = 0$;
2. $a(-b) = (-a)b = -(ab)$;
3. $m(ab) = (ma)b = a(mb)$;
4. $a^m \cdot a^n = a^{m+n}$;
5. $(a^m)^n = a^{mn}$。

证明　这里只证 1 和 2，其余留给读者证明。

1. 由分配律

$$a \cdot 0 = a(0+0) = a \cdot 0 + a \cdot 0,$$

两边同加上 $-(a \cdot 0)$ 可得 $0 = a \cdot 0$。同理可证 $0 \cdot a = 0$。

2. 由 $a(-b) + ab = a(-b+b) = 0$，可得

$$a(-b) = -(ab).$$

同理可得 $(-a)b = -(ab)$。

例 6.4　设 $\mathbb{Z}_n = \{[0], [1], \cdots, [n-1]\}$ 为整数模 n 的剩余类构成的集合，由 §2.2 节，$\mathbb{Z}_n$ 上定义有加法和乘法：

$$[a] + [b] = [a+b], \qquad [a] \cdot [b] = [a \cdot b]。$$

容易看出，$\mathbb{Z}_n$ 关于上述加法和乘法构成一个有单位元 [1] 的交换环，称为**整数模 n 的剩余类环**。

定义 6.2　设 $(R, +, \cdot)$ 是一个环，如果存在 $a, b \in R$, $a \neq 0$, $b \neq 0$，但 $ab = 0$，那么称 R 是有零因子环，否则称 R 是无零因子环。

在例 6.4 中，如果 $n = 6$，则在 $\mathbb{Z}_6$ 中，$[2] \neq [0]$, $[3] \neq [0]$，但 $[2] \cdot [3] = [0]$，故 $\mathbb{Z}_6$ 是有零因子环；容易看出整数环 $\mathbb{Z}$ 是无零因子环。

定理 6.2　设 R 是无零因子环，那么

1. 若 $a \neq 0$, $ab = ac$，则 $b = c$;
2. 若 $a \neq 0$, $ba = ca$，则 $b = c$。

证明　由 $ab = ac$，可得 $a(b-c) = 0$，因 $a \neq 0$，且 R 无零因子，故 $b = c$，即左消去律成立。同理可证右消去律成立。

定义 6.3　设 R 是一个环，如果 R 是有单位元的，交换的，无零因子环，则称 R 是整环。

整数环，数域 F 上的多项式环都是整环。当 n 是合数时，$\mathbb{Z}_n$ 不是整环；当 n 是素数时 (这时 $\widetilde{\mathbb{Z}_n} = \mathbb{Z}_n \setminus \{0\}$ 关于同余类乘法构成一个群，见例 5.5)，$\mathbb{Z}_n$ 是整环。

如果 R 是有单位元的环，$a \in R$，若存在 $b \in R$，使得 $ab = ba = 1$，则称 a 是**可逆元**，b 称为 a 的**逆元**，易证逆元唯一，记为 a^{-1}。

定义 6.4 设 R 是至少含有两个元素的环，如果 R 中每个非零元均可逆，则称 R 是一个除环，交换的除环称为域。

例 6.5 设 p 为素数，则 $(\mathbb{Z}_p, +, \cdot)$ 是一个域。事实上，$\mathbb{Z}_p$ 是一个有单位元的交换环，若 $[a] \neq [0]$，则 $(a, p) = 1$，故可找到整数 s, t，使得

$$as + pt = 1,$$

此即

$$[a][s] = [1],$$

故 $[a]$ 可逆。从而 $\mathbb{Z}_p$ 是一个域。

由定义可知，除环中所有的非零元构成的集合关于乘法构成一个群，同样在域中，所有非零元关于乘法构成一个交换群。

定理 6.3 设 R 是一个无零因子环，则 R 中非零元的加法阶相等，或为 0，或为有限素数。

证明 设 $a, b \in R$ 是非零元，a 的加法阶为 m，b 的加法阶为 n。则由

$$0 = (ma)b = a(mb),$$

可得 $mb = 0$，故 $m \geqslant n$。同理可得 $n \geqslant m$，所以 $m = n$，即所有非零元的加法阶相等。

当非零元的加法阶为有限数 m 时，若 m 不是素数，则 $m = m_1 m_2$，这里 $m_1, m_2 < m$。取 $a \in R$, $a \neq 0$，则

$$0 = ma \cdot a = (m_1 a) \cdot (m_2 a).$$

由 R 是无零因子环，可得

$$m_1 a = 0 \quad 或 \quad m_2 a = 0,$$

矛盾，假设不成立。

定义 6.5 设 R 是无零因子环，当 R 的加法群 $(R, +)$ 中非零元的阶为 0 时，称 R 的特征为零，记为 $\mathrm{Char}R = 0$；当 $(R, +)$ 中非零元的加法阶为素数 p 时，称 R 的特征为 p。记为 $\mathrm{Char}R = p$。

容易知道，$\mathrm{Char}\mathbb{Z} = 0$，$\mathrm{Char}\mathbb{Z}_p = p$，$\mathrm{Char}F[x] = 0$（$F$ 为数域）。

习　　题

1. 设 $\mathbb{Z}[i] = \{a + bi \mid a, b \in \mathbb{Z}, i^2 = -1\}$，证明：$\mathbb{Z}[i]$ 关于复数的加法和乘法构成一个环。

2. 设 R 是特征 p 的无零因子交换环，证明：$(a+b)^p = a^p + b^p$ 对任意 $a, b \in R$ 都成立。

3. 设 $F[x]$ 是数域 F 上的一元多项式集合，现对 $F[x]$ 定义乘法“$\circ$”为

$$f(x) \circ g(x) = f\big(g(x)\big)。$$

问 $F[x]$ 关于多项式的加法和如上定义的乘法"$\circ$"是否构成环?

4. 在环 R 中，$(a+b)^n\,(a,b\in R)$ 的展开式是否适用牛顿二项式定理? 在什么条件下可用?

5. 如果环 R 的加法群是循环群，证明 R 是交换环。

6. 设 a 是环 R 中的可逆元，证明 a 的逆元唯一。

7. 设 $F=\{a+bi\,|\,a,b\in\mathbb{Q},i^2=-1\}$，证明 F 关于数的加法和乘法构成一个域。

8. 证明: 一个至少有两个元且没有零因子的有限环是一个除环。

9. 证明: $(\mathbb{Z}_n,+,\cdot)$ 是域的充分必要条件是 n 为素数。

10. 设 F 是一个有四个元素的域，证明:

(1) $\mathrm{Char}F=2$;

(2) F 的不等于 0,1 的两个元素都是方程 $x^2=x+1$ 的解。

11. 设 a,n 为正整数，$(a,n)=1$，利用环的知识证明:

$$a^{\varphi(n)}\equiv 1\pmod p。$$

12. 设 a,p 为正整数，p 为素数，利用环的知识证明:

$$a^{p-1}\equiv 1\pmod p$$

§6.2　子环、理想和商环

定义 6.6　设 $(R,+,\cdot)$ 是一个环，S 是 R 的非空子集，如果 S 关于 R 的运算也构成环，则称 S 是 R 的子环。

整数环 $\mathbb{Z}$ 是有理数环 $\mathbb{Q}$ 的子环; 若 m 为正整数，$(m\mathbb{Z},+,\cdot)$ 是整数环 $\mathbb{Z}$ 的子环; 数域 F 上常数项为 0 的多项式全体构成多项式环 $F[x]$ 的一个子环。

定理 6.4　设 S 是环 R 的非空子集，则 S 是 R 的子环的充分必要条件为: 对任意 $a,b\in S$，均有 $a-b\in S$, $ab\in S$。

证明　若 S 是 R 的子环，则上述条件是显然成立的。

反之，若任意 $a,b\in S$ 均有 $a-b\in S$, $ab\in S$，则由子群判定定理 5.2，S 关于"+"构成 $(R,+)$ 的子群，且 S 上有乘法"$\cdot$"，结合律、分配律显然也成立，故 S 是 R 的子环。

由定理 6.4 的证明可知，子环中的零元，以及任一元的负元与 R 中相应的元是一致的。

与正规子群相对应，在环中有如下定义。

定义 6.7　设 $(R,+,\cdot)$ 是环，I 是 R 的一个子环，如果对任意的 $a\in I$ 和任意的 $r\in R$，均有 $ra\in I$, $ar\in I$，则称 I 是 R 的一个理想。

一个环至少有两个理想，即环 R 本身及 $\{0\}$。这两个理想称为环 R 的**平凡理想**。

例 6.6　$m\mathbb{Z}=\{mk|k\in\mathbb{Z}\}$ 是整数环 $\mathbb{Z}$ 的理想。

例 6.7 $F[x]$ 为数域 F 上的一元多项式环，$I=\{a_1x+a_2x^2+\cdots+a_nx^n|a_i\in F,n\in\mathbb{N}\}$，即 I 是由所有常数项为 0 的多项式构成的集合，则 I 是 $F[x]$ 的理想。

定理 6.5 设 $K_i, i\in A$ 是环 R 的理想簇，其中 A 是某个指标集，则 $\bigcap\limits_{i\in A}K_i$ 是环 R 的理想。

证明 显然 $\bigcap\limits_{i\in A}K_i$ 非空 (因为 $0\in\bigcap\limits_{i\in A}K_i$)。

若 $a,b\in\bigcap\limits_{i\in A}K_i$，则对任意 $i\in A$, $a-b\in K_i$, $ab\in K_i$，从而 $a-b\in\bigcap\limits_{i\in A}K_i$, $ab\in\bigcap\limits_{i\in A}K_i$，故 $\bigcap\limits_{i\in A}K_i$ 是 R 的子环。

对任意 $r\in R$, $i\in A$，则 $ra\in K_i$, $ar\in K_i$，从而 $ra,ar\in\bigcap\limits_{i\in A}K_i$。故 $\bigcap\limits_{i\in A}K_i$ 是 R 的理想。

由 R 中一个元素 a 生成的理想称为**主理想**，记为 (a)，则

$$(a)=\left\{\sum x_iay_i+sa+at+na\,|\,x_i,y_i,s,t\in R,\,n\in\mathbb{Z}\right\},$$

其中和式 $\sum$ 为有限和。当 R 是交换环时，

$$(a)=\{ra+na\,|\,r\in R,n\in\mathbb{Z}\}.$$

当 R 是有单位元的交换环时，

$$(a)=\{ra\,|\,r\in R\}.$$

例 6.6 中的理想 $m\mathbb{Z}$，它可由一个元 m 生成，即 $(m)=m\mathbb{Z}$，例 6.7 中的理想 I 也可由一个元生成，即 $I=(x)$。

定理 6.6 整数环 $\mathbb{Z}$ 中任一理想都是主理想。

证明 设 I 是 $\mathbb{Z}$ 中任一理想，d 为 I 中最小的正整数。设 a 为 I 中任一整数，则存在整数 b 和 $r(0\leqslant r<d)$，使

$$a=bd+r.$$

易见 $r=a-bd$ 也是 I 中的整数。因 d 是 I 中最小的正整数，故 $r=0$，从而 $a=bd$ 是 d 的倍数，可见 $I\subset(d)$。另一方面，d 的任一倍数也都属于 I，所以 $I=(d)$。

设 I 是环 R 的理想，则 $(I,+)$ 是 $(R,+)$ 的正规子群。因此有商群 $R/I=\{x+I\,|\,x\in R\}$。在 R/I 中的加法为

$$(x+I)+(y+I)=(x+y)+I.$$

定理 6.7 设 I 是环 R 的理想，在加法商群 R/I 上定义如下的乘法：

$$(x+I)\cdot(y+I)=(xy)+I,$$

则上述定义是 R/I 上的一个乘法运算，且 R/I 关于加法，乘法构成一个环。

证明 若 $x_1+I=x_2+I$, $y_1+I=y_2+I$，则 $x_1-x_2\in I$, $y_1-y_2\in I$，所以 $x_1=x_2+r$, $y_1=y_2+t$，其中 $r,t\in I$。于是

$$x_1y_1 = x_2y_2 + ry_2 + x_2t + rt.$$

由 I 是理想，得 $ry_2 + x_2t + rt \in I$。故 $x_1y_1 - x_2y_2 \in I$，此即

$$(x_1y_1) + I = (x_2y_2) + I.$$

这证明了乘法定义是合理的。

容易验证 R/I 关于上述加法，乘法构成一个环。

环 R/I 称为 R 关于理想 I 的**商环**。

例 6.8　$I = (n)$ 是整数环 $\mathbb{Z}$ 的一个理想，商环 $\mathbb{Z}/(n) = \{k + (n) \,|\, k \in \mathbb{Z}\} = \{k + (n) \,|\, 0 \leqslant k \leqslant n-1\} = \{[0], [1], \cdots, [n-1]\}$。故商环 $\mathbb{Z}/(n)$ 就是整数模 n 的剩余类环 $\mathbb{Z}_n$。

例 6.9　(x) 是环 $F[x]$ 的理想，则 $F[x]/(x) = \{f(x) + (x) \,|\, f(x) \in F[x]\} = \{a + (x) \,|\, a \in F\}$。

在商环 R/I 中，为方便起见，以后都将 $x + I$ 记成 $\overline{x}$。

定义 6.8　设 R 和 R' 是两个环，ϕ 是 R 到 R' 的一个映射，如果对任意 $a, b \in R$，均有

$$\phi(a+b) = \phi(a) + \phi(b), \quad \phi(ab) = \phi(a)\phi(b),$$

那么称 ϕ 是从 R 到 R' 的一个环同态映射。

若 ϕ 是单射，又是同态，则 ϕ 称为单同态；若 ϕ 是满射，又是同态，则称 ϕ 为满同态；若 ϕ 既是单射又是满射的同态，则称 ϕ 为同构，记成 $R \simeq R'$，此时也称环 R 与环 R' 是同构的。

在例 6.9 中，$F[x]/(x) = \{a + (x) \,|\, a \in F\} \overset{\phi}{\simeq} F$，其中 ϕ 定义为

$$\phi(a + (x)) = a.$$

很容易验证 ϕ 的合理性，以及 ϕ 是一个同构映射。

例 6.10　设 $f\colon \mathbb{Z} \to \mathbb{Z}_n$ 是整数环到整数模 n 的剩余类环的映射，$f(n) = [n]$。容易看出，对任意 $n_1, n_2 \in \mathbb{Z}$，

$$\begin{aligned} f(n_1 + n_2) &= [n_1 + n_2] \\ &= [n_1] + [n_2] \\ &= f(n_1) + f(n_2), \\ f(n_1n_2) &= [n_1n_2] \\ &= [n_1][n_2] \\ &= f(n_1)f(n_2), \end{aligned}$$

且 f 是满射，故 f 是一个满同态。

定理 6.8 (环同态基本定理)　设 f 是从环 R 到环 R' 的一个满同态，那么 f 的核 $\mathrm{Ker}(f) = \{a \in R \,|\, f(a) = 0\}$ 是 R 的理想，且 $R/\mathrm{Ker}(f) \simeq R'$。

证明　任意 $a, b \in \mathrm{Ker}(f)$，则

$$f(a-b) = f(a) - f(b) = 0, \quad f(ab) = f(a)f(b) = 0,$$

所以 $a-b \in \mathrm{Ker}(f), ab \in \mathrm{Ker}(f)$。从而 $\mathrm{Ker}(f)$ 是环 R 的子环。

任意 $a \in \mathrm{Ker}(f), r \in R$，则

$$f(ra)=f(r)f(a)=0, \quad f(ar)=f(a)f(r)=0,$$

所以 $ra \in \mathrm{Ker}(f), ar \in \mathrm{Ker}(f)$。故 $\mathrm{Ker}(f)$ 是 R 的理想。

定义 $\overline{f}$：$R/I \to R'$，任意 $\overline{a} \in R/I$，$\overline{f}(\overline{a})=f(a)$。下面证明 $\overline{f}$ 是一个同构映射。

(1) 若 $\overline{a}=\overline{b}$，即 $a-b \in \mathrm{Ker}(f)$，故 $f(a)=f(b)$，即 $\overline{f}(\overline{a})=\overline{f}(\overline{b})$，所以 $\overline{f}$ 是映射。

(2)

$$\begin{aligned}
\overline{f}(\overline{a}+\overline{b}) &= \overline{f}(\overline{a+b}) \\
&= f(a+b) \\
&= f(a)+f(b) \\
&= \overline{f}(\overline{a})+\overline{f}(\overline{b}), \\
\overline{f}(\overline{a}\cdot\overline{b}) &= \overline{f}(\overline{a\cdot b}) \\
&= f(ab) \\
&= f(a)f(b) \\
&= \overline{f}(\overline{a})\cdot\overline{f}(\overline{b}),
\end{aligned}$$

故 $\overline{f}$ 是同态映射。

(3) $\overline{f}$ 显然是满射，又若 $\overline{f}(\overline{a})=\overline{f}(\overline{b})$，则

$$\begin{aligned}
0 &= \overline{f}(\overline{a}-\overline{b}) \\
&= f(a-b),
\end{aligned}$$

所以 $a-b \in \mathrm{Ker}(f)$，从而有 $\overline{a}=\overline{b}$。故 $\overline{f}$ 是单射。因此 $\overline{f}$ 是一个环同构映射。

设 R 是一个环，I 是 R 的理想，则从 R 到 R/I 总有一个满同态 ϕ：$\phi(a)=a+I$。称 ϕ 为自然同态。

定义 6.9 设 P 是环 R 的一个理想，若任意 $a,b \in R$，且 $ab \in P$，都有 $a \in P$ 或 $b \in P$，则称 P 是 R 的一个素理想。

定义 6.10 设 M 是环 R 的一个理想，若 R 中任一理想 I，满足 $I \supset M, I \neq M$，均有 $I=R$，则称 M 是 R 的一个极大理想。

例 6.11 设 p 是一个素数，$M=(p)$ 是整数环 $\mathbb{Z}$ 中由素数 p 生成的理想，则 M 不仅是 $\mathbb{Z}$ 的一个素理想，而且是 $\mathbb{Z}$ 的一个极大理想。事实上，若 $ab \in (p)$，则有整数 r，使得 $ab=pr$。由 p 是素数，可得 $p|a$ 或 $p|b$，即 $a \in (p)$ 或 $b \in (p)$，故 $M=(p)$ 是素理想。另外，若 $I \supset (p), I \neq (p)$ 是 R 的一个理想，则存在整数 $r \in I$，$r \notin (p)$，故 $(r,p)=1$。利用辗转相除法，可找到整数 $s,t \in \mathbb{Z}$，使得

$$rs+pt=1.$$

由此可知 $1 = rs + pt \in I$，从而 $I = R$。故 (p) 是一个极大理想。

定理 6.9　设 R 是一个有单位元的交换环，I 是 R 的理想。

(1) 若 I 是 R 的素理想，则 R/I 是一个整环；

(2) 若 I 是 R 的极大理想，则 R/I 是一个域。

证明　(1) 若 I 是 R 的素理想，$\overline{a},\overline{b} \in R/I$，$\overline{a} \cdot \overline{b} = \overline{0}$，则 $ab \in I$。由 I 是素理想，$a \in I$ 或 $b \in I$，即 $\overline{a} = \overline{0}$ 或 $\overline{b} = \overline{0}$。故 R/I 没有零因子。显然 R/I 是有单位元的交换环，所以 R/I 是整环。

(2) 若 I 是 R 的极大理想，$\overline{a} \in R/I, \overline{a} \neq \overline{0}$，则 $a \notin I$。考虑 R 的由 a 和 I 生成的理想 M，由于 I 是极大理想，所以 $M = R$，故有 $r \in R, s \in I$ 使

$$1 = ar + s,$$

因此，在商环 R/I 中有 $\overline{1} = \overline{a} \cdot \overline{r}$，即 $\overline{a}$ 在 R/I 中可逆。而 R/I 是交换环，故 R/I 是域。

由定理 6.9 及例 6.11，若 p 是素数，则 $\mathbb{Z}/(p)$ 是一个域，这个事实已在例 6.5 中被证明了。

习　　题

1. 找出 $\mathbb{Z}_6$ 的所有理想。

2. 设 F 是域，问 $F[x]$ 中的主理想 (x^2) 含有哪些元？$F[x]/(x^2)$ 含有哪些元？

3. 设 $\mathbb{Z}[x]$ 为整数环上的一元多项式环，问理想 $(2, x)$ 由哪些元素组成？$(2, x)$ 是否是主理想？

4. 设 p, q 是两个不同的素数，试求 $(p)\bigcap(q)$ 是 $\mathbb{Z}$ 的怎样一个理想？

5. 设 $R = \{a + bi \,|\, a, b \in \mathbb{Z}\}$，$I = (1 + i)$，求商环 R/I。

6. 设 $f: R \to S$ 是环同态满射，证明：

(1) 若 T 是 R 的一个子环，则 $f(T)$ 是 S 的一个子环；

(2) 若 I 是 R 的一个理想，则 $f(I)$ 是 S 的一个理想；

(3) 若 T' 是 S 的一个子环，则 $f^{-1}(T') = \{a \in R \,|\, f(a) \in T'\}$ 是 R 的一个子环；

(4) 若 I' 是 S 的一个理想，则 $f^{-1}(I') = \{a \in R \,|\, f(a) \in I'\}$ 是 R 的一个理想。

7. 设 $f: R \to S$ 是环的满同态，其核为 K，证明：

(1) 如果 P 是 R 的包含 K 的一个素理想，那么 $f(P)$ 是 S 的素理想；

(2) 如果 Q 是 S 的素理想，那么 $f^{-1}(Q) = \{a \in R \,|\, f(a) \in Q\}$ 是 R 的素理想，且包含 K。

8. 设 I 是环 R 的一个理想，证明从 R 到 R/I 有一个满同态映射。

9. 设 I, J 是环 R 的理想，定义 $I + J = \{a + b \,|\, a \in I, b \in J\}$，证明 $I + J$ 是 R 的理想。

10. 设 I, J 是环 R 的理想，定义 $I \cdot J = \{\sum\limits_{i=1}^{t} a_i b_i \,|\, a_i \in I, b_i \in J, t\text{是正整数}\}$。证明 $I \cdot J$ 是 R 的一个理想。

11. 设 $R=2\mathbb{Z}$ 为偶数环，

(1) 证明 $Z=\{4k\,|\,k\in\mathbb{Z}\}$ 是 R 的理想，$I=(4)$ 对吗？

(2) 证明 (4) 是 R 的一个极大理想，$R/(4)$ 是不是域？

12. 设 I,J 是环 R 的理想，证明 $(I+J)/J\simeq I/I\bigcap J$。

13. 设 f 是从环 R 到 S 的一个同态映射，证明 f 是单同态的充分必要条件是 $\mathrm{Ker}(f)=\{0\}$。

14. 设 R 是一个有单位元的交换环，证明 $R[x]/(x^4+x^3+x+1)$ 不是域。

15. 环 R 中元 a 称为幂零的，如果有正整数 n，使得 $a^n=0$。证明在交换环 R 中，如果 a,b 都是幂零的，那么 $a+b$ 也是幂零的；证明 R 中所有幂零元构成 R 的一个理想。

§6.3 多项式环

定义 6.11 设 R 是有单位元的交换环，x 是一个不定元，形式和

$$a_0+a_1x+a_2x^2+\cdots+a_nx^n$$

（其中 $a_i\in R$, n 是非负整数）称为环 R 上的一个多项式。通常用符号 $f(x),g(x)$ 等表示多项式，R 上的多项式全体记成 $R[x]$。

在多项式 $f(x)=\sum\limits_{i=0}^{n}a_ix^i$ 中，a_i 称为 x^i 的系数，当 $a_i=0$ 时，规定 $a_ix^i=0$，这一项在 $f(x)$ 的表达式中可以不写。若 $a_n\neq 0$，则称 $f(x)$ 是n **次多项式**，记成 $\deg f(x)=n$，此时 a_n 称为 $f(x)$ 的**首项系数**。因此零次多项式为 $f(x)=a_0$, $a_0\neq 0$。0 多项式不定义次数。

设 $f(x)=\sum\limits_{i=0}^{n}a_ix^i$, $g(x)=\sum\limits_{i=0}^{m}b_ix^i$，如果 $m=n$，且 $a_i=b_i$, $i=1,2,\cdots,n$，则称 $f(x)$ 与 $g(x)$**相等**，记成 $f(x)=g(x)$。对环 R 上的两个多项式 $f(x)=\sum\limits_{i=0}^{n}a_ix^i$, $g(x)=\sum\limits_{i=0}^{m}b_ix^i$, $n\geqslant m$，定义

$$f(x)+g(x)=\sum_{i=0}^{n}(a_i+b_i)x^i,\quad f(x)\cdot g(x)=\sum_{i=0}^{m+n}c_ix^i,$$

其中，当 $i>m$ 时，$b_i=0$，$c_k=\sum\limits_{i+j=k}a_ib_j$。上述两式分别称为多项式 $f(x)$ 与 $g(x)$ 的**加法**和**乘法**。

定理 6.10 $R[x]$ 关于以上定义的加法和乘法构成一个环，且当 R 为整环时，$R[x]$ 也是整环。

证明 容易验证 $R[x]$ 关于上述加法和乘法构成一个有单位元的交换环。下面证明当 R 无零因子时 $R[x]$ 也无零因子。

设 $f(x)=\sum\limits_{i=0}^{n}a_ix^i$, $g(x)=\sum\limits_{i=0}^{m}b_ix^i$, $a_n\neq 0$, $b_m\neq 0$，若

$$f(x)g(x)=\sum_{i=0}^{m+n}c_ix^i,$$

则 $c_{n+m}=a_nb_m\neq 0$，故 $f(x)g(x)\neq 0$，$R[x]$ 无零因子。

由定理 6.10 的证明可知，如果 R 是整环，那么 $\deg f(x)g(x) = \deg f(x) + \deg g(x)$；如果 R 是有零因子环，那么上述结论一般不成立。

在实际中用得较多的是域和整数环上的多项式环。下面分别考虑这两种情况，首先假设 F 是一个域，F 上的多项式环记为 $F[x]$，F 是一个交换的除环，其中乘法单位元用 1 表示。

在 §1.6 节，讨论了有理数域上的多项式环 $\mathbb{Q}[x]$，它的很多性质在 $F[x]$ 中也都类似地成立。在 $F[x]$ 中同样有带余除法，可以引入整除、因子、最大公因子等概念，也可以利用辗转相除法（或称欧氏除法）计算两个多项式的最大公因子。具体地说有以下两个定理。

定理 6.11　设 $f(x), g(x) \in F[x]$，则存在 $q(x), r(x) \in F[x]$，使得

$$f(x) = q(x)g(x) + r(x),$$

其中 $r(x) = 0$ 或 $\deg r(x) < \deg g(x)$。

定理 6.12　设 $f(x), g(x) \in F[x]$，$(f(x), g(x))$ 为 $f(x)$ 和 $g(x)$ 的最大公因子，则存在 $m(x), n(x) \in F[x]$，使得

$$(f(x), g(x)) = m(x)f(x) + n(x)g(x).$$

若 $\min(\deg f(x), \deg g(x)) = n$，则辗转相除中，最多经过 n 次带余除法就可以求出 $(f(x), g(x))$。

定理 6.13　$F[x]$ 中任一理想都是主理想。

证明　设 I 是 $F[x]$ 中的一个理想，若 $I = \{0\}$，则结论成立。否则，设 $d(x)$ 是 I 中次数最低的一个多项式。任意 $f(x) \in I$，由定理 6.11，有 $q(x)$, $r(x) \in F[x]$，使得

$$f(x) = d(x)q(x) + r(x),$$

$r(x) = 0$ 或 $\deg r(x) < \deg d(x)$。

由上式，$r(x) = f(x) - d(x)q(x) \in I$，及 $d(x)$ 的次数是 $I(x)$ 中最低的，故 $r(x) = 0$，即 $d(x) | f(x)$。

反之，任意 $f(x) = d(x)q(x)$，都有 $f(x) \in I$，所以 $I = \big(d(x)\big)$。

设 $f(x), g(x) \in F[x]$, 由 $f(x)$ 和 $g(x)$ 生成的理想为

$$M = \{m(x)f(x) + n(x)g(x) | m(x), n(x) \in F[x]\}.$$

由定理 6.13，M 是一个主理想，即存在 $d(x) \in M$，使 $M = \big(d(x)\big)$，则 $d(x)$ 就是 $f(x)$ 和 $g(x)$ 的最大公因子。这实际上就是定理 1.13（因而也是定理 6.12）的证明。

定义 6.12　设 $f(x) \in F[x]$ 是一个次数大于零的多项式，若有次数大于零的多项式 $g(x)$ 和 $h(x)$，使得 $f(x) = g(x)h(x)$，则称 $f(x)$ 为可约多项式，否则称 $f(x)$ 为不可约多项式。

由定义，任何一次多项式都是不可约的。

类似于定理 1.15 关于 $\mathbb{Q}[x]$ 上的唯一因子分解，可以证明任一域 F 上的多项式均可以分解成不可约多项式的乘积，在不考虑相差一个域 F 中的非零因子及因子的次序，这种分解是唯一的。

定理 6.14 设 $F[x]$ 是域 F 上的一元多项式环，$f(x)\in F[x]$ 是一个次数大于零的不可约多项式，则 $\big(f(x)\big)$ 是 $F[x]$ 的极大理想，从而 $F[x]/\big(f(x)\big)$ 是一个域。

证明 设 $I\supset\big(f(x)\big), I\neq\big(f(x)\big)$ 是 $F[x]$ 的一个理想，则存在 $g(x)\in I, g(x)\notin\big(f(x)\big)$。由于 $f(x)$ 不可约，故 $f(x)$ 与 $g(x)$ 互素，利用辗转相除法，有 $u(x),v(x)\in F[x]$，

$$u(x)f(x)+v(x)g(x)=1,$$

故 $1\in I$，从而 $I=F[x]$，即 $\big(f(x)\big)$ 是 $F[x]$ 的极大理想。

设 I 是 $F[x]$ 中的任一理想，由定理 6.13，有 $f(x)\in F[x]$，使 $I=\big(f(x)\big)$。对任意 $g(x)\in F[x]$，设

$$g(x)=f(x)q(x)+r(x),\quad r(x)=0 \text{ 或 } \deg r(x)<\deg f(x),$$

所以在商环 $F[x]/I$ 中，$\overline{g(x)}=\overline{r(x)}$。从而 $F[x]/I$ 中任一元均可表示为

$$\overline{a_0+a_1x+\cdots+a_{n-1}x^{n-1}},\quad n=\deg f(x),$$

即

$$F[x]/I=\{\overline{a_0+a_1x+\cdots+a_{n-1}x^{n-1}}\mid a_i\in F\},$$

其中的加法和乘法分别为

$$\overline{a_0+\cdots+a_{n-1}x^{n-1}}+\overline{b_0+\cdots+b_{n-1}x^{n-1}}=\overline{(a_0+b_0)+\cdots+(a_{n-1}+b_{n-1})x^{n-1}},$$

$$\overline{a_0+\cdots+a_{n-1}x^{n-1}}\cdot\overline{b_0+\cdots+b_{n-1}x^{n-1}}=\overline{c_0+\cdots+c_{n-1}x^{n-1}},$$

这里 $r(x)=c_0+c_1x+\cdots+c_{n-1}x^{n-1}$ 由下式给出：设

$$k(x)=a_0+a_1x+\cdots+a_{n-1}x^{n-1},\quad l(x)=b_0+b_1x+\cdots+b_{n-1}x^{n-1},$$

$$k(x)\cdot l(x)=q(x)f(x)+r(x),\quad r(x)=0 \quad\text{或}\quad \deg r(x)<n=\deg f(x),$$

因此，实际上 $F[x]/I$ 中的元是 F 上的 n 维向量 $(a_0,a_1,\cdots,a_{n-1}), a_i\in F$，加法和乘法由上述定义。

例 6.12 设 $F=\mathbb{Q}, f(x)=x^3+1$，则

$$\begin{aligned}\mathbb{Q}[x]/\big(f(x)\big)&=\{\overline{a_0+a_1x+a_2x^2}\mid a_i\in\mathbb{Q}\}\\&=\{(a_0,a_1,a_2)\mid a_i\in\mathbb{Q}\},\end{aligned}$$

其中的加法和乘法分别为

$$(a_0,a_1,a_2)+(b_0,b_1,b_2)=(a_0+b_0,a_1+b_1,a_2+b_2),$$

$$(a_0,a_1,a_2)\cdot(b_0,b_1,b_2)=(c_0,c_1,c_2).$$

这里

$$c_0=a_0b_0-(a_2b_1+a_1b_2),$$

$$c_1=a_1b_0+a_0b_1-a_2b_2,$$

$$c_2=a_2b_0+a_1b_1+a_0b_2.$$

例 6.13　设 $F=\mathbb{Q}$, $g(x)=x^2+x+1$，则

$$\begin{aligned}\mathbb{Q}[x]/\big(f(x)\big)&=\{\overline{a_0+a_1x}\,|\,a_0,a_1\in\mathbb{Q}\}\\&=\{(a_0,a_1)\,|\,a_0,a_1\in\mathbb{Q}\},\end{aligned}$$

其中的加法和乘法分别为

$$(a_0,a_1)+(b_0,b_1)=(a_0+b_0,a_1+b_1),$$

$$(a_0,a_1)\cdot(b_0,b_1)=(c_0,c_1).$$

这里

$$c_0=a_0b_0-a_1b_1,\qquad c_1=a_0b_1+a_1b_0-a_1b_1.$$

在例 6.12 中，由于 $f(x)=x^3+1$ 在 $\mathbb{Q}$ 上可约，故 $Q[x]/(f(x))$ 不是域，在例 6.13 中，$g(x)=x^2+x+1$ 在 $\mathbb{Q}$ 上不可约，故 $\mathbb{Q}[x]/(g(x))$ 是一个域。

设 $f(x)\in F[x]$，$c\in F$，若 $f(c)=0$，则称 c 是多项式 $f(x)$ 的一个**根**。由定理 6.11，

$$f(x)=(x-c)q(x)+r,$$

其中 $r\in F$ 是一个常数。将 c 代入上式两边得 $r=0$，故有如下推论。

推论 6.1　设 $f(x)\in F[x]$，则 $c\in F$ 是 $f(x)$ 的根当且仅当 $(x-c)|f(x)$。

如果 $r\geqslant 2$，$(x-c)^r|f(x)$，而 $(x-c)^{r+1}\nmid f(x)$，则称 c 是 $f(x)$ 的 r**重根**。

设 $f(x)=a_nx^n+a_{n-1}x^{n-1}+\cdots+a_1x+a_0$，令 $f'(x)=na_nx^{n-1}+\cdots+a_1$，称 $f'(x)$ 为 $f(x)$ 的一阶**导数**。

容易验证导数有下列性质：

1. $\big(f(x)+g(x)\big)'=f'(x)+g'(x)$;
2. $\big(f(x)g(x)\big)'=f'(x)g(x)+f(x)g'(x)$;
3. 若 $a\in F$，则 $a'=0$。

定理 6.15　若 c 是 $f(x)$ 的 r 重根，则 c 是 $f'(x)$ 的 $r-1$ 重根。

证明　设 $f(x)=(x-c)^rg(x)$，$x-c\nmid g(x)$，则

$$\begin{aligned}f'(x)&=r(x-c)^{r-1}g(x)+(x-c)^rg'(x)\\&=(x-c)^{r-1}\big[rg(x)+(x-c)g'(x)\big].\end{aligned}$$

由于 $x-c\nmid g(x)$，所以 $(x-c)^r\nmid f'(x)$。故 c 是 $f'(x)$ 的 $r-1$ 重根。

推论 6.2　若 $\big(f(x),f'(x)\big)=1$，则 $f(x)$ 没有重根。

定理 6.16　设 $f(x)\in F[x]$ 是一个 $n\geqslant 1$ 次多项式，则 $f(x)$ 在 F 中不同根的个数 $\leqslant n$。

证明　对 n 用数学归纳法。

$n=1$ 时，$f(x)=ax+b$，$a\neq 0$，$f(x)$ 仅有一个根 $-a^{-1}b$。结论成立。

假设 $n-1$ 时结论成立。

设 $f(x)$ 是一个 $n>1$ 次多项式。若 $f(x)$ 没有根，则结论成立。否则，设 c_1 是 $f(x)$ 的一个根。由推论 6.1，$f(x)=(x-c_1)f_1(x)$，$f_1(x)$ 是一个 $n-1$ 次多项式。若 c_2 也是 $f(x)$ 的

不同于 c_1 的一个根，则

$$0 = f(c_2) = (c_2 - c_1)f_1(c_2),$$

所以 c_2 必是 $f_1(x)$ 的根。由归纳假设，$f_1(x)$ 最多有 $n-1$ 个不同的根，从而 $f(x)$ 最多有 n 个不同的根。

推论 6.3 设 $f(x), g(x) \in F[x]$ 是两个次数 $\leqslant n$ 的多项式，若有 $n+1$ 个不同的元素 $c_1, c_2, \cdots, c_{n+1} \in F$，使得 $f(c_i) = g(c_i)$，$i = 1, 2, \cdots, n+1$，则 $f(x) = g(x)$。

证明 令 $h(x) = f(x) - g(x)$。若 $h(x) \neq 0$，则 $h(x)$ 是一个次数 $\leqslant n$ 的多项式。由定理 6.16，$h(x)$ 至多有 n 个不同的根，但由假设 $c_1, c_2, \cdots, c_{n+1}$ 都是 $h(x)$ 的根，矛盾。故 $h(x) = 0$，即 $f(x) = g(x)$。

从推论 6.3 可知，给定域 F 中 $n+1$ 个不同的元素 $a_1, a_2, \cdots, a_{n+1}$ 以及任意 $n+1$ 个不全为 0 的元素 $b_1, b_2, \cdots, b_{n+1}$，则至多存在一个 $f(x) \in F[x]$，$\deg f(x) \leqslant n$，使得

$$f(a_i) = b_i, \quad i = 1, 2, \cdots, n+1.$$

令

$$f(x) = \sum_{i=1}^{n+1} b_i \cdot \prod_{j=1, j\neq i}^{n+1} \frac{(x - a_j)}{(a_i - a_j)}, \tag{6.1}$$

容易看出 $f(a_i) = b_i$ 且 $\deg f(x) \leqslant n$。因此，满足条件的多项式存在且唯一。式 (6.1) 称为**拉格朗日 (Lagrange) 插值公式**。

例 6.14 求次数小于 3 的多项式 $f(x)$，使

$$f(1) = 1, \quad f(-1) = 3, \quad f(2) = 3.$$

解 由拉格朗日插值公式得

$$\begin{aligned} f(x) &= \frac{1 \cdot (x+1)(x-2)}{(1+1)(1-2)} + \frac{3 \cdot (x-1)(x-2)}{(-1-1)(-1-2)} + \frac{3 \cdot (x-1)(x+1)}{(2-1)(2+1)} \\ &= x^2 - x + 1. \end{aligned}$$

以下考虑整数环上多项式的因子分解问题。

定理 6.17 设 $f(x), g(x) \in \mathbb{Z}[x]$ 是整系数多项式，且

$$f(x) = \sum_{i=0}^{m} a_i x^i, \quad g(x) = \sum_{i=0}^{n} b_i x^i, \qquad a_i, b_i \in \mathbb{Z}, a_m b_n \neq 0.$$

又设

$$f(x)g(x) = \sum_{i=0}^{m+n} c_i x^i, \quad c_i \in \mathbb{Z},$$

则有整数的最大公因子等式

$$(a_m, a_{m-1}, \cdots, a_0)(b_n, b_{n-1}, \cdots, b_0) = (c_{m+n}, c_{m+n-1}, \cdots, c_0).$$

证明　不妨设 $(a_m,a_{m-1},\cdots,a_0)=(b_n,b_{n-1},\cdots,b_0)=1$。

若 p 是任一素数，$p|(c_{m+n},c_{m+n-1},\cdots,c_0)$，设

$$p|(a_m,\cdots,a_{u+1}),\ 但p\nmid a_u,\quad p|(b_n,\cdots,b_{v+1}),\ 但p\nmid b_v.$$

由定义

$$c_{u+v}=\sum_{i+j=u+v}a_ib_j.$$

其中，除 a_ub_v 项不能被 p 整除外，其余各项都能被 p 整除，故 c_{u+v} 不能被 p 整除，因此 $p\nmid(c_{m+n},c_{m+n-1},\cdots,c_0)$，矛盾。故 $(c_{m+n},c_{m+n-1},\cdots,c_0)=1$。

定理 6.18　设 $f(x)\in\mathbb{Z}[x]$ 是整系数多项式，若

$$f(x)=g(x)h(x),$$

这里 $g(x),h(x)\in\mathbb{Q}[x]$，则存在有理数 r，使

$$rg(x),\ \frac{1}{r}h(x)\in\mathbb{Z}[x].$$

证明　不妨设 $f(x)$ 的系数的最大公因子是 1，由 $g(x),h(x)\in\mathbb{Q}[x]$，故有两个整数 M 及 N 使

$$\begin{aligned}Mg(x)&=a_lx^l+\cdots+a_0\in\mathbb{Z}[x],\\Nh(x)&=b_mx^m+\cdots+b_0\in\mathbb{Z}[x],\\MNf(x)&=c_{l+m}x^{l+m}+\cdots+c_0\in\mathbb{Z}[x].\end{aligned}$$

由假定及定理 6.17 可知

$$MN=(c_{l+m},\cdots,c_0)=(a_l,\cdots,a_0)\cdot(b_m,\cdots,b_0).$$

令

$$r=\frac{M}{(a_l,\cdots,a_0)}=\frac{(b_m,\cdots,b_0)}{N},$$

则 $r\cdot g(x)$ 和 $\frac{1}{r}h(x)$ 都是整系数多项式。

上述定理表明，整系数多项式在有理数域上不可约当且仅当它在整数环上不可约。

定理 6.19 (艾森斯坦判别法)　设 $f(x)=c_nx^n+\cdots+c_0$ 为一整系数多项式，p 是一个素数，若 $p\nmid c_n,p|c_i\ (0\leqslant i<n)$，且 $p^2\nmid c_0$，则 $f(x)$ 在 $\mathbb{Q}[x]$ 上不可约。

证明　设 $f(x)=g(x)h(x)$，其中 $g(x)=a_lx^l+\cdots+a_0,h(x)=b_mx^m+\cdots+b_0,a_i,b_j\in\mathbb{Z}$ 由 $c_0=a_0b_0$ 及 $p|c_0$，可知 $p|a_0$ 或 $p|b_0$，设 $p|a_0$，则由 $p^2\nmid a_0b_0=c_0$，可得 $p\nmid b_0$。

又 $g(x)$ 的系数不能全被 p 整除，否则 $p|c_n$。假设

$$p|(a_0,\cdots,a_{r-1}),p\nmid a_r,\ 1\leqslant r<l,$$

由

$$c_r=a_rb_0+\cdots+a_0b_r,$$

可知 $p\nmid c_r$，因 $r\leqslant l<n$，与假定矛盾。

例 6.15 $x^n+2\in\mathbb{Q}[x]$，取 $p=2$，利用艾森斯坦判别法可知 x^n+2 是有理数域上的不可约多项式。

例 6.16 $f(x)=x^6+x^3+1\in\mathbb{Q}[x]$，令 $y=x-1$，则

$$f(x)=f(y+1)=(y+1)^6+(y+1)^3+1=y^6+6y^5+15y^4+21y^3+18y^2+9y+3,$$

取 $p=3$，由定理 6.19，$f(y+1)$ 是关于 y 的不可约多项式，从而 $f(x)$ 是不可约的。

寻找不可约多项式是一个很重要的问题。在前面的定理 6.14 中看到，不可约多项式可以用来构造域，特别地，在下一章将会看到要构造域扩张，实际上也就是要寻找该域上的不可约多项式。

习　　题

1. 在 $\mathbb{Z}_5[x]$ 中，$f(x)=x^{214}+3x^{152}+2x^{47}+1$，计算 $f(3)$ 的值。

2. 设 p 为素数，$a\in\mathbb{Z}_p$，证明对任意自然数 n，多项式 $f(x)=x^p-x+a$ 在 $\mathbb{Z}_p$ 上总能整除 $g(x)=x^{p^n}-x+na$。

3. 求一个次数 $\leqslant 4$ 的多项式 $f(x)$，使得 $f(1)=2$，$f(2)=3$，$f(3)=4$，$f(4)=5$，$f(5)=6$。

4. 证明下列多项式在有理数域 $\mathbb{Q}$ 上不可约：

(i) x^4-2x^3+2x-3;　　(ii) $2x^5+18x^4+6x^2+6$.

§6.4　秘密共享

一个机密的数据 K（例如进入机密实验室的钥匙），如果交给一个人保管，一旦丢失或者“叛变”，就会造成严重的后果。一个理想的做法是用某种方法将机密数据 K 分成几部分，由几个不同的人分别保管一部分，只有当这些人，或者其中一部分人都同意时，将他们保管的部分凑在一起，就能得到机密数据 K，这就是秘密共享的思想。假设有 n 个人参与一个秘密共享方案，把分发给每个参与者保管的秘密信息称为信息片。一个简单的秘密共享方案如下：假设任意 s 个参与者的信息片凑在一起就能得出 K，而任意不足 s 个参与者的信息片凑在一起不能确定 K，这样的方案称为 (s,n) 门限方案。本节介绍两个分别利用 Lagrange 插值公式和中国剩余定理构造的门限方案。

Shamir 门限方案

Shamir 于 1979 年基于拉格朗日插值多项式给出了一个门限方案。

假定 p 是一个素数，共享的密钥是 $k\in\mathbb{Z}_p$。可信中心给 $n(n<p)$ 个共享者 $P_i(1\leqslant i\leqslant n)$ 分配共享的过程为：

(1) 可信中心随机选择一个 $t-1$ 次多项式 $h(x)=a_{t-1}x^{t-1}+a_1x+a_0\in\mathbb{Z}_p[x]$，其中常数 $a_0=k$。

(2) 可信中心在 $\mathbb{Z}_p$ 中选择 n 个非零的、互不相同的元素 $x_1, x_2, \cdots, x_n$，计算 $y_i = h_i(x_i), 1 \leqslant i \leqslant n$。

(3) 将 (x_i, y_i) 分配给共享者 $P_i(1 \leqslant i \leqslant n)$，值 $x_i(1 \leqslant i \leqslant n)$ 是公开的，$y_i(1 \leqslant i \leqslant n)$ 作为 $P_i(1 \leqslant i \leqslant n)$ 的秘密共享。

每对 (x_i, y_i) 就是" 曲线"$y = h(x)$ 上的一点。因为 t 个点唯一确定 $t-1$ 次多项式，所以 k 可以从 t 个共享重构出来。但是从少于 t 个共享无法确定 $h(x)$ 或 k。

给定 t 个共享 $y_{i_s}(1 \leqslant s \leqslant t)$，从拉格朗日多项式重构的 $h(x)$ 为 $\sum_{s=1}^{t} \prod_{j=1, j \neq s}^{t} (x_{i_s} - x_{i_j})^{-1}(x - x_{i_j})$。

计算出 $h(x)$ 后，通过 $k = h(0)$ 可计算出密钥 k。

$k = h(0) = \sum_{s=1}^{t} \prod_{j=1, j \neq s}^{t} (x_{i_s} - x_{i_j})^{-1}(-x_{i_j})$。

若令 $b_s = \prod_{j=1, j \neq s}^{t} (x_{i_s} - x_{i_j})^{-1}(-x_{i_j})$，则 $k = h(0) = \sum_{s=1}^{t} b_s y_{i_s}$。

在此，因为 $x_i(1 \leqslant i \leqslant n)$ 是公开的，因此可预先计算 b_s，以加快重构时的运算速度。

Asmuth-Bloom 门限方案

Asmuth 和 Bloom 在 1980 年基于中国剩余定理提出一个门限方案。在此方案中，共享的是和密钥 k 相联系的一个数的同余类。令 $p, d_1, d_2, \cdots, d_n$ 是满足下列条件的一组整数：

(1) $p > k$;

(2) $d_1 < d_2 < \cdots < d_n$;

(3) 对所有的 i,$(p, d_i) = 1$; 对 $i \neq j$,$(d_i, d_j) = 1$;

(4) $d_1 d_2 \cdots d_t > p d_{n-t+2} d_{n-t+3} \cdots d_n$。

令 $m = d_1 d_2 \cdots d_t$ 是 t 个最小的 d_i 之积，则 $\frac{m}{p}$ 大于任意 $t-1$ 个 d_i 之积。令 r 是区间 $[0, \frac{m}{p} - 1]$ 中的一个随机整数。为了将 k 分成 n 个共享，计算 $k' = k + rp, k' \in [0, m-1]$, 则分配给 n 个用户的 n 个共享为

$$k_i \equiv k' \pmod{d_i},\ i = 1, 2, \cdots, n.$$

为了恢复 k，找到 k' 就足够了。若给定 t 个共享 $k_{i_1}, k_{i_2}, \cdots, k_{i_t}$，则由中国剩余定理可知，同余方程组

$$\begin{cases} x \equiv k_{i_1} & \pmod{d_{i_1}}, \\ x \equiv k_{i_2} & \pmod{d_{i_2}}, \\ \cdots\cdots & \\ x \equiv k_{i_t} & \pmod{d_{i_t}}. \end{cases}$$

模 $m_1 = d_{i_1} d_{i_2} \cdots d_{i_t}$ 在 $[0, m_1 - 1]$ 内有唯一解 x^*。由于 k' 也满足前面 t 个同余条件，且 $m_1 \geqslant m$，则 $x^* \equiv k' \pmod{m}$。最后，$(x^* \pmod{m}) \pmod{p} \equiv k' \pmod{p} \equiv k + rp \pmod{p} \equiv k$。

若仅知道 $t-1$ 个共享 $k_{i_1}, k_{i_2}, \cdots, k_{i_{t-1}}$，则只能得到模 $m_2 = d_{i_1} d_{i_2} \cdots d_{i_{t-1}}$ 在 $[0, m_2 - 1]$

内有唯一解 x^*, 但 $m_2p < m$, 于是 k' 模 m 可能为 $x^*, x^*+m_2, x^*+2m_2, \cdots, x^*+(p-1)m_2, \cdots, x^*+([\frac{m}{m_2}]-1)m_2$, 由于 $(p, m_2)=1$, 则 $x^*, x^*+m_2, x^*+2m_2, \cdots, x^*+(p-1)m_2$ 模 p 两两不同余, 于是 k 会取到模 p 的任何剩余类, 这样只知道 $t-1$ 个共享 $k_{i_1}, k_{i_2}, \cdots, k_{i_{t-1}}$ 并不能恢复 k。

习　题

1. 若 $p=5, k=3, n=3, t=2, d_1=8, d_2=9, d_3=11, m=d_1d_2=72$, 证明上述参数满足 (2, 3)Asmuth-Bloom 门限方案所需的条件，并且任何两个用户都可以恢复 k，而任何一个都不能恢复 k。

第 7 章　域

交换的除环称为域。在域上不仅可以作加、减、乘法运算，而且可以作除法运算，因此域的应用比环应用更为广泛。这一章介绍域的基本性质以及域的构造方法，其中第 1 节介绍分式域。第 2 节介绍最小域 —— 素域的概念及其结构。第 3、4 节给出了单扩张与代数扩张的概念及其性质。第 5 节介绍两种特殊的二次扩域 —— 高斯数域和三次分圆域。最后一节介绍多项式分裂域的概念，证明了分裂域唯一存在。分裂域在有限域的研究中起着重要的作用。

§7.1　分　式　域

设 $\mathbb{Z}$ 为整数环，则有理数域

$$\mathbb{Q}=\left\{\frac{a}{b}|a,b\in\mathbb{Z},b\neq 0\right\},$$

称有理数域 $\mathbb{Q}$ 是 $\mathbb{Z}$ 的分式域。

设 F 是任一个域，$F[x]$ 是 F 上的多项式环，x 称为 F 上的一个不定元。F 上的有理函数域定义为

$$F\{x\}=\left\{\frac{f(x)}{g(x)}|f(x),g(x)\in F[x],g(x)\neq 0\right\},$$

易见 $F\{x\}$ 是一个域，$F[x]$ 是包含在 $F\{x\}$ 中的一个子环，称 $F\{x\}$ 是 $F[x]$ 的分式域。

设 F 为任一域，D 为 F 的任一个包含单位元的子环，则 D 一定是交换环，且无零因子，即 D 是一个整环。

定义 7.1　一个域 F 称为一个整环 D 的分式域，如果 F 包含 D，且 $F=\{ab^{-1}|a,b\in D,b\neq 0\}$。

可以证明任一整环 D 都存在分式域，且在同构的意义下唯一。(证明可在近世代数的教材中找到。)

定理 7.1　设 D 是一个整环，则 D 的分式域 F 是包含 D 的最小的域。

证明　设 E 是一个包含 D 的域，令

$$F=\{ab^{-1}\mid a,b\in D,b\neq 0\},$$

则 F 是 E 的一个非空子集，且关于 E 的 "+" 和 "·" 构成一个子域。

任意 $a \in D, a = a \cdot 1^{-1} \in F$，故 F 包含 D。由定义可知，F 就是 D 的一个分式域。

由此可见，任意一个包含 D 的域 E 必定包含 D 的一个分式域 F，所以 D 的分式域是包含 D 的最小的域。

§7.2 素　　域

定义 7.2　如果域 F 是域 E 的子域，那么就称 E 是 F 的扩域或扩张。

例如，复数域 $\mathbb{C}$ 是实数域 $\mathbb{R}$ 的扩张，实数域 $\mathbb{R}$ 是有理数域 $\mathbb{Q}$ 的扩张。任何一个域都是它的子域的扩张，或者说任何一个域都可以由它的子域通过扩张得到。因此如果能够弄清楚扩张的结构以及最小域的结构，那么任何一个域的结构从理论上讲都可以弄清楚。

定义 7.3　一个域称为素域，如果它不含真子域。

定理 7.2　设 E 是一个域，若 $\mathrm{Char}E = 0$，则 E 含有一个与有理数域 $\mathbb{Q}$ 同构的子域；若 $\mathrm{Char}E = p \neq 0$，则 E 含有一个与 $\mathbb{Z}/(p)$ 同构的子域。

证明　设 e 是 E 的单位元，令 $R = \{ne \mid n \in \mathbb{Z}\}$，则 R 是 E 的一个子环。定义 ϕ：$\mathbb{Z} \to R$，$\phi(n) = ne$，则 ϕ 是从整数环 $\mathbb{Z}$ 到 R 的一个满同态。若 $\mathrm{Char}E = 0$，则 ϕ 是一个同构，这样 ϕ 诱导出一个映射，$\widetilde{\phi}$：$\mathbb{Q} \to QR = \{ne(me)^{-1} \mid m, n \in \mathbb{Z}, m \neq 0\}$，

$$\widetilde{\phi}\left(\frac{b}{a}\right) = (be)(ae)^{-1}.$$

容易看出 $\widetilde{\phi}$ 是一个域同构，且 QR 就是 R 的分式域。因此 E 包含一个子域 $QR = \{ne(me)^{-1} \mid m, n \in \mathbb{Z}\}$ 与有理数域同构。

若 $\mathrm{Char}E = p \neq 0$，则 $\mathrm{Ker}\phi = \{a \in \mathbb{Z} \mid ae = 0\} = (p)$。由环同态基本定理

$$\mathbb{Z}/(p) \simeq R,$$

所以 R 是一个子域，E 包含一个子域 R 与 $\mathbb{Z}/(p)$ 同构。

由定理 7.2，一个域是素域，那么它或者与有理数域同构或者与 $\mathbb{Z}/(p)$ 同构。

设 E 是 F 的扩张，S 是 E 的一个子集，用 $F(S)$ 表示 E 中包含 F 和 S 的最小子域，并称之为**添加集合 S 于 F 所得的扩张**。

从子域的性质可知，$F(S)$ 中的元素具有如下形式：

$$\frac{f(\alpha_1, \alpha_2, \cdots, \alpha_k)}{g(\alpha_1, \alpha_2, \cdots, \alpha_k)},$$

这里 $\alpha_1, \alpha_2, \cdots, \alpha_k$ 是 S 中的 k 个元素，f 和 g 是域 F 上的两个 k 元多项式，$g(\alpha_1, \alpha_2, \cdots, \alpha_k) \neq 0$，$k$ 是正整数。

如果 $S = \{\alpha_1, \alpha_2, \cdots, \alpha_n\}$ 是一个有限集，则记 $F(S)$ 为 $F(\alpha_1, \alpha_2, \cdots, \alpha_n)$。

例 7.1　设 $F = \mathbb{Q}$，$E = \mathbb{C}$，$S = \{\sqrt{2}\} \subseteq E$，则

$$F(S)=\mathbb{Q}(\sqrt{2})=\{a+b\sqrt{2}|a,b\in\mathbb{Q}\}。$$

定理 7.3　设 E 是 F 的扩域，S_1 和 S_2 是 E 的两个子集，则

$$F(S_1)(S_2)=F(S_2)(S_1)=F(S_1\bigcup S_2).$$

证明　$F(S_1)(S_2)$ 是 E 的一个包含 F,S_1 和 S_2 的子域，而 $F(S_1\bigcup S_2)$ 是 E 的包含 F 和 $S_1\bigcup S_2$ 的最小子域，所以

$$F(S_1)(S_2)\supseteq F(S_1\bigcup S_2).$$

另一方面，$F(S_1\bigcup S_2)$ 是包含 F,S_1 和 S_2，因而是 E 的包含 $F(S_1)$ 和 S_2 的子域，而 $F(S_1)(S_2)$ 是 E 的包含 $F(S_1)$ 和 S_2 的最小子域，所以

$$F(S_1)(S_2)\subseteq F(S_1\bigcup S_2),$$

故

$$F(S_1)(S_2)=F(S_1\bigcup S_2).$$

同理可证

$$F(S_2)(S_1)=F(S_1\bigcup S_2).$$

由定理 7.3，$F(\alpha_1,\alpha_2,\cdots,\alpha_n)=F(\alpha_1)(\alpha_2)\cdots(\alpha_n)$，即添加一个有限集于子域上所得到的扩张等于陆续添加单个元素所得的扩张。因此，研究添加一个元素的扩张尤为重要。

例 7.2　设 $f(x)=x^2+x+1\in\mathbb{Z}_2[x]$。$\mathbb{Z}_2$ 是一个域含有 2 个元素 0 和 1。由于 0 和 1 都不是 $f(x)$ 的根，所以 $f(x)$ 在 $\mathbb{Z}_2$ 上不可约。故商环 $\mathbb{Z}_2[x]/(f(x))$ 是一个域。记 $\overline{x}$ 为 α，则

$$\mathbb{Z}_2[x]/(f(x))=\{a_0+a_1\alpha\,|\,a_i\in\mathbb{Z}_2\}=\{0,1,\alpha,1+\alpha\}=\mathbb{Z}_2[\alpha].$$

这是有 4 个元素的域，也是由 $\mathbb{Z}_2$ 添加一个元素 α 的扩张，其运算由下表给出。

$+$	0	1	α	$\alpha+1$
0	0	1	α	$\alpha+1$
1	1	0	$\alpha+1$	α
α	α	$\alpha+1$	0	1
$\alpha+1$	$\alpha+1$	α	1	0

$\cdot$	0	1	α	$\alpha+1$
0	0	0	0	0
1	0	1	α	$\alpha+1$
α	0	α	$\alpha+1$	1
$\alpha+1$	0	$\alpha+1$	1	α

定义 7.4　添加一个元素 α 于域 F 所得到的扩张 $F(\alpha)$ 称为域 F 的一个单扩张。

容易看出复数域 $\mathbb{C}$ 是实数域 $\mathbb{R}$ 添加虚单位根 i 得到的单扩张。同样数域 $\mathbb{Q}(i)=\{a+bi\,|\,a,b\in\mathbb{Q}\}$ 是添加 i 于 $\mathbb{Q}$ 上所得的单扩张。

习　题

1. 证明: $\mathbb{Q}[\sqrt{2},\sqrt{3}]=\mathbb{Q}[\sqrt{2}+\sqrt{3}]$。

2. 证明 $f(x)=x^3+x+1$ **在** $\mathbb{Z}_2[x]$ **中不可约，构造商环** $\mathbb{Z}_2[x]/(f(X))$**，记** $\overline{x}=\alpha$**，写出该商环中的加法表和乘法表。**

§7.3　单　扩　张

首先看一个域扩张应用的具体例子。

由于在计算机中信息都可以表示为 0、1 序列，且运算为模 2 运算，所以可以把序列中的元素看成是域 $\mathbb{F}_2=\mathbb{Z}_2$ 中的元素。设 k 是一个正整数。$\mathbb{F}_2$ 中的一个序列 $s_0, s_1, s_2, \cdots$ 称为一个k **阶线性递归序列**，如果它满足

$$s_{n+k}=a_{k-1}s_{n+k-1}+a_{k-2}s_{n+k-2}+\cdots+s_n,\qquad n=0,1,2,\cdots \tag{7.1}$$

这里 $a_1,\cdots,a_{k-1}\in\mathbb{F}_2$ 是一组给定的元素。

从上式可以看出，当 $s_0, s_1, \cdots, s_{k-1}$ 给定后，此序列后面所有的元素就都可以生成。称 $s_0, s_1, \cdots, s_{k-1}$ 为**初始值**。

令

$$S(x)=s_0+s_1x+s_2x^2+\cdots \tag{7.2}$$

$S(x)$ 称为线性递归序列 (7.1) 的生成函数。

又令多项式

$$f(x)=1+a_{k-1}x+a_{k-2}x^2+\cdots+x^k\in\mathbb{F}_2[x],$$

$f(x)$ 称为该序列的联结多项式，则

$$\begin{aligned}f(x)S(x)&=(1+a_{k-1}x+a_{k-2}x^2+\cdots+x^k)(s_0+s_1x+s_2x^2+\cdots)\\&=s_0+(s_1+a_{k-1}s_0)x+\cdots+(s_n+a_{k-1}s_{n+k-1}+a_{k-2}s_{n+k-2}+\cdots+s_n)x^n+\cdots\\&=s_0+(s_1+a_{k-1}s_0)x+\cdots+(s_{k-1}+a_{k-1}s_{k-2}+a_{k-2}s_{k-3}+\cdots+a_1s_0)x^{k-1}\\&=g(x).\end{aligned}$$

其中，由递推关系可知 $x^k, x^{k+1}, \cdots$ 的系数为 0（注意在 $\mathbb{F}_2$ 上“+”和“−”是相同的），$g(x)$ 是一个次数为 $\leqslant k-1$ 的多项式。故

$$S(x)=\frac{g(x)}{f(x)}. \tag{7.3}$$

令

$$\widehat{f}(x)=x^kf\left(\frac{1}{x}\right)=x^k+a_{k-1}x^{k-1}+\cdots+1,$$

假设 $\alpha_1, \alpha_2, \cdots, \alpha_k$ 为 $\widehat{f}(x)$ 的 k 个根 (它们在哪里？)，由推论 6.1 有

$$\widehat{f}(x) = (x - \alpha_1)(x - \alpha_2)\cdots(x - \alpha_k),$$

从而

$$f(x) = x^k \widehat{f}(\frac{1}{x}) = (1 - \alpha_1 x)(1 - \alpha_2 x)\cdots(1 - \alpha_k x),$$

代入 (7.3) 式得

$$\begin{aligned}
S(x) = \frac{g(x)}{f(x)} &= \frac{g(x)}{(1 - \alpha_1 x)(1 - \alpha_2 x)\cdots(1 - \alpha_k x)} \\
&= \frac{\beta_1}{1 - \alpha_1 x} + \frac{\beta_2}{1 - \alpha_2 x} + \cdots + \frac{\beta_k}{1 - \alpha_k x} \\
&= \beta_1 \sum_{i=0}^{\infty} (\alpha_1 x)^i + \cdots + \beta_k \sum_{i=0}^{\infty} (\alpha_k x)^i \\
&= \sum_{i=0}^{\infty} (\beta_1 \alpha_1^i + \cdots + \beta_k \alpha_k^i) x^i,
\end{aligned}$$

其中 $\beta_1, \cdots, \beta_k$ 是与 $\alpha_1, \cdots, \alpha_k$ 有关的元素。与式 (7.2) 比较系数可知

$$s_i = \beta_1 \alpha_1^i + \cdots + \beta_k \alpha_k^i, \qquad i = 0, 1, 2, \cdots.$$

多项式 $\widehat{f}(x)$ 的 k 个根一般不会都在 $\mathbb{F}_2$ 中，为了得到这些根，需要考虑 $\mathbb{F}_2$ 的扩域。在 $\mathbb{F}_2$ 的一个适当的扩域中，就可以得到 $\widehat{f}(x)$ 的所有根，从而线性递归序列中的元素就可用 $\mathbb{F}_2$ 的扩域中的元素来表示，它提供了研究线性递归序列的工具。可以说研究域的扩张就是为了研究代数方程的解（即多项式的根）。例如，方程 $x^2 - 2 = 0$ 在有理数域中没有解，故需考虑在有理数域上添加 $\sqrt{2}$；方程 $x^2 + 1 = 0$ 在实数域上没有解，故需考虑在实数域上添加 i。

单扩张 $F(\alpha)$ 的结构与 α 在域 F 上的性质有关。

定义 7.5 $F \subset E$ 为域扩张，$\alpha \in E$，如果存在 F 上不全为 0 的元素 $a_0, a_1, \cdots, a_n$，使得

$$a_0 + a_1 \alpha + \cdots + a_n \alpha^n = 0,$$

则称 α 为域 F 上的一个代数元，或称 α 在 F 上是代数的。否则称 α 为 F 上的超越元。

设 α 是 F 上的代数元，则有 $F[x]$ 中的多项式 $f(x)$ 使 $f(\alpha) = 0$。设 $p(x)$ 为使得 $p(\alpha) = 0$ 的首项系数为 1 的次数最低的多项式，这样的多项式一定存在。

定理 7.4 若 α 在 F 上代数，则使得 $p(\alpha) = 0$ 的首 1 的次数最低的多项式 $p(x)$ 唯一存在，且是不可约多项式。

证明 $p(x)$ 显然存在。若 $p_1(x)$ 是另一个使得 $p_1(\alpha) = 0$ 的次数最低的首 1 多项式，设

$$p(x) = p_1(x)q(x) + r(x),$$

$r(x) = 0$ 或 $\deg r(x) < \deg p_1(x)$。若 $r(x) \neq 0$，则由上式可知 $r(\alpha) = 0$，与 $p(x)$ 的定义矛盾。所以 $r(x) = 0$，即 $p_1(x) | p(x)$。同理 $p(x) | p_1(x)$，故 $p(x) = p_1(x)$。

若 $p(x) = p_1(x)p_2(x)$, $\deg p_1(x) < \deg p(x)$, $\deg p_2(x) < \deg p(x)$，则由 $p(\alpha) = 0$ 可得 $p_1(\alpha) = 0$ 或 $p_2(\alpha) = 0$，矛盾，故 $p(x)$ 不可约。

定理 7.4 中的 $p(x)$ 称为 α 在 F 上的**极小多项式**。

例 7.3　虚单位根 i 在有理数域 $\mathbb{Q}$ 上的极小多项式为 x^2+1，$\sqrt{2}$ 在 $\mathbb{Q}$ 上的极小多项式为 x^2-2，$1+\sqrt{2}$ 在 $\mathbb{Q}$ 上的极小多项式为 $(x-1-\sqrt{2})(x-1+\sqrt{2})=x^2-2x-1$。

定理 7.5　若 α 是域 F 上的超越元，则

$$F(\alpha)\simeq F\{x\};$$

若 α 是 F 上的代数元，极小多项式为 $p(x)$，则

$$F(\alpha)\simeq F[x]/\big(p(x)\big).$$

证明　令 $F[\alpha]=\{a_0+a_1\alpha+\cdots+a_n\alpha^n\,|\,a_i\in F,n\in\mathbb{Z},n\geqslant 0\}$，$F[x]$ 是 F 上的多项式环。定义 ϕ：$F[x]\to F[\alpha]$ 如下：

$$\phi\left(\sum_{i=0}^{n}a_ix^i\right)=\sum_{i=0}^{n}a_i\alpha^i,$$

则 ϕ 是一个环的满同态映射。

若 α 是 F 上的超越元，则 $\mathrm{Ker}\phi=\{0\}$，所以 ϕ：$F[x]\simeq F[\alpha]$ 是环同构。由定理 7.1，包含 F 和 α 的最小的域就与 $F[x]$ 的分式域 $F\{x\}$（F 上的有理函数域）同构。

若 α 是 F 上的代数元，由于 $F[x]$ 中的任一理想都是主理想 (定理 6.13)，设 $\mathrm{Ker}\phi=(p(x))$，其中 $p(x)$ 是一个首 1 多项式。由核的定义得 $p(\alpha)=0$。所以 $p(x)$ 不是非零常数。又 α 是 F 上的代数元，故 $p(x)$ 不是零多项式，因此 $p(x)$ 是一个次数大于等于 1 的多项式。

设 $f(x)$ 是以 α 为根的任一多项式，则 $f(x)\in\mathrm{Ker}\phi=\big(p(x)\big)$，所以 $p(x)|f(x)$。由此可见 $p(x)$ 就是 α 的极小多项式。由同态基本定理

$$F[x]/\big(p(x)\big)\simeq F[\alpha],$$

由于 $F[x]/\big(p(x)\big)$ 是域，所以 $F[\alpha]$ 也是域，由单扩域的定义，此时

$$F[x]/\big(p(x)\big)\simeq F[\alpha]=F(\alpha).$$

由定理 7.5，超越单扩张比较简单，它就是有理函数域。对于代数单扩张 $F(\alpha)$，设 α 的极小多项式 $p(x)$ 为 n 次，则 $F(\alpha)=F[\alpha]$ 中任一元均可表示成

$$\sum_{i=0}^{n-1}a_i\alpha^i.$$

这种表示法是唯一的。事实上，若元 $\beta\in F(\alpha)$ 可表示为 $\beta=\sum\limits_{i=0}^{n-1}a_i\alpha^i=\sum\limits_{i=0}^{n-1}b_i\alpha^i$，则 α 是多项式 $\sum\limits_{i=0}^{n-1}(a_i-b_i)x^i$ 的根，故 $a_i=b_i$，$i=0,1,2,\cdots,n-1$。因此

$$F(\alpha)=F[\alpha]=\{a_0+a_1\alpha+\cdots+a_{n-1}\alpha^{n-1}\,|\,a_i\in F\}.$$

$F(\alpha)$ 中元素的加法可直接按 α 的多项式相加；$F(\alpha)$ 中元素的乘法稍微复杂一些。

设 $f(\alpha)=\sum\limits_{i=0}^{n-1}a_i\alpha^i$, $g(\alpha)=\sum\limits_{i=0}^{n-1}b_i\alpha^i$，如何计算 $f(\alpha)g(\alpha)$?

令 $f(x)=\sum\limits_{i=0}^{n-1}a_ix^i$, $g(x)=\sum\limits_{i=0}^{n-1}b_ix^i$，作带余除法

$$f(x)g(x)=p(x)q(x)+r(x),\qquad r(x)=\sum_{i=0}^{n-1}r_ix^i,$$

则

$$f(\alpha)g(\alpha)=r(\alpha)=\sum_{i=0}^{n-1}r_i\alpha^i,$$

从定理 6.14 和定理 7.5 不难看出，要构造域 F 的单代数扩张，实际上就是要找域 F 上的不可约多项式。因此不可约多项式的构造是一个重要问题。

习　　题

1. 复数 $2i$ 和 $\dfrac{2i+1}{i-1}$ 在有理数域 $\mathbb{Q}$ 上的极小多项式是什么？$\mathbb{Q}(2i)$ 与 $\mathbb{Q}\left(\dfrac{2i+1}{i-1}\right)$ 是否同构？为什么？

2. 若域 F 上的两个代数元 α 和 β 的极小多项式不同，试问 $F(\alpha)$ 与 $F(\beta)$ 是否一定不同构？为什么？

3. 给出商环 $\mathbb{Z}_2[x]/(x^2+x+1)$ 上的加法和乘法表，问此商环是否为域？

4. 证明 x^2+1 及 x^2+x+4 在 $\mathbb{Z}_{11}$ 上不可约，并证明 $\mathbb{Z}_{11}[x]/(x^2+1)\simeq\mathbb{Z}_{11}[x]/(x^2+x+4)$。

§7.4　代 数 扩 张

定义 7.6　设 E 是域 F 的一个扩域，如果 E 中每个元都是 F 上的代数元，那么 E 称为 F 的一个代数扩张。

若 E 是 F 的扩域，则 E 自然地可以看作 F 上的向量空间。如果 $\dim_F E=n$，即 E 是 F 上的 n 维向量空间，则称 E 是 F 的一个**n 次扩张** (域)，且记为 $[E:F]=n$。当 n 是有限数时，E 称为 F 的一个**有限扩张**，否则称为 F 的一个**无限扩张**。

定理 7.6　若 E 是 K 的有限扩张，K 是 F 的有限扩张，则 E 也是 F 的有限扩张，且

$$[E:F]=[E:K][K:F].$$

证明　设 $[E:K]=m$, $[K:F]=n$, $\alpha_1,\alpha_2,\cdots,\alpha_m$ 为 E 在 K 上的基，$\beta_1,\beta_2,\cdots,\beta_n$ 为 K 在 F 上的基。考虑下列元素

$$\alpha_i\beta_j, i=1,2,\cdots,m,\ j=1,2,\cdots,n.$$

下面证明它构成 E 在 F 上的一组基。

若 $\sum a_{ij}\alpha_i\beta_j=0\,(a_{ij}\in F)$，则 $\sum\limits_i\big(\sum\limits_j a_{ij}\beta_j\big)\alpha_i=0$，其中 $\sum\limits_j a_{ij}\beta_j\in K$。由于 α_i 是 E 在 K 上的一组基，故

$$\sum_j a_{ij}\beta_j = 0.$$

又 β_j 是 K 在 F 上的一组基，所以

$$a_{ij} = 0.$$

因此 $\{\alpha_i\beta_j \mid i=1,2,\cdots,m;\ j=1,2,\cdots,n\}$ 在 F 上线性无关。

若 α 是 E 中任一元，则存在 $a_j \in K,\ j=1,2,\cdots,n$，使得 $\alpha = \sum\limits_{j=1}^{m} a_j\alpha_j$。又对每一个 $a_j \in K$，存在 $b_{ij} \in F,\ i=1,2,\cdots,n$，使得 $a_j = \sum\limits_{i=1}^{n} b_{ij}\beta_i$，所以

$$\alpha = \sum_{j=1}^{m} a_j\alpha_j = \sum_{j=1}^{m}\sum_{i=1}^{n} b_{ij}\alpha_j\beta_i.$$

由此可见 $\{\alpha_i\beta_j \mid i=1,2,\cdots,m;\ j=1,2,\cdots,n\}$ 构成 E 在 F 上的一组基，从而

$$[E:F] = [E:K][K:F] = mn.$$

推论 7.1 若 $F_1, F_2, \cdots, F_t$ 是域，且后一个是前一个的有限扩张，则

$$[F_t : F_1] = [F_t : F_{t-1}][F_{t-1} : F_{t-2}]\cdots[F_2 : F_1].$$

定理 7.7 若 α 是 F 上的代数元，则单扩张 $E = F(\alpha)$ 是 F 的一个代数扩张。

证明 设 α 在 F 上的极小多项式 $p(x)$ 是 n 次的，由定理 7.5 后的注，$F(\alpha)$ 中任一元均可以唯一地表示成

$$a_0 + a_1\alpha + \cdots + a_{n-1}\alpha^{n-1}, \quad a_i \in F.$$

这说明 $1, \alpha, \alpha^2, \cdots, \alpha^{n-1}$ 构成 $F(\alpha)$ 在 F 上的一组基，且 $[F(\alpha):F] = n$。

若 $\beta \in F(\alpha)$，则 $1, \beta, \beta^2, \cdots, \beta^n$ 这 $n+1$ 个元在 F 上必线性相关，所以有不全为 0 的 n 个元素 $b_0, b_1, \cdots, b_{n-1} \in F$，使得

$$b_0 + b_1\beta + \cdots + b_n\beta^n = 0.$$

因此 β 在 F 上代数。

例 7.4 $\sqrt{2}$ 是 $\mathbb{Q}$ 上的多项式 $f(x) = x^2 - 2$ 的根，所以 $\sqrt{2}$ 是 $\mathbb{Q}$ 上的代数元，从而 $\mathbb{Q}(\sqrt{2})$ 是 $\mathbb{Q}$ 的代数扩张。容易看出 $\mathbb{Q}(\sqrt{2}) = \{a + b\sqrt{2} | a, b \in \mathbb{Q}\}$。

从定理 7.7 证明过程可以得出，任一有限扩张都是代数扩张。

推论 7.2 域 F 上两个代数元的和、差、积、商（分母不为 0）仍是 F 上的代数元。

定理 7.8 若集合 S 中的元都是 F 上的代数元，那么 $F(S)$ 是 F 的代数扩张。

证明 设 β 是 $F(S)$ 中的任一元，则存在 $\alpha_1, \alpha_2, \cdots, \alpha_k \in S$，使得

$$\beta = \frac{f(\alpha_1, \alpha_2, \cdots, \alpha_k)}{g(\beta_1, \beta_2, \cdots, \beta_k)},$$

这里 f 和 g 是 F 上的两个多元多项式，且 $g(\alpha_1, \alpha_2, \cdots, \alpha_k) \neq 0$。因此 $\beta \in F(\alpha_1, \alpha_2, \cdots, \alpha_k)$。由推论 7.2，$\beta$ 是 F 上的代数元。

习　　题

1. 设 E 是 F 的 p 次扩张，p 是素数，$\alpha \in E \setminus F$。证明 $E = F(\alpha)$。

2. 若 E 是 F 的一个 n 次扩张，$\alpha \in E$，且在 F 上的次数为 m，证明 $m|n$。

3. 实数域 $\mathbb{R}$ 是有理数域 $\mathbb{Q}$ 的几次扩张？复数域 $\mathbb{C}$ 是实数域 $\mathbb{R}$ 的几次扩张？实数域是有理数域的代数扩张吗？复数域是实数域的代数扩张吗？复数域是有理数域的代数扩张吗？

4. 若 E 为 F 的扩域，$u \in E$ 在 F 上的次数为奇数，证明 u^2 在 F 上的次数也是奇数且 $F(u) = F(u^2)$。

5. 若 E 是 F 的一个代数扩张，α 是 E 上的代数元，证明 α 也是 F 上的代数元。

6. 设 $\mathbb{Q}$ 是有理数域，$E_1 = \mathbb{Q}(2^{1/3}, 2^{1/3}i)$，$E_2 = \mathbb{Q}(2^{1/3}, 2^{1/3}\omega)$，$\omega = \dfrac{-1+\sqrt{3}i}{2}$。证明：

$$[E_1 : \mathbb{Q}(2^{1/3})] = 2, \quad [E_1 : \mathbb{Q}] = 6, \qquad [E_2 : \mathbb{Q}(2^{1/3})] = 4, \quad [E_2 : \mathbb{Q}] = 12.$$

7. 设 E, F, K 是域，$F \subset K \subset E$，若 $[K : F] = m$，$\alpha \in E$ 在 F 的上次数为 n，且 $(n, m) = 1$。证明 α 在 K 上的次数也是 n。

8. 若 $x^n - a \in F[x]$ 不可约。证明任意正整数 m，当 $m|n$ 时，$x^m - a$ 在 $F[x]$ 中也不可约。

9. 设 E 是 F 的扩域，$\alpha \in F$。证明 α 是 F 上的代数元，且 $F = F(\alpha)$。

10. 求 E 在 $\mathbb{Q}$ 上的基 (E 作为 $\mathbb{Q}$ 上的向量空间)：

(1) $E = \mathbb{Q}(\sqrt{3}, \sqrt{5})$；

(2) $E = \mathbb{Q}(\sqrt{2}, i)$；

(3) $E = \mathbb{Q}(i, \omega)$，　$\omega = \dfrac{-1+\sqrt{3}i}{2}$。

§7.5　二　次　域

有理数域 $\mathbb{Q}$ 的二次扩域 K 称为**二次域**。

例 7.5　$\mathbb{Q}(i) = \{a + bi | a, b \in \mathbb{Q}\}$。容易验证 $\mathbb{Q}(i)$ 是一个域。由于 $[\mathbb{Q}(i) : \mathbb{Q}] = 2$，所以 $\mathbb{Q}(i)$ 是一个二次域。

设 K 是一个二次域，$\alpha \in K \setminus \mathbb{Q}$，则 $\mathbb{Q}(\alpha) \supset \mathbb{Q}$，$\mathbb{Q}(\alpha) \neq \mathbb{Q}$，所以 $[\mathbb{Q}(\alpha) : \mathbb{Q}] \geqslant 2$。又 $\mathbb{Q}(\alpha) \subseteq K$，且 $[K : \mathbb{Q}] = 2$，所以 $K = \mathbb{Q}(\alpha)$，即二次域一定是有理数域 $\mathbb{Q}$ 的一个单扩张，且是代数扩张。设 α 在 $\mathbb{Q}$ 上的极小多项式为 $f(x) = x^2 + sx + t$，其中 $s, t \in \mathbb{Q}$。设 $s = b/a$，$t = c/a$，$a, b, c \in \mathbb{Z}$，则 α 也是多项式 $g(x) = ax^2 + bx + c$ 的根，故

$$\alpha = \frac{-b \pm \sqrt{\Delta}}{2a}, \quad \Delta = b^2 - 4ac.$$

因此

$$K=\mathbb{Q}(\alpha)=\mathbb{Q}(\sqrt{\Delta}),$$

即任一二次域 K 都可表示成 $\mathbb{Q}(\sqrt{\Delta})$, $\Delta\in Z$ 是非完全平方数。若 $\Delta>0$，则称 $\mathbb{Q}(\sqrt{\Delta})$ 为**实二次域**，若 $\Delta<0$，则称 $\mathbb{Q}(\sqrt{\Delta})$ 为**虚二次域**。

设 $\Delta=dm^2$, d 不含平方因子，则容易看出

$$\mathbb{Q}(\sqrt{\Delta})=\mathbb{Q}(\sqrt{d}).$$

因此，二次域都形如 $\mathbb{Q}(\sqrt{d})$, d 是无平方因子整数。

下面考虑两个特殊的二次域。

1. 高斯数域 $\mathbb{Q}(i)$

设 $i=\sqrt{-1}$，二次域 $\mathbb{Q}(i)$ 称为**高斯数域**。令 $\mathbb{Z}[i]=\{a+bi|a,b\in\mathbb{Z}\}$，则 $\mathbb{Z}[i]\subseteq\mathbb{Q}(i)$。$\mathbb{Z}[i]$ 关于数的加法和乘法构成一个环，称为二次域 $\mathbb{Q}(i)$ 的**整数环**，也称为**高斯整数环**。

定义 7.7 *设 R 是一个环，若存在映射 $\phi: R^*=R\setminus\{0\}\to\mathbb{Z}^+=\{0,1,2,\cdots\}$，使得对任意 $a,b\in R$, $b\neq 0$，均存在 $q,r\in R$ 满足*

$$a=qb+r,\quad r=0,\text{ 或 }\phi(r)<\phi(b),$$

则称 R 是一个欧氏环。

从定义可以看到，欧氏环上可以做带余除法，其“余数”由映射 ϕ 来控制。由定义不难验证：整数环 $\mathbb{Z}$ 和域 F 上的一元多项式环 $F[x]$ 都是欧氏环。

定理 7.9 *欧氏环 R 中任一理想都是主理想。*

证明 设 I 是 R 的任一理想，若 $I=\{0\}$，则 I 是主理想。若 $I\neq\{0\}$，取 $d\in I$，使得

$$\phi(d)=\min\{\phi(x)|x\in I,x\neq 0\}.$$

下证 $I=(d)$。

任意 $a\in I$, 设

$$a=qd+r,\quad r=0\text{ 或 }\phi(r)<\phi(d),$$

如果 $r\neq 0$，则由 $r=a-qd\in I$ 且 $\phi(r)<\phi(d)$，这与 d 的取法矛盾。从而 $r=0$，即 $a=qd\in(d)$，故 $I\subseteq(d)$。又显然 $(d)\subset I$，所以 $I=(d)$。

可以证明任一主理想整环都是唯一分解整环，也就是说任意一个非零，非可逆元均可以唯一地分解成一些不可约元的乘积 (这里的唯一性是指可以相差一个可逆元因子的意义下)。因此欧氏整环是唯一分解整环。

定理 7.10 *高斯整环 $\mathbb{Z}[i]$ 是欧氏环。*

证明 定义

$$\begin{array}{rccc}\phi: & \mathbb{Z}[i]\setminus\{0\} & \longrightarrow & \mathbb{Z}^+\\ & \alpha=a+bi & \longmapsto & a^2+b^2\end{array}$$

即 $\phi(\alpha)=|\alpha|^2$，显然 ϕ 可以扩充到 $\mathbb{Q}(i)$ 上，且对 $\alpha,\beta\in\mathbb{Q}(i)$，有 $\phi(\alpha\beta)=\phi(\alpha)\phi(\beta)$。

对任意 $\alpha=a+bi, 0\neq\beta=c+di\in\mathbb{Z}[i]$，设

$$\frac{\alpha}{\beta}=\frac{a+bi}{c+di}=r+si,\quad r,s\in\mathbb{Q},$$

取整数 m,n 使得 $|m-r|\leqslant 1/2$, $|n-s|\leqslant 1/2$。令 $v=m+ni$, $\rho=(r-m)+(s-n)i$, 则 $\alpha/\beta=v+\rho$, 或

$$\alpha=v\beta+r,\quad r=\rho\beta.$$

由于 $r=\rho\beta=\alpha-v\beta\in\mathbb{Z}[i]$，且 $\phi(r)=\phi(\rho)\phi(\beta)\leqslant\big((1/2)^2+(1/2)^2\big)\phi(\beta)=(1/2)\phi(\beta)<\phi(\beta)$，所以 $\mathbb{Z}[i]$ 是欧氏环。

2. 三次分圆域 $\mathbb{Q}(\omega)$

设 $\omega=(-1+\sqrt{-3})/2$, 则 $\omega^3=1$, ω 是一个本原的三次单位根。由于 $x^3-1=(x-1)(x^2+x+1)$，所以 ω 是不可约多项式 x^2+x+1 的根，因此 $\mathbb{Q}(\omega)$ 是二次域，称为**三次分圆域**。容易验证 $\mathbb{Q}(\omega)=\mathbb{Q}(\sqrt{-3})$。令 $\mathbb{Z}[\omega]=\{a+b\omega|a,b\in\mathbb{Z}\}$，则 $\mathbb{Z}[\omega]$ 关于数的加法和乘法构成一个环，称为三次分圆域 $\mathbb{Q}(\omega)$ 的**整数环**。

定理 7.11　三次分圆域 $\mathbb{Q}(\omega)$ 的整数环 $\mathbb{Z}[\omega]$ 是一个欧氏环。

证明　定义

$$\begin{array}{rccc}\phi: & \mathbb{Z}[\omega]\setminus\{0\} & \longrightarrow & \mathbb{Z}^+\\ & \alpha=a+b\omega & \longmapsto & (a+b\omega)(a+b\omega^2)=a^2-ab+b^2\end{array}$$

容易知道 ϕ 可以扩充到 $\mathbb{Q}(\omega)$ 上，且 $\phi(\alpha\beta)=\phi(\alpha)\phi(\beta)$, 对任意的 $\alpha,\beta\in\mathbb{Z}[\omega]$ 成立。

对任意 $\alpha,\beta\in\mathbb{Z}[\omega]$, $\beta\neq 0$，设

$$\frac{\alpha}{\beta}=\frac{\alpha\overline{\beta}}{\beta\overline{\beta}}=r+s\omega,\quad r,s\in\mathbb{Q},$$

取整数 m,n，使得 $|m-r|\leqslant 1/2$, $|n-s|\leqslant 1/2$。令 $v=m+n\omega$, $\rho=(r-m)+(s-n)\omega$, 则 $\alpha/\beta=v+\rho$, 或

$$\alpha=v\beta+r,\quad r=\rho\beta,$$

由于 $r=\rho\beta=\alpha-v\beta\in\mathbb{Z}[\omega]$, 且 $\phi(r)=\phi(\rho)\phi(\beta)\leqslant\big((1/4)+(1/4)+(1/4)\big)\phi(\beta)<\phi(\beta)$，所以 $\mathbb{Z}[\omega]$ 是欧氏环。

由定理 7.9 及其后面的注，环 $\mathbb{Z}[i]$ 及 $\mathbb{Z}[\omega]$ 都是主理想整环，从而也是唯一分解整环。

习　　题

1. 证明: $\mathbb{Z}[\sqrt{3}]=\{a+b\sqrt{3}|a,b\in\mathbb{Z}\}$ 是欧氏环。

2. 证明: $\mathbb{Z}[\sqrt{-2}]=\{a+b\sqrt{-2}|a,b\in\mathbb{Z}\}$ 是欧氏环。

3. 证明在 $\mathbb{Z}[i]$ 在，$\alpha=a+bi$ 为可逆元当且仅当 $\phi(\alpha)=a^2+b^2=1$。

4. 设 $a, b \in \mathbb{Z}$, 如果 $a^2 + b^2 = p$ 不是个素数, 则 $\alpha = a + bi \in \mathbb{Z}[i]$ 为不可约元。

5. 设 $p \in \mathbb{Z}$, 满足条件 $p \equiv 3 \pmod 4$, 证明 p 在 $\mathbb{Z}[i]$ 中仍不可约。

6. 2 在 $\mathbb{Z}[i]$ 中可约吗? 如果可约, 将其分解为不可约元的乘积。

7. 试将 $\alpha = 7 + 11i$ 分别成 $\mathbb{Z}[i]$ 中不可约元的乘积。

8. 试确定 $\mathbb{Z}[\omega]$ 中所有的不可约元, 其中 $\omega = (-1 + \sqrt{-3})/2$ 为三次本原单位根。

9. 证明在 $\mathbb{Z}[\omega]$ 中, 3 能被 $(1-\omega)^2$ 整除, 求 3 在 $\mathbb{Z}[\omega]$ 中的分解式。

§7.6 多项式的分裂域

域的单代数扩张实际上是添加一个不可约多项式的根的扩张，因此在这个扩域上，此不可约多项式就有根，从而在扩域上这个多项式就可约了。一般地，若 $f(x)$ 是域 F 上的一个多项式，可将 $f(x)$ 的所有根添加到 F 中，得到一个扩域，这个扩域就是分裂域的概念。

定义 7.8 设 $f(x) \in F[x]$ 是一个 n 次多项式, E 是 F 的一个扩域, 如果

(1) $f(x)$ 在 E 上能够分解成一次因子的乘积

$$f(x) = a(x-\alpha_1)(x-\alpha_2)\cdots(x-\alpha_n),$$

(2) $E = F(\alpha_1, \alpha_2, \cdots, \alpha_n)$,

则称 E 为 $f(x)$ 在 F 上的一个分裂域, 或称 E 为 $f(x)$ 在 F 上的一个分裂扩张。

例 7.6 x^2+1 是实数域 $\mathbb{R}$ 上的多项式，则复数域 $\mathbb{C}$ 就是 x^2+1 在 $\mathbb{R}$ 上的一个分裂域；如果将 x^2+1 看成有理数域 $\mathbb{Q}$ 上的多项式，则 x^2+1 在 $\mathbb{Q}$ 上的分裂域为 $\mathbb{Q}(i) = \{a+bi \mid a, b \in \mathbb{Q}, i^2 = -1\}$。

定理 7.12 域 F 上任一 $n \geqslant 1$ 次的多项式 $f(x)$ 在 F 上均有分裂域。

证明 由定义 6.12 后的注，$F[x]$ 是唯一分解整环。设 $f(x) = f_1(x)g_1(x)$，其中 $f_1(x)$ 是首 1 的不可约多项式，则有单扩张

$$E_1 = F(\alpha_1),$$

α_1 在 F 上的极小多项式为 $f_1(x)$。

在 E_1 上，$f(x) = (x-\alpha_1)f_2(x)g_2(x)$，这里 $f_2(x)$ 是 E_1 上的首 1 不可约多项式。因此存在扩域 E_2:

$$E_2 = E_1(\alpha_2) = F(\alpha_1, \alpha_2),$$

α_2 在 E_1 上的极小多项式为 $f_2(x)$。在 E_2 上，

$$f(x) = (x-\alpha_1)(x-\alpha_2)f_3(x)g_3(x),$$

$f_3(x)$ 是 E_2 上的不可约多项式。依照同样的方法，可以得到

$$E = E_n = F(\alpha_1, \alpha_2, \cdots, \alpha_n),$$

在 E 上，$f(x)$ 分解成

$$f(x) = a(x-\alpha_1)(x-\alpha_2)\cdots(x-\alpha_n).$$

从上述定理的证明可以看出，构造 E 的过程不是唯一的，因此就可能构造出多个分裂域。下面将证明，不论怎样构造，在同构的意义下一个多项式的分裂域是唯一存在的。

引理 7.1　设 ϕ：$E_1 \to E_2$ 是域同构，$p(x) \in E_1[x]$ 是不可约多项式，$\overline{p}(x) = \phi\big(p(x)\big)$ 是 $p(x)$ 在 ϕ 下的象（ϕ 自然地扩充到 $E_1[x]$ 上）。若 $E_1(\alpha)$ 和 $E_2(\overline{\alpha})$ 分别是 E_1 和 E_2 的单扩张，满足 $p(\alpha) = \overline{p}(\overline{\alpha}) = 0$，那么 ϕ 可以扩充成 $E_1(\alpha)$ 到 $E_2(\overline{\alpha})$ 间的一个同构，并将 α 映到 $\overline{\alpha}$。

证明　同构 ϕ：$E_1 \to E_2$ 诱导出多项式环同构：

$$\begin{array}{rccc} \phi: & E_1[x] & \to & E_2[x] \\ & \phi\big(p(x)\big) & = & \overline{p(x)}. \end{array}$$

因此环同构 ϕ：$E_1[x] \to E_2[x]$ 诱导出商环同构：

$$\overline{\phi}:\ E_1[x]/\big(p(x)\big) \to E_2[x]/\big(\overline{p(x)}\big).$$

由于 $p(x)$ 不可约，ϕ 为环同构，所以 $\overline{p(x)}$ 也不可约。故上述商环均是域，且

$$E_1(\alpha) \simeq E_1[x]/\big(p(x)\big) \simeq E_2[x]/\big(\overline{p(x)}\big) \simeq E_2(\overline{\alpha}),$$

这个同构将 α 映到 $\overline{\alpha}$，且限制到 E_1 上就是 ϕ。

定理 7.13　设 ϕ ：$F_1 \to F_2$ 是域同构，$f(x) \in F_1[x]$，$\overline{f}(x)$ 是 $f(x)$ 在 ϕ 下的象。若 $E_1 = F(\alpha_1, \alpha_2, \cdots, \alpha_n)$ 是 $f(x)$ 在 F_1 上的一个分裂域，$E_2 = F_2(\beta_1, \beta_2, \cdots, \beta_n)$ 是 $\overline{f}(x)$ 在 F_2 上的一个分裂域，则在 E_1 与 E_2 之间存在一个同构 $\overline{\phi}$，$\overline{\phi}$ 在 F_1 上的限制为 ϕ，且适当调整 α_i 和 β_j 的顺序，有 $\overline{\phi}(\alpha_i) = \beta_i$。

证明　因为 ϕ：$F_1 \simeq F_2$，不妨假设 $k < n$ 时，有

$$\phi':\ L_1 = F_1(\alpha_1, \alpha_2, \cdots, \alpha_k) \simeq F_2(\beta_1, \beta_2, \cdots, \beta_k) = L_2,$$

这个 ϕ' 限制在 F_1 上就是 ϕ，且 $\phi'(\alpha_i) = \beta_i, i = 1, 2, \cdots, k$。设在 $L_1[x]$ 上

$$f(x) = (x-\alpha_1)\cdots(x-\alpha_k)p_k(x)g_k(x),$$

这里 $p_k(x)$ 是 $L_1[x]$ 中的首 1 不可约多项式，则 $f(x)$ 的象 $\overline{f}(x)$ 在 L_2 上分解为

$$\overline{f}(x) = (x-\beta_1)\cdots(x-\beta_k)\overline{p}_k(x)\overline{g}_k(x),$$

这里 $\overline{p}_k(x)$ 是 $L_2[x]$ 中的首 1 不可约多项式。

在 $F_1(\alpha_1, \alpha_2, \cdots, \alpha_n)$ 和 $F_2(\beta_1, \beta_2, \cdots, \beta_n)$ 中，$p_k(x)g_k(x)$ 和 $\overline{p}_k(x)\overline{g}_k(x)$ 分别分解成 $a(x-\alpha_{k+1})\cdots(x-\alpha_n)$ 和 $\overline{a}(x-\beta_{k+1})\cdots(x-\beta_n)$，$(a \in F_1, \overline{a} = \phi(a) \in F_2)$。分别调整 $\alpha_{k+1}, \cdots, \alpha_n$ 和 $\beta_{k+1}, \cdots, \beta_n$ 的顺序，不妨假设

$$p_k(\alpha_{k+1}) = 0, \qquad \overline{p}_k(\beta_{k+1}) = 0.$$

由引理 7.1，ϕ' 可扩张成同构 ϕ''：

$$\phi'':\ F_1(\alpha_{k+1}) \simeq F_2(\beta_{k+1}),$$

且 $\phi''(\alpha_i) = \beta_i, i = 1, 2, \cdots, k+1$。由归纳法原理，定理结论成立。

上述定理的特殊情形是：$f(x) \in F[x]$，则 $f(x)$ 在 F 上的分裂域在同构的意义下是唯一的。

例 7.7 确定 $x^4 - 2$ 在 $\mathbb{Q}$ 上的分裂域。

解 因为 $x^4 - 2 = (x + \sqrt[4]{2}i)(x - \sqrt[4]{2}i)(x + \sqrt[4]{2})(x - \sqrt[4]{2})$，所以多项式 $x^4 - 2$ 在 $\mathbb{Q}$ 上的分裂域为 $\mathbb{Q}(\sqrt[4]{2}, i)$。

习 题

1. 确定 $f(x) = x^3 - 2x - 2$ 和 $g(x) = x^3 - 3x - 1$ 在有理数域 $\mathbb{Q}$ 上的分裂域。

2. 证明 $\mathbb{Q}$ 上的多项式 $x^4 + 1$ 在 $\mathbb{Q}$ 上的分裂域是一个单扩张 $\mathbb{Q}(\alpha)$，α 是 $x^4 + 1$ 的一个根。

3. E 是多项式 $f(x) \in F[x]$ 在 F 上的分裂域，K 为 E 与 F 之间的一个域，即 $F \subseteq K \subseteq E$。证明 E 也是 $f(x)$ 在 K 上的分裂域。

4. 设 $x^3 - a$ 是 $\mathbb{Q}$ 上的不可约多项式，α 是 $x^3 - a$ 的一个根。证明 $\mathbb{Q}(\alpha)$ 不是 $x^3 - a$ 在 $\mathbb{Q}$ 上的分裂域。

5. 设 P 是一个特征为素数 p 的域，$F = P(\alpha)$ 是 P 的一个单扩张，α 是 $x^p - a \in P[x]$ 的根。问 $P(\alpha)$ 是不是 $x^p - a$ 在 P 上的分裂域？

第8章 有 限 域

只有有限个元素的域称为**有限域**。在 §7.3 节中的线性递归序列是 $\mathbb{Z}_2$ 上的序列，同样也可以考虑任一有限域 F_q 上的线性递归序列，这里 F_q 是含有 q 个元素的有限域。本章分 7 节，在第 1 节给出有限域的结构特征，证明了有限域的存在性定理。第 2 节介绍分圆多项式的性质，第 3 节介绍有限域中元素的表示方法。第 4 节给出有限域上常用的两种开平方算法。第 5 节给出有限域上离散对数的概念，以及常用的两种计算离散对数方法。第 6 节介绍应用非常广泛的 m 序列，第 7 节简单地介绍有限域在编码、密码中的几个应用。

§8.1 有限域的刻划

首先来看有限域元素个数的特点。

定理 8.1 设 F 是一个有限域，$\mathrm{Char}F = p$，则 $|F| = p^n$，n 是一个正整数。

证明 由于 $\mathrm{Char}F = p$，所以 F 的素子域同构于 $F_p = \mathbb{Z}_p$。由假设 F 是有限域，因此 F 是 F_p 上的有限维向量空间，设 $\dim_{F_p} F = n$，且 $\alpha_1, \alpha_2, \cdots, \alpha_n$ 为 F 在 F_p 上的一组基。则

$$F = \{a_1\alpha_1 + a_2\alpha_2 + \cdots + a_n\alpha_n \,|\, a_i \in F_p,\ \ i = 1, 2, \cdots, n\}.$$

故 $|F| = p^n$。

上述定理说明有限域所含元素的个数一定是某个素数的方幂，这个素数 p 就是此有限域的特征。

现在要问，对任一素数 p 以及任一正整数 n，是否存在 p^n 个元素的有限域呢？如果存在，那么有多少个？下面就来回答这两个问题。

定理 8.2 设 $F_p = \mathbb{Z}_p$ 是含有 p 个元素的素域，$q = p^n\,(n \geqslant 1)$，那么多项式 $f(x) = x^q - x$ 在 F_p 上的分裂域 F_q 是一个含有 q 个元素的有限域。

证明 $f(x) = x^q - x$，其导数为

$$f'(x) = qx^{q-1} - 1 = -1.$$

因此 $f(x)$ 与 $f'(x)$ 互素，从而 $f(x)$ 没有重根，或者说 $f(x)$ 在其分裂域中有 q 个不同的根。

设 $F_q = F_p(\alpha_1, \alpha_2, \cdots, \alpha_q)$ 为 $f(x)$ 在 F_p 上的分裂域，$\alpha_1, \alpha_2, \cdots, \alpha_q$ 为 $f(x)$ 的根。由

于

$$(\alpha_i \pm \alpha_j)^{p^n} = \alpha_i^{p^n} \pm \alpha_j^{p^n} = \alpha_i \pm \alpha_j, \qquad (\alpha_i\alpha_j)^{p^n} = \alpha_i\alpha_j,$$

当 $\alpha_j \neq 0$ 时

$$\left(\frac{\alpha_i}{\alpha_j}\right)^{p^n} = \frac{\alpha_i^{p^n}}{\alpha_j^{p^n}} = \frac{\alpha_i}{\alpha_j},$$

故 $\alpha_i \pm \alpha_j, \alpha_i\alpha_j, \frac{\alpha_i}{\alpha_j}$ 仍是 $f(x)$ 的根，$f(x)$ 的 q 个根 $\alpha_1, \alpha_2, \cdots, \alpha_q$ 构成 F_q 的一个子域 E。

任意 $0 \neq a \in F_p$，由于 F_p 的非零元构成一个 $p-1$ 阶乘法群，所以 $a^{p-1} = 1$，从而 $a^{p^n} = a$。而 $0^{p^n} = 0$，这说明 F_p 中的元素都是 $f(x)$ 的根，所以 $F_p \subset E$。而 $f(x)$ 在 E 上分裂，故 $E = F_q$，F_q 恰好含有 q 个元素。

定理 8.3 *任意两个 $q = p^n$ 元的有限域都同构。*

证明 设 E 是任一 q 元有限域，则 $\mathrm{Char}E = p$，从而 E 包含素域 F_p（F_p 在同构意义下唯一）。由于 $E^* = E \setminus \{0\}$ 是一个 $q-1$ 阶乘法群，所以任意 $a \in E^*$，有

$$a^{q-1} = 1, \quad 或 \quad a^q = a.$$

从而 E 中所有元都满足 $a^q = a$。由此 E 包含 $f(x) = x^q - x$ 在 F_p 上的分裂域 F_q。但定理 8.2 表明 $|F_q| = q$，所以 $E = F_q$，即任一 $q = p^n$ 元有限域都是多项式 $f(x) = x^q - x$ 在 F_p 上的分裂域。由定理 7.13 后面的注，此定理成立。

定理 8.2、8.3 说明对任一素数的方幂 $q = p^n$，q 元有限域不仅存在，而且唯一（在同构意义下）。以后将 q 元有限域用符号 $\mathbb{F}_q$ 表示，特别 $\mathbb{F}_p = \mathbb{Z}_p$（$p$ 为素数）。

定理 8.4 *设 $\mathbb{F}_q$ 是 q 元有限域，则乘法群 $\mathbb{F}_q^*$ 是一个循环群。*

证明 设 $q - 1 = p_1^{r_1} p_2^{r_2} \cdots p_t^{r_t}$ 是 $q-1$ 的标准分解。

对任意 $i, 1 \leqslant i \leqslant t$，多项式 $x^{(q-1)/p_i} - 1$ 最多有 $\dfrac{q-1}{p_i}$ 个根。而 $\dfrac{q-1}{p_i} < q-1$，所以有非零元 $a_i \in \mathbb{F}_q$，使 $a_i^{(q-1)/p_i} \neq 1$。令 $b_i = a_i^{(q-1)/p_i^{r_i}}$，则

$$b_i^{p_i^{r_i}} = 1.$$

上式说明 b_i 的阶为 $p_i^{s_i}, 0 \leqslant s_i \leqslant r_i$。但

$$b_i^{p_i^{r_i - 1}} = a_i^{\frac{q-1}{p_i}} \neq 1,$$

所以 b_i 的阶为 $p_i^{r_i}$。令

$$b = b_1 b_2 \cdots b_t,$$

则 $b^{q-1} = 1$。因此 b 的阶为 $q-1$ 的因子 m。若 m 是 $q-1$ 的真因子，则一定存在 i，使得 m 是 $\dfrac{q-1}{p_i}$ 的因子。故

$$1 = b^{\frac{q-1}{p_i}} = b_1^{\frac{q-1}{p_i}} \cdot b_2^{\frac{q-1}{p_i}} \cdots b_i^{\frac{q-1}{p_i}} \cdots b_t^{\frac{q-1}{p_i}}.$$

而当 $j \neq i$ 时，$p_j^{r_j} \Big| \dfrac{q-1}{p_i}$，所以 $b_j^{\frac{q-1}{p_i}} = 1$。从而 $b_i^{\frac{q-1}{p_i}} = 1$，矛盾。因此 b 的阶为 $m = q-1$，$\mathbb{F}_q^*$ 是循环群。

由定理 8.4，$\mathbb{F}_q = \mathbb{F}_p(b)$，即任一有限域都是其素域上的单扩张，其中 b 为循环群 $\mathbb{F}_q^*$ 的生成元。

定义 8.1　循环群 $\mathbb{F}_q^*$ 的生成元称为 $\mathbb{F}_q$ 的本原元。

若 b 是 $\mathbb{F}_q$ 的本原元，则 $\mathbb{F}_q = \{0, 1, b, \cdots b^{q-2}\}$，这样 $\mathbb{F}_q$ 中元的乘法就很容易计算。单代数扩张中的元素如用 §7.3 节末尾给出的表示形式，其加法运算很简单，乘法则很复杂。因此可以根据实际的需要，选择最为方便的表示方式。

下面看两个有限域的例子。

例 8.1　$x^3 + x^2 + 1$ 是 $\mathbb{F}_2[x]$ 中的不可约多项式，设 α 是 x 在 $\mathbb{F}_2[x]/(x^3 + x^2 + 1)$ 中的象，则 $\mathbb{F}_2(\alpha) = \mathbb{F}_2[x]/(x^3 + x^2 + 1)$ 是 $\mathbb{F}_2$ 的 3 次扩张，故

$$\mathbb{F}_2(\alpha) = \mathbb{F}_8 = \{a_0 + a_1\alpha + a_2\alpha^2 \mid a_0, a_1, a_2 \in \mathbb{F}_2\}.$$

它也同构于 $x^8 - x$ 在 $\mathbb{F}_2$ 上的分裂域。（$x^3 + x^2 + 1$ 为什么在 $\mathbb{F}_2[x]$ 中不可约？）

例 8.2　多项式 $x^4 + x + 1 \in \mathbb{F}_2[x]$ 不可约，设 α 是 x 在 $\mathbb{F}_2[x]/(x^4 + x + 1)$ 中的象，则 $\mathbb{F}_2(\alpha) = \mathbb{F}_2[x]/(x^4 + x + 1)$ 是 $\mathbb{F}_2$ 的 4 次扩张，故

$$\mathbb{F}_2(\alpha) = \mathbb{F}_{16} = \{a_0 + a_1\alpha + a_2\alpha^2 + a_3\alpha^3 \mid a_0, a_1, a_2, a_3 \in \mathbb{F}_2\}.$$

有限域的子域是什么样呢？

定理 8.5　设 p 为素数，$q = p^n$，则 $\mathbb{F}_q$ 的每个子域是 p^m 个元的有限域，其中 m 是 n 的正因子。反之，若 m 是 n 的正因子，则 $\mathbb{F}_q$ 含有一个 p^m 元子域。

证明　若 E 是 $\mathbb{F}_q$ 的一个子域，则 E 含有 $t = p^m$ 个元，$m \leqslant n$。但这时 $\mathbb{F}_q$ 是 E 的扩域，次数设为 s，则 $q = t^s$，即 $p^n = p^{m \cdot s}$，所以 $m|n$。

反之，若 $m|n$，则 $p^m - 1|p^n - 1$，所以 $x^{p^m-1} - 1|x^{p^n-1} - 1$，从而 $x^{p^m} - x$ 是 $x^{p^n} - x$ 的因子。由分裂域的定义，$\mathbb{F}_q$ 含有 $x^{p^m} - x$ 在 $\mathbb{F}_p$ 上的分裂域 $\mathbb{F}_{p^m}$。

例 8.3　$\mathbb{F}_{2^{30}}$ 的子域有 $\mathbb{F}_2$,$\mathbb{F}_{2^2}$, $\mathbb{F}_{2^3}$, $\mathbb{F}_{2^5}$, $\mathbb{F}_{2^6}$, $\mathbb{F}_{2^{10}}$, $\mathbb{F}_{2^{15}}$, $\mathbb{F}_{2^{30}}$，且 $\mathbb{F}_2 \subset \mathbb{F}_{2^3} \subset \mathbb{F}_{2^{15}} \subset \mathbb{F}_{2^{30}}$ 是子域链，而 $\mathbb{F}_{2^3}$ 不是 $\mathbb{F}_{2^5}$ 的子域。

设 $\mathbb{F}_{p^m}$ 是 $\mathbb{F}_{p^n}$ 的子域, $\alpha \in \mathbb{F}_{p^n}$。如何判断 α 是否属于 $\mathbb{F}_{p^m}$？

定理 8.6　设 $\mathbb{F}_{p^m} \subseteq \mathbb{F}_{p^n}$, $\alpha \in \mathbb{F}_{p^n}$, 则 $\alpha \in \mathbb{F}_{p^m}$ 当且仅当 $\alpha^{p^m} = \alpha$。

证明　如果 $\alpha \in \mathbb{F}_{p^m}$, 那么由定理 8.3 的证明可知 $\alpha^{p^m} = \alpha$。

反之，如果 $\alpha^{p^m} = \alpha$，那么 α 是多项式 $f(x) = x^{p^m} - x$ 的根。从而 α 属于 $f(x)$ 在 $\mathbb{F}_p$ 上的分裂域 $\mathbb{F}_{p^m}$。

习　题

1. 设 $\mathbb{F}_q$ 是有限域，$q \neq 2$，证明 $\mathbb{F}_q$ 中所有元素之和为 0。

2. 找出 $\mathbb{F}_7, \mathbb{F}_9, \mathbb{F}_{17}$ 的所有本原元。

3. 设 n 是奇数, $a, b \in \mathbb{F}_{2^n}$, 若 $a^2+ab+b^2=0$, 证明 $a=b=0$。

4. 设 F 是一个域 (不一定是有限域), 证明 F^* 的任一有限乘法子群都是循环群。

5. 设 $\mathbb{F}_q$ 是有限域, $q=p^n, n \geqslant 1$。证明: 对任意 $a \in \mathbb{F}_q$, 方程 $x^p-a=0$ 只有一个根。

6. 设 $\mathbb{F}_q$ 是有限域, q 为奇数, 证明 $a \in \mathbb{F}_q^*$ 在 $\mathbb{F}_q$ 上有一个平方根当且仅当 $a^{\frac{q-1}{2}}=1$。

7. 设 k 是一个正整数, $a \in \mathbb{F}_q^*, d=(q-1,k)$。证明 a 是 $\mathbb{F}_q$ 中某个元的 k 次方幂当且仅当 $a^{(q-1)/d}=1$。

8. 证明: $\mathbb{F}_q$ 中任一元都是 $\mathbb{F}_q$ 中某个元的 k 次幂当且仅当 $(q-1,k)=1$。

9. 设 $f(x) \in \mathbb{F}_q[x]$, 证明 $f(x^q)=f(x)^q$。

10. 证明 $\mathbb{F}_q[x]$ 中任一二次多项式在 $\mathbb{F}_{q^2}$ 上都能分解成线性多项式的乘积。

11. 设 $a \in \mathbb{F}_q[x]$, n 是正整数, 证明 x^q-x+a 是 $x^{q^n}-x+na$ 的因子。

12. 设 $\mathbb{F}_q$ 是特征 p 的有限域, $f(x) \in \mathbb{F}_q[x]$。证明 $f'(x)=0$ 当且仅当 $f(x)$ 是 $\mathbb{F}_q[x]$ 中某个多项式的 p 次方幂。

§8.2 分圆多项式

定义 8.2 设 K 是一个域, n 是一个正整数, 多项式 x^n-1 在 K 上的分裂域称为 K 上的 n 次分圆域, 记成 $K^{(n)}$。x^n-1 在 $K^{(n)}$ 中的根称为 K 上的 n 次单位根, n 次单位根的全体记成 $E^{(n)}$。

当 $K=\mathbb{Q}$ 是有理数域时, 则 n 次单位根集 $E^{(n)}$ 正好均匀地分布在复平面的单位圆上, 而 $K^{(n)}$ 就是将这些单位根添加到 $\mathbb{Q}$ 中所得的扩域, 分圆域由此得名。

当 K 是有限域时, $E^{(n)}$ 的结构有些变化, 这可从下述定理看出。

定理 8.7 设 K 是一个特征 p 的有限域, n 是一个正整数, 则有

(1) 若 $p \nmid n$, 则 $E^{(n)}$ 关于 $K^{(n)}$ 的乘法构成一个 n 阶循环群;

(2) 若 $p|n$, 设 $n=mp^e, p \nmid m$, 则 $K^{(n)}=K^{(m)}, E^{(n)}=E^{(m)}$, x^n-1 在 $K^{(n)}$ 中的根正好是 $E^{(m)}$ 中的 m 个元, 每个元是 p^e 重根。

证明 (1) x^n-1 的导数为 nx^{n-1}, 故当 $p \nmid n$ 时, x^n-1 没有重根, 从而 $E^{(n)}$ 含有 n 个元。若 $\zeta, \eta \in E^{(n)}$, 则 $(\zeta\eta^{-1})^n=\zeta^n(\eta^n)^{-1}=1$, 所以 $\zeta\eta^{-1} \in E^{(n)}$。这说明 $E^{(n)}$ 是 $K^{(n)} \setminus \{0\}$ 的一个乘法子群。由定理 8.4, $K^{(n)} \setminus \{0\}$ 是循环群, 从而其子群 $E^{(n)}$ 也是循环群。

(2) 若 $n=mp^e$, 由 K 的特征为 p, 因此

$$x^n-1=x^{mp^e}-1=(x^m-1)^{p^e}.$$

利用 (1) 即得结论。

定义 8.3 设 K 是一个特征 p 的有限域, n 是一个正整数, $p \nmid n$, 循环群 $E^{(n)}$ 的生成元称为 K 上的 n 次本原单位根。

由定义可以看出，ζ 是 n 次本原单位根，则对任意正整数 $k, 1 \leqslant k < n, \zeta^k \neq 1$。

若 $\zeta \in E^{(n)}$ 是一个 n 次本原单位根，则 $E^{(n)}$ 中任一元均可唯一地写成 $\zeta^t, 0 \leqslant t < n, \zeta^t$ 是 n 次本原单位根当且仅当 $(t,n)=1$，所以 n 次本原单位根共有 $\varphi(n)$ 个。

定义 8.4　设 K 是一个特征 p 的有限域，n 是一个正整数，$p \nmid n$，ζ 是 K 上的一个 n 次本原单位根，令

$$Q_n(x) = \prod_{(s,n)=1} (x - \zeta^s),$$

$Q_n(x)$ 称为 K 上的 n 次分圆多项式，求积符号中的 s 遍历小于 n 且与 n 互素的正整数。

分圆多项式 $Q_n(x)$ 在其分裂域中的所有根正好是全体 n 次本原单位根，因此 $Q_n(x)$ 的定义不依赖于本原单位根 ζ 的选取，且 $\deg Q_n(x) = \varphi(n)$。

用符号 $\prod\limits_{d|n}$ 表示指标 d 遍历 n 的所有正因子的乘积。

定理 8.8　设 K 是特征 p 的有限域，n 是一个正整数，$p \nmid n$，则

(1) $x^n - 1 = \prod\limits_{d|n} Q_d(x)$;

(2) $Q_n(x)$ 的系数属于 K 的素域 $\mathbb{Z}_p$。

证明　(1) $x^n - 1 = 0$ 的任一根 $\zeta \in E^{(n)}$，则 ζ 在乘法群 $E^{(n)}$ 中的阶 d 一定是 n 的因子，从而 ζ 是某一 $Q_d(x)$ 的根；又任一 $Q_d(x)$ 的根 η 适合 $\eta^d = 1$，所以 $\eta^n = 1$，即 η 是 $x^n - 1 = 0$ 的根。由于 $x^n - 1 = 0$ 及 $\prod\limits_{d|n} Q_d(x) = 0$ 没有重根，且都是首项系数为 1，故 $x^n - 1 = \prod\limits_{d|n} Q_d(x)$。

(2) 对 n 作数学归纳法。$n = 1$ 时，$Q_1(x) = x - 1$，结论成立。

假设 $n < k$ 时，结论成立。由 (1)，$Q_k(x) = \dfrac{x^k - 1}{\prod\limits_{d|k, d<k} Q_d(x)}$，归纳假设表明 $\prod\limits_{d|k, d<k} Q_d(x)$ 是首项系数为 1，其系数在 K 的素域 $\mathbb{Z}_p$ 中，由带余除法的过程，$x^k - 1 / \prod\limits_{d|k, d<k} Q_d(x) = Q_k(x)$ 的系数属于 $\mathbb{Z}_p$。

例 8.4　设 r 是一个素数，k 是正整数，则 r^k 的因子有 $r^0, r_1, \cdots, r^{k-1}, r^k$。由定理 8.8

$$\begin{aligned}
Q_{r^0}(x) &= Q_1(x) = x - 1, \\
Q_{r^1}(x) &= \frac{x^r - 1}{x - 1} = 1 + x + \cdots + x^{r-1}, \\
Q_{r^2}(x) &= \frac{x^{r^2} - 1}{Q_1(x) Q_r(x)} = \frac{x^{r^2} - 1}{x^r - 1} = 1 + x^r + \cdots + x^{(r-1)r}, \\
&\cdots, \\
Q_{r^k}(x) &= \frac{x^{r^k} - 1}{Q_1(x) Q_r(x) \cdots Q_{r^{k-1}}(x)} = \frac{x^{r^k} - 1}{x^{r^{k-1}} - 1} \\
&= 1 + x^{r^{k-1}} + \cdots + x^{(r-1)r^{k-1}}.
\end{aligned}$$

定理 8.9 设 $K=\mathbb{F}_q$ 是 q 元有限域，$q=p^m$，n 是一个正整数，$p\nmid n$，d 是 q 模 n 的乘法阶。则分圆多项式 $Q_n(x)$ 在 K 上分解为 $\dfrac{\varphi(n)}{d}$ 个不同的首项系数为 1 的 d 次不可约多项式的乘积，且 $[K^{(n)}:K]=d$。

证明 由于 $p\nmid n$，所以存在 n 次本原单位根，设 ζ 是其中一个，则 $K^{(n)}=K(\zeta)$。因此如果第一个结论成立，则 $[K^{(n)}:K]=d$。下面证明第一个结论。

$\mathbb{F}_q$ 上的 n 次本原单位根 $\zeta\in\mathbb{F}_{q^k}$ 当且仅当 $\zeta^{q^k}=\zeta$（$\mathbb{F}_{q^k}$ 中的元正好是 $x^{q^k}-x=0$ 的所有根）。而 $\zeta^{q^k}=\zeta$ 当且仅当 $\zeta^{q^k-1}=1$，由 ζ 是 n 次本原单位根，此即 $n|q^k-1$。而 $n|q^k-1$ 成立的最小正整数为 $k=d$，故 $\zeta\in\mathbb{F}_{q^d}$，且 ζ 不在任何更小的子域中，因此 ζ 在 $\mathbb{F}_q$ 上的次数（ζ 的极小多项式的次数）为 d。由于 ζ 是任一 n 次本原单位根，$Q_n(x)$ 分解成不可约多项式乘积时，每个因子都是 d 次的。

例 8.5 在 $\mathbb{F}_{11}$ 上，

$$\begin{aligned}Q_{12}(x)&=\frac{x^{12}-1}{Q_1(x)Q_3(x)Q_2(x)Q_4(x)Q_6(x)}\\&=x^4-x^2+1.\end{aligned}$$

很容易计算出 11 模 12 的乘法阶为 2，所以由定理 8.9，$Q_{12}(x)$ 分解成两个二次不可约多项式的乘积。经计算

$$Q_{12}(x)=(x^2+5x+1)(x^2-5x+1).$$

习　题

1. 找出 $\mathbb{F}_2[x]$ 中的所有三次不可约多项式。

2. 找出 $\mathbb{F}_2[x]$ 中的所有四次不可约多项式。

3. 找出 $\mathbb{F}_9$ 中的所有的 4 次和 8 次本原单位根，找出 $\mathbb{F}_{19}$ 中的 9 次本原单位根。

4. 设 ζ 是域 K 上的 n 次单位根。证明

$$1+\zeta+\zeta^2+\cdots+\zeta^{n-1}=\begin{cases}0, & \zeta\neq 1,\\ n, & \zeta=1.\end{cases}$$

5. 设 $n\geqslant 2$ 是正整数，$\zeta_1,\zeta_2,\cdots,\zeta_n$ 是域 K 上的所有 n 次单位根。证明

$$\zeta_1^k+\zeta_2^k+\cdots+\zeta_n^k=\begin{cases}n, & k=0,\\ 0, & k=1,2,\cdots,n-1.\end{cases}$$

6. 对任意奇正整数 n，任意域 K 上的 n 次分圆域记为 $K^{(n)}$，证明 $K^{(2n)}=K^{(n)}$。

7. 设 K 是域，$n\geqslant 2$。证明多项式 $x^{n-1}+x^{n-2}+\cdots+x+1$ 在 K 上不可约的必要条件是 n 是素数。

8. 找出最小的素数 p，使得 $x^{22}+x^{21}+\cdots+x+1$ 在 $\mathbb{F}_p$ 上不可约。

§8.3　有限域中元素的表示方法

有限域的应用均要牵涉到有限域上的运算，而运算的速度与有限域中元素的表示方法有直接的关系。这一节介绍有限域中元素的几种表示方法。

1. 多项式表示法

设 $q=p^n$。则 $\mathbb{F}_q$ 是 $\mathbb{F}_p$ 的 n 次扩张，由定理 8.3 知任意两个 q 元域是同构的，所以只要找出一个 $\mathbb{F}_p$ 上的 n 次不可约多项式 $f(x)$，就有

$$\mathbb{F}_q=\mathbb{F}_p[x]/\big(f(x)\big).$$

例 8.6　$\mathbb{F}_9$ 是 $\mathbb{F}_3$ 的 2 次扩张，$f(x)=x^2+1\in\mathbb{F}_3[x]$ 是不可约的，设 α 是 $f(x)$ 在 $\mathbb{F}_9$ 中的一个根，则

$$\begin{aligned}\mathbb{F}_9&=\{a_0+a_1\alpha\,|\,a_0,a_1\in\mathbb{F}_3\}\\&=\{0,1,2,\alpha,1+\alpha,2+\alpha,2\alpha,1+2\alpha,2+2\alpha\},\end{aligned}$$

其中加法运算容易得出，乘法运算如表 8.1。

表 8.1

$\cdot$	0	1	2	α	$1+\alpha$	$2+\alpha$	2α	$1+2\alpha$	$2+2\alpha$
0	0	0	0	0	0	0	0	0	0
1	0	1	2	α	$1+\alpha$	$2+\alpha$	2α	$1+2\alpha$	$2+2\alpha$
2	0	2	1	2α	$2+2\alpha$	$1+2\alpha$	α	$2+\alpha$	$1+\alpha$
α	0	α	2α	2	$2+\alpha$	$2+2\alpha$	1	$1+\alpha$	$1+2\alpha$
$1+\alpha$	0	$1+\alpha$	$2+2\alpha$	$2+\alpha$	2α	1	$1+2\alpha$	2	α
$2+\alpha$	0	$2+\alpha$	$1+2\alpha$	$2+2\alpha$	1	α	$1+\alpha$	2α	2
2α	0	2α	α	1	$1+2\alpha$	$1+\alpha$	2	$2+2\alpha$	$2+\alpha$
$1+2\alpha$	0	$1+2\alpha$	$2+\alpha$	$1+\alpha$	2	2α	$2+2\alpha$	α	1
$2+2\alpha$	0	$2+2\alpha$	$1+\alpha$	$1+2\alpha$	α	2	$2+\alpha$	1	2α

2. 本原元表示法

设 $\mathbb{F}_q=\mathbb{F}_p(\zeta)$，$\zeta$ 是 $\mathbb{F}_p$ 上的 $q-1$ 次本原单位根，则 $\mathbb{F}_q=\{0,\zeta,\zeta^2,\cdots,\zeta^{q-1}\}$。此时 $\mathbb{F}_q$ 上的乘法容易计算，加法则稍复杂。

例 8.7　$\mathbb{F}_9=\mathbb{F}_3(\zeta)$，$\zeta$ 是 $9-1=8$ 次本原单位根，因分圆多项式

$$Q_8(x)=(x^2+x+2)(x^2+2x+2),$$

不妨设 ζ 就是多项式 x^2+x+2 的一个根，则

$$\mathbb{F}_9=\{0,\zeta,\zeta^2,\zeta^3,\zeta^4,\zeta^5,\zeta^6,\zeta^7,\zeta^8\}.$$

要计算 $\mathbb{F}_9$ 上的加法，只要看一下 ζ 与例 8.6 中 α 的关系。容易知道，当 $\alpha^2+1=0$ 时 $\zeta=1+\alpha$ 是 x^2+x+2 的一个根，因此

$$\begin{aligned}
\zeta &= 1+\alpha, & \zeta^2 &= 2\alpha,\\
\zeta^3 &= 1+2\alpha, & \zeta^4 &= 2,\\
\zeta^5 &= 2+2\alpha, & \zeta^6 &= \alpha,\\
\zeta^7 &= 2+\alpha, & \zeta^8 &= 1.
\end{aligned}$$

这样就很快能够计算出 $\zeta^3+\zeta^4=\zeta^2$, $\zeta^1+\zeta^6=\zeta^3$ 等。

3. 伴随矩阵表示法

设 $f(x)=a_0+a_1x+\cdots+a_{n-1}x^{n-1}+x^n$，定义 $f(x)$ 的相伴矩阵为

$$\boldsymbol{A}=\begin{pmatrix}0&0&0&\cdots&0&-a_0\\1&0&0&\cdots&0&-a_1\\0&1&0&\cdots&0&-a_2\\&\cdots&&\cdots&&\\0&0&0&\cdots&1&-a_{n-1}\end{pmatrix},$$

经计算，$|x\boldsymbol{I}-\boldsymbol{A}|=a_0+a_1x+\cdots+a_{n-1}x^{n-1}+x^n=f(x)$，即 $f(x)$ 是 $\boldsymbol{A}$ 的特征多项式。因此 $a_0\boldsymbol{I}+a_1\boldsymbol{A}+a_2\boldsymbol{A}^2+\cdots+a_{n-1}\boldsymbol{A}^{n-1}+\boldsymbol{A}^n=0$，这里 $\boldsymbol{I}$ 是 n 阶单位矩阵。即 $\boldsymbol{A}$ 可以看成 $f(x)$ 的一个根，利用上述结果可以给出有限域中元素表示的第三种方法。

例 8.8 $f(x)=x^2+1\in\mathbb{F}_3[x]$，$f(x)$ 的相伴矩阵为

$$\boldsymbol{A}=\begin{pmatrix}0&2\\1&0\end{pmatrix},$$

因此 $\mathbb{F}_9=\{0,\boldsymbol{I},2\boldsymbol{I},\boldsymbol{A},\boldsymbol{I}+\boldsymbol{A},2\boldsymbol{I}+\boldsymbol{A},2\boldsymbol{A},\boldsymbol{I}+2\boldsymbol{A},2\boldsymbol{I}+2\boldsymbol{A}\}$。$\mathbb{F}_9$ 中元素的加法以及乘法为矩阵的加法和乘法，如

$$(\boldsymbol{A})+(\boldsymbol{I}+\boldsymbol{A})=\boldsymbol{I}+2\boldsymbol{A}=\begin{pmatrix}1&1\\2&1\end{pmatrix},$$

$$\boldsymbol{A}\cdot(\boldsymbol{I}+\boldsymbol{A})=\boldsymbol{A}+\boldsymbol{A}^2=\begin{pmatrix}2&2\\1&2\end{pmatrix}=2\boldsymbol{I}+\boldsymbol{A}.$$

例 8.9 $f(x)=x^2+x+2\in\mathbb{F}_3[x]$，$f(x)$ 的相伴矩阵为

$$\boldsymbol{A}=\begin{pmatrix}0&1\\1&2\end{pmatrix},$$

因此 $\mathbb{F}_9=\{0,\boldsymbol{A},\boldsymbol{A}^2,\boldsymbol{A}^3,\boldsymbol{A}^4,\boldsymbol{A}^5,\boldsymbol{A}^6,\boldsymbol{A}^7,\boldsymbol{A}^8\}$。$\mathbb{F}_9$ 中元素的加法按矩阵的加法，如

$$\boldsymbol{A}^6+\boldsymbol{A}=\begin{pmatrix}2&1\\1&1\end{pmatrix}+\begin{pmatrix}0&1\\1&2\end{pmatrix}=\begin{pmatrix}2&2\\2&0\end{pmatrix}=\boldsymbol{A}^3,$$

$$\boldsymbol{A}^3+\boldsymbol{A}^4=\begin{pmatrix}2&2\\2&0\end{pmatrix}+\begin{pmatrix}2&0\\0&2\end{pmatrix}=\begin{pmatrix}1&2\\2&2\end{pmatrix}=\boldsymbol{A}^2.$$

习　　题

1. 利用 $\mathbb{F}_2$ 上的不可约多项式 x^3+x+1 给出 $\mathbb{F}_8$ 中元素的矩阵表示。

2. 设 $f(x)=x^3+x+1\in\mathbb{F}_2[x]$ 为不可约多项式，写出 $f(x)$ 的伴随矩阵 $\boldsymbol{A}$，并用矩阵的形式写出有限域 $\mathbb{F}_{2^3}$ 中的所有元素。

3. 设 $f(x)=x^4+x^3+x^2+x+1\in\mathbb{F}_2[x]$。

(1) 证明 $f(x)$ 为 $\mathbb{F}_2[x]$ 中不可约多项式；

(2) 由 $f(x)$ 构造有限域 $\mathbb{F}_{2^4}$，计算元素 $\alpha+1$ 的阶，其中 $\alpha\in\mathbb{F}_{2^4}$ 是多项式 $f(x)$ 的根；

(3) 试写出有限域 $\mathbb{F}_{2^4}$ 中所有的本原元。

§8.4　有限域中的开平方算法

本节给出两类常用的有限域 $\mathbb{F}_p$ 和 $\mathbb{F}_{2^m}$ 上的开平方算法。

1. $\mathbb{F}_p$ 上的开平方算法

设 p 为素数，$a\in\mathbb{F}_p$，若有 $b\in\mathbb{F}_p$，使得 $b^2=a$，则称 b 为 a 的**平方根**。从这个定义可以看出，a 有平方根当且仅当 a 为模 p 的二次剩余。求一个元素 a 的平方根实际上就是在 $\mathbb{F}_p$ 上求解方程 $x^2=a$。

若 k 是奇数，且 $a^k=1$，则 $(a^{(k+1)/2})^2=a$，因此 a 的平方根为

$$x=\pm a^{\frac{k+1}{2}}.$$

进一步，若有整数 b,m 和奇数 k 使得 $b^{2m}a^k=1$，则 a 的平方根为

$$x=\pm b^m a^{\frac{k+1}{2}}.$$

下面分三种情况来讨论：

(1) $p\equiv 3 \pmod 4$

设 $p=4t+3$，a 为模 p 的二次剩余。由定理 3.3，$a^{2t+1}=1$。因此 a 的平方根为

$$x=\pm a^{\frac{2t+2}{2}}=\pm a^{\frac{p+1}{4}}.$$

例 8.10　设 $p=211$，$a=143$，$a^{\frac{p-1}{2}}=143^{105}\equiv 1 \pmod p$，因此 a 是模 p 二次剩余，因此 a 的平方根为

$$x=\pm a^{\frac{p+1}{4}}=\pm 96.$$

(2) $p\equiv 5 \pmod 8$

设 $p=8t+5$，a 为模 p 的二次剩余。由定理 3.3，$a^{4t+2}=1$。计算 $u=a^{2t+1}=a^{\frac{p-1}{4}}$。在 $\mathbb{F}_p$ 中 $u=\pm 1$。

如果 $u=1$，则 $a^{2t+2}=a$，a 的平方根为

$$x=\pm a^{t+1}=\pm a^{\frac{p+3}{8}}.$$

如果 $u=-1$，由定理 ??，$2^{\frac{p-1}{2}}=(-1)^{\frac{1}{8}(p^2-1)}=-1$，所以 $a^{2t+2}2^{4t+2}=a$，故 a 的平方根为

$$x=\pm 2^{2t+1}a^{t+1}=\pm 2^{\frac{p-1}{4}}a^{\frac{p+3}{8}}.$$

例 8.11 设 $p=269$，$a=138$，$a^{\frac{p-1}{2}}=138^{134}=1$，故 a 是模 p 的二次剩余。计算 $u=a^{\frac{p-1}{4}}=138^{67}=-1$，故 a 的平方根为

$$x=\pm 2^{\frac{p-1}{4}}a^{\frac{p+3}{8}}=\pm 26.$$

(3) $p\equiv 1 \pmod 8$

设 $p-1=2^s t$，其中 $s\geqslant 3$，t 是奇数，a 是模 p 的二次剩余。为了计算 a 的平方根，假设 b 是一个模 p 的二次非剩余，即 $b^{2^{s-1}t}\equiv -1 \pmod p$。记 $m=b^t$，$n=a^t$。

计算 $u_1=n^{2^{s-2}}$，因为 $n^{2^{s-1}}=a^{\frac{p-1}{2}}=1$，所以 $u_1=\pm 1$。令

$$l_1=\begin{cases}0, & \text{当} u_1=1,\\ 1, & \text{当} u_1=-1,\end{cases}$$

则有

$$m^{l_1\cdot 2^{s-1}}\cdot n^{2^{s-2}}=1.$$

计算 $u_2=m^{l_1 2^{s-2}}n^{2^{s-3}}$，由于 $u_2^2=1$，故 $u_2=\pm 1$。令

$$l_2=\begin{cases}0, & \text{当} u_2=1,\\ 1, & \text{当} u_2=-1,\end{cases}$$

则

$$m^{l_2 2^{s-1}+l_1\cdot 2^{s-2}}n^{2^{s-3}}=1.$$

按照同样的方法依次计算 $u_3,\cdots,u_{s-1}$，及 $l_3,\cdots,l_{s-1}$，得 $m^y n=1$，其中

$$y=l_{s-1}2^{s-1}+l_{s-2}2^{s-2}+\cdots+l_1 2^1.$$

为偶数，故 a 的平方根为

$$x=\pm m^{\frac{y}{2}}a^{\frac{t+1}{2}}.$$

在上述算法中需要利用一个模 p 的二次非剩余。可以通过几次随机选择找到一个模 p 的二次非剩余。

例 8.12 设 $p=353$，$p-1=2^5\cdot 11$，$a=11$，$a^{\frac{p-1}{2}}=11^{176}=1$，故 a 为模 p 二次剩余。容易计算 $b=3$ 为模 p 的二次非剩余。$m=b^t=294$，$n=a^t=237$。

计算

$$u_1 = n^{2^{s-2}} = 237^{2^3} = 1, \qquad l_1 = 0;$$

$$u_2 = n^{2^{s-3}} = 237^{2^2} = -1, \qquad l_2 = 1;$$

$$u_3 = m^{2^{s-2}} \cdot n^{2^{s-4}} = 294^8 \cdot 237^2 = 1, \qquad l_3 = 0;$$

$$u_4 = m^{2^{s-3}} \cdot n^{2^{s-5}} = 294^4 \cdot 237 = 1, \qquad l_4 = 0;$$

故 a 的平方根为

$$x = \pm m^{2^{s-4}} \cdot a^{\frac{t+1}{2}} = \pm 294^2 \cdot 11^6 = \pm 94.$$

2. $\mathbb{F}_{2^m}$ 上开平方算法

定义 8.5 任意 $\alpha \in \mathbb{F}_{2^m}$，则 α 的迹 $\mathrm{Tr}(\alpha)$ 定义为

$$\mathrm{Tr}(\alpha) = \alpha + \alpha^2 + \alpha^{2^2} + \cdots + \alpha^{2^{m-1}}$$

由于 $\mathbb{F}_{2^m}$ 是特征为 2 的域，所以 $\mathrm{Tr}^2(\alpha) = \alpha^2 + \alpha^{2^2} + \cdots + \alpha^{2^m} = \mathrm{Tr}(\alpha)$。故 $\mathrm{Tr}(\alpha) \in \mathbb{F}_2$，$\mathrm{Tr}(\alpha)$ 是从 $\mathbb{F}_{2^m}$ 到 $\mathbb{F}_2$ 的映射。

定理 8.10 迹函数 $\mathrm{Tr}(\cdot)$ 有如下性质：

(1) 对任意的 $\alpha, \beta \in \mathbb{F}_{2^m}$，有 $\mathrm{Tr}(\alpha + \beta) = \mathrm{Tr}(\alpha) + \mathrm{Tr}(\beta)$；

(2) 对任意的 $c \in \mathbb{F}_2$ 及任意的 $\alpha \in \mathbb{F}_{2^m}$，有 $\mathrm{Tr}(c\alpha) = c\mathrm{Tr}(\alpha)$；

(3) 对任意的 $\alpha \in \mathbb{F}_{2^m}$，有 $\mathrm{Tr}(\alpha^2) = \mathrm{Tr}(\alpha)$。

证明 (1) 任意 $\alpha, \beta \in \mathbb{F}_{2^m}$，

$$\begin{aligned}\mathrm{Tr}(\alpha + \beta) &= (\alpha + \beta) + (\alpha + \beta)^2 + \cdots + (\alpha + \beta)^{2^{m-1}} \\ &= (\alpha + \beta) + (\alpha^2 + \beta^2) + \cdots + (\alpha^{2^{m-1}} + \beta^{2^{m-1}}) \\ &= \mathrm{Tr}(\alpha) + \mathrm{Tr}(\beta).\end{aligned}$$

(2) 任意 $c \in \mathbb{F}_2, \alpha \in \mathbb{F}_{2^m}$，

$$\begin{aligned}\mathrm{Tr}(c\alpha) &= (c\alpha) + (c\alpha)^2 + \cdots + (c\alpha)^{2^{m-1}} \\ &= c\alpha + c\alpha^2 + \cdots + c\alpha^{2^{m-1}} \\ &= c\mathrm{Tr}(\alpha).\end{aligned}$$

(3) 任意 $\alpha \in \mathbb{F}_{2^m}$，

$$\begin{aligned}\mathrm{Tr}(\alpha^2) &= \alpha^2 + \alpha^{2^2} + \cdots + \alpha^{2^m} \\ &= \alpha^2 + \alpha^{2^2} + \cdots + \alpha \\ &= \mathrm{Tr}(\alpha).\end{aligned}$$

任意 $\alpha \in \mathbb{F}_{2^m}$，因 $\alpha^{2^m} = \alpha$，故方程 $x^2 = \alpha$ 在 $\mathbb{F}_{2^m}$ 中一定有一个唯一的解 $\alpha^{2^{m-1}}$。

定义 8.6 任意 $\alpha \in \mathbb{F}_{2^m}$，方程 $x^2 + x = \alpha$ 在 $\mathbb{F}_{2^m}$ 中的求解问题，称为$\mathbb{F}_{2^m}$ **上的开平方问题**。

例 8.13 域 $\mathbb{F}_{2^m}$ 上的椭圆曲线的一般方程可写成

$$y^2 + xy = x^3 + ax^2 + b.$$

给定其上一点 P 的 x 坐标 x_0，求 P 的 y 坐标就要解方程

$$y^2 + x_0 y = \beta, \quad \beta = x_0^3 + a x_0^2 + b.$$

令 $z = y \cdot (x_0^{-1})$，则上述方程可写为

$$z^2 + z = \alpha, \qquad \alpha = \beta x_0^{-2}.$$

求 P 的 y 坐标就化为 $\mathbb{F}_{2^m}$ 上的开平方问题。

定理 8.11 域 $\mathbb{F}_{2^m}$ 上的方程 $z^2 + z = \alpha$ 有解的充分必要条件是 $\mathrm{Tr}(\alpha) = 0$。

证明 必要性。设 z_0 为方程 $z^2 + z = \alpha$ 的解，由定理 8.10

$$\begin{aligned}\mathrm{Tr}(\alpha) &= \mathrm{Tr}(z_0^2 + z_0) \\ &= \mathrm{Tr}(z_0^2) + \mathrm{Tr}(z_0) \\ &= \mathrm{Tr}(z_0) + \mathrm{Tr}(z_0) \\ &= 0.\end{aligned}$$

充分性。若 $\mathrm{Tr}(\alpha) = 0$，分两种情形来证明。

(1) 若 m 是奇数，令

$$\beta = \alpha + \alpha^{2^2} + \alpha^{2^4} + \alpha^{2^6} + \cdots + \alpha^{2^{m-1}},$$

则有

$$\begin{aligned}\beta^2 + \beta &= \alpha^2 + \alpha^{2^3} + \alpha^{2^5} + \alpha^{2^7} + \cdots + \alpha^{2^m} \\ &\quad + \alpha + \alpha^{2^2} + \alpha^{2^4} + \alpha^{2^6} + \cdots + \alpha^{2^{m-1}} \\ &= \mathrm{Tr}(\alpha) + \alpha = \alpha,\end{aligned}$$

因此 β 是方程的解，容易得出另一个解为 $\beta + 1$。

(2) 如果 m 是偶数，首先寻找 $\rho \in \mathbb{F}_{2^m}$，$\rho \neq 1$ 且 $\mathrm{Tr}(\rho) = 1$，令

$$\begin{aligned}\beta = &(\rho^2 + \rho^{2^2} + \rho^{2^3} + \cdots + \rho^{2^{m-1}})\alpha \\ &+ (\rho^{2^2} + \rho^{2^3} + \cdots + \rho^{2^{m-1}})\alpha^2 \\ &+ (\rho^{2^3} + \cdots + \rho^{2^{m-1}})\alpha^{2^2} \\ &+ \cdots \\ &+ \rho^{2^{m-1}} \alpha^{2^{m-2}},\end{aligned}$$

计算

$$\begin{aligned}\beta^2 + \beta = &(\rho^2 + \rho^{2^2} + \rho^{2^3} + \cdots + \rho^{2^{m-1}})\alpha \\ &+ (\rho^{2^2} + \rho^{2^3} + \cdots + \rho^{2^{m-1}})\alpha^2 + (\rho^{2^2} + \rho^{2^3} + \cdots + \rho^{2^{m-1}} + \rho^{2^m})\alpha^2 \\ &+ (\rho^{2^3} + \cdots + \rho^{2^{m-1}})\alpha^{2^2} + (\rho^{2^3} + \cdots + \rho^{2^{m-1}} + \rho^{2^m})\alpha^{2^2} \\ &+ \cdots \qquad + \cdots\end{aligned}$$

$$
\begin{aligned}
&+\rho^{2^{m-1}}\alpha^{2^{m-2}}+(\rho^{2^{m-1}}+\rho^{2^m})\alpha^{2^{m-2}}\\
&+\rho^{2^m}\alpha^{2^{m-1}}\\
&=\rho^{2^m}(\alpha^2+\alpha^{2^2}+\cdots+\alpha^{2^{m-1}})+(\rho^2+\rho^{2^2}+\cdots+\rho^{2^{m-1}})\alpha\\
&=\rho^{2^m}(\alpha+\alpha^2+\cdots+\alpha^{2^{m-1}})+(\rho+\rho^2+\cdots+\rho^{2^{m-1}})\alpha\\
&=\rho^{2^m}\mathrm{Tr}(\alpha)+\alpha\mathrm{Tr}(\rho)=\alpha,
\end{aligned}
$$

因此 β 是方程的解，从而可知 $\beta+1$ 是另一个解。

定理 8.11 的证明过程实际上给出了求解的算法。

习　　题

1. 设 $p=43, a=21$，判断 a 模 p 有平方根吗？如果有，求出两个平方根。

2. 设 $p=37, a=12$，判断 a 模 p 有平方根吗？如果有，求出两个平方根。

3. 设 $p=97, a=31$，判断 a 模 p 有平方根吗？如果有，求出两个平方根。

4. 设 $f(x)=x^4+x+1\in\mathbb{F}_2[x]$。

(1) 试证明 $f(x)$ 为 $\mathbb{F}_2[x]$ 中不可约多项式；

(2) 令 α 是 $f(x)$ 的根，在有限域 $\mathbb{F}_{2^4}$ 中，试计算下列元素的迹：$1+\alpha+\alpha^2$, $\alpha+\alpha^3$, $1+\alpha^2$；

(3) 令 $\beta=1+\alpha^2$，方程 $x^2+x=\beta$ 在 $\mathbb{F}_{2^4}$ 中有解吗？如果有解，试求出其解。

§8.5　有限域中离散对数

设 a,b,c 是数，如果 $a=b^c$，则称 c 是 a 关于 b 的对数，记成 $c=\log_b a$。如果 a,b 是实数，那么求 a 关于 b 的对数是比较容易的。如果 a 和 b 是某个有限域 $\mathbb{F}_q$ 中的元素（非零），要求正整数 $n(<q)$ 使 $a=b^n$，则是一个很困难的问题。

定义 8.7　设 $\mathbb{F}_q$ 是 q 元有限域，$b\in\mathbb{F}_q^*$ 是该循环群的一个生成元，$a\in\mathbb{F}_q^*$。若正整数 $n\leqslant q-1$，使得 $a=b^n$，则称 n 为 a 关于基底 b 的离散对数，记成 $n=\log_b a$。

例 8.14　在 $\mathbb{Z}_5$ 中，2 是 $\mathbb{Z}_5$ 的一个本原元 (即 $\mathbb{Z}_5^*$ 的生成元), 由于 $2^0=1, 2^1=2, 2^2=4$, $2^3=3$, 从而

$$\log_2 1=0,\ \log_2 2=1,\quad \log_2 3=3,\quad \log_2 4=2.$$

易知，在 q 较小时，有限域 $\mathbb{F}_q$ 上的离散对数可以通过穷搜法来求解。当 q 较大时，问题就困难了。所以，有限域上的离散对数问题可作密码学用途。

下面给出两种计算有限域上离散对数的方法。

1. Silver, Pohlig 和 Hellman 方法

设 $\mathbb{F}_q$ 是 q 元有限域，$g \in \mathbb{F}_q^*$ 是其本原元，$y \in \mathbb{F}_q^*$，计算 y 关于 g 的离散对数 x。

设 $q-1=\prod p^{a_p}$ 为 $q-1$ 的素因子分解，对每个素因子 p，作如下预计算：

$$a(i,p) \equiv g^{\frac{i(q-1)}{p}} \pmod q, \quad 0 \leqslant i < p,$$

将这些数据列表存储。

为了求 x，先求 $x \pmod{p^a}$，然后由中国剩余定理求出 x。设

$$x \equiv x_0 + x_1 p + \cdots + x_{a-1}p^{a-1} \pmod{p^a},$$

则

$$\begin{aligned} y^{\frac{q-1}{p}} &\equiv g^{x(q-1)/p} \\ &\equiv g^{x_0(q-1)/p} \\ &\equiv a(x_0,p) \pmod q, \end{aligned}$$

通过查表就可求出 x_0。为求 x_1，设 $y_1 = yg^{-x_0}$，则

$$y_1^{\frac{q-1}{p^2}} \equiv a(x_1,p) \pmod q,$$

这样就求出 x_1。为求 x_2，设 $y_2 = yg^{-x_0-x_1p}$，则

$$y_2^{\frac{q-1}{p^3}} \equiv a(x_2,p) \pmod q,$$

从而求出 x_2。重复上述过程，就可以求出 $x \pmod{p^a}$，从而求出 x。

当 $q-1$ 有一个大素因子 p 时，上述算法就难于实现。

例 8.15 在 $\mathbb{F}_{181}$ 中，$g=2$ 是一个本原元，求 $\log_2 62$。

解 $181-1=2^2\cdot 3^2\cdot 5$，$a(i,p)$ 的预计算如下表：

表 8.2 预计算表

	2	3	5
0	1	1	1
1	180	48	59
2		132	42
3			125
4			135

对于 $p^a=2^2$，设 $x=\log_2 62 \equiv x_0+2x_1 \pmod{2^2}$。由

$$62^{90} \equiv 1 \pmod{181},$$

得 $x_0=0, y_1=y=62$。由

$$62^{45} \equiv 1 \pmod{181},$$

得 $x_1=0$，从而 $x \equiv 0 \pmod 4$。

对于 $p^a=3^2$，设 $x=\log_2 62 \equiv x_0+3x_1 \pmod{3^2}$。由

$$62^{60} \equiv 48 \pmod{181},$$

得 $x_0 = 1, y_1 = 31$。由

$$32^{20} \equiv 1 \pmod{181},$$

得 $x_1 = 0$，从而 $x \equiv 1 \pmod 9$。

对于 $p^a = 5$，设 $x = \log_2 62 \equiv x_0 \pmod 5$。由

$$62^{36} \equiv 1 \pmod{181},$$

得 $x_0 = 0$，从而 $x \equiv 0 \pmod 5$。

解同余方程组

$$\begin{cases} x \equiv 0 \pmod 4, \\ x \equiv 1 \pmod 9, \\ x \equiv 0 \pmod 5, \end{cases}$$

得 $x = 100$，所以 $\log_2 62 = 100$。

2.Shanks 小步大步算法

在 $\mathbb{F}_q$ 中，$g \in \mathbb{F}_q^*$ 是一个本原元。$y \in \mathbb{F}_q^*$，求 $\log_g y$。

设 $x = \log_g y$，令 $m = [\sqrt{q-1}]$，即 m 为不超过 $\sqrt{q-1}$ 的最大整数，则存在整数 i 和 j，$0 \leqslant i < m, 0 \leqslant j < m$，使得 $x = m \cdot i + j$。由 $y = g^{mi+j}$ 可得 $y(g^{-m})^i = g^j$。

为了求 x，作预计算 $g^j, 0 \leqslant j < m$，将其放在某个查询表中，然后计算如下 m 个值：

$$y, y \cdot g^{-m}, y \cdot g^{-2m}, \cdots, y \cdot g^{-im}, \cdots$$

在计算过程中，比较 $y \cdot g^{-im}$ 和 g^j，如果相等，则 $\log_g y = mi + j$。

例 8.16　在 $\mathbb{F}_{101}$ 中，求 $\log_2 3$。

解　$m = \sqrt{101-1} = 10, g = 2$，作预计算表：

表 8.3　预计算表

j	0	1	2	3	4	5	6	7	8	9
g^j	1	2	4	8	16	32	64	27	54	7

计算

$$\begin{aligned} &2^{10} = 65, && 3 \cdot 2^{-10} = 94, \\ &3 \cdot 2^{-20} = 50, && 3 \cdot 2^{-30} = 18, \\ &3 \cdot 2^{-40} = 59, && 3 \cdot 2^{-50} = 98, \\ &3 \cdot 2^{-60} = 7. \end{aligned}$$

由此可见，$3 \cdot 2^{-60} = 2^9$，故 $3 = 2^{69}$, $\log_2 3 = 69$。

还有很多计算离散对数的方法，但当 q 相当大的时候，这些算法很难真正有效，所以离散对数成为密码学中一个有效的工具。关于离散对数在密码学中的应用，见 §8.7 节。

习　题

1. 令 $p=113$, 验证 $\alpha=3$ 是模 p 的本原元。试用 Shranks 的方法计算离散对数 $\log_3(31)$。[提示：手工计算时，可采用平方乘算法以减少计算量]

2. 对于 $p=113$, 本原元 $\alpha=3$, 试用 Pohlig 方法计算离散对数 $\log_3(31)$。

§8.6　*m* 序　列

考虑域 $\mathbb{F}_2$ 上的 n 阶线性移位寄存器序列 $a: a_0, a_1, a_2, \cdots$, 把 $(a_0, a_1, \cdots, a_{n-1})$ 称为初态，序列中其他元素由递推公式

$$a_k = c_1 a_{k-1} + c_2 a_{k-2} + \cdots + c_n a_{k-n}, \quad k \geqslant n$$

产生，其中 $c_1, c_2, \cdots, c_n$ 为 $\mathbb{F}_2$ 中元素。定义多项式

$$f(x) = 1 + c_1 x + c_2 x^2 + \cdots + c_n x^n, \tag{8.1}$$

称它为序列 a 的连接多项式。

若存在一个正整数 l，使

$$a_{l+k} = a_k \quad k \geqslant 0, \tag{8.2}$$

则称 a 为周期序列。使式 (8.2) 成立的最小正整数 l_0 称为序列 a 的周期。这时使式 (8.2) 成立的任一正整数 l 都是 l_0 的倍数。否则，设 $l = tl_0 + r$ $(0 \leqslant r < l_0)$，由式 (8.2) 得

$$a_k = a_{tl_0+r+k} = a_{r+k}, \quad k \geqslant 0,$$

即 r 也使式 (8.2) 成立，由周期 l_0 的定义，可知 $r=0$。

令

$$S_k = (a_k, a_{k+1}, \cdots, a_{k+n-1}), \quad k \geqslant 0,$$

S_k 称为 a 的第 k 个状态。每个状态都为 $\mathbb{F}_2$ 上的 n 维向量。若某个状态 S_k 为零向量，则 a_k 之后的元素都为零，称 a 为零序列。以下假设 a 的任一状态都不是零向量。$\mathbb{F}_2$ 上总共有 2^n-1 个不同的非零向量，所以在 a 的 2^n 个状态 S_k $(1 \leqslant k \leqslant 2^n)$ 中，一定存在两个相同的状态 $S_i = S_j$ $(1 \leqslant i, j \leqslant 2^n)$。利用 a 的递推公式得到

$$a_{i+k} = a_{j+k}, \quad k \geqslant 0,$$

在上式中以 $k-i$ 代替 k 得到

$$a_{j-i+k} = a_k, \quad k \geqslant 0$$

记 $l = j-i$，可见 $\mathbb{F}_2$ 上的线性移位寄存器序列都是周期的，且它的周期不超过 2^n-1。

定义 8.8 $\mathbb{F}_2$ 上周期达到 2^n-1 的 n 阶线性移位寄存器序列称为 m 序列。

考虑如何确定线性移位寄存器序列的周期。

定义序列 a 的左移算子

$$L(a)=(a_1,a_2,a_3,\cdots),$$

记

$$x^i\circ a=L^i(a)=(a_i,a_{i+1},a_{i+2},\cdots),$$

定义连接多项式 $f(x)$ 的互反多项式

$$\widehat{f}(x)=x^n+c_1x^{n-1}+c_2x^{n-2}+\cdots+c_n=x^nf\big(1/x\big).$$

则

$$\begin{aligned}\widehat{f}(x)\circ a&=L^n(a)+\sum_{i=1}^{n}c_iL^i(a)\\&=\Big(a_n+\sum_{i=1}^{n}c_ia_{n-1},\ a_{n+1}+\sum_{i=1}^{n}c_ia_{n+1-i},\ \cdots\Big)\\&=0.\end{aligned}$$

这里用了 a 的递推公式。称 $\widehat{f}(x)$ 为序列 a 的零化多项式。以 $I(a)$ 表示 a 的所有零化多项式的集合，则 $\widehat{f}(x)\in I(a)$，可见 $I(a)$ 不是空集合。设 $h_1(x)$, $h_2(x)\in I(a)$，即 $h_1(x)\circ a=h_2(x)\circ a=0$，因

$$(h_1(x)+h_2(x))\circ a=h_1(x)\circ a+h_2(x)\circ a=0,$$

所以 $h_1(x)+h_2(x)\in I(a)$。设 $h(x)$ 为 $\mathbb{F}_2[x]$ 中任一多项式，由于

$$(h(x)h_1(x))\circ a=h(x)\circ(h_1(x)\circ a)=h(x)\circ 0=0,$$

所以 $h(x)h_1(x)\in I(a)$。可见 $I(a)$ 为 $\mathbb{F}_2[x]$ 中的一个非零理想。由定理 6.13 可知 $I(a)$ 是一个主理想，即有 $I(a)=(\widehat{g}(x))$，$\widehat{g}(x)$ 为 $I(a)$ 中次数最低的多项式。可以假定 $\widehat{g}(x)$ 的首项系数为 1。记

$$\widehat{g}(x)=x^m+g_1x^{m-1}+\cdots+g_m,\quad g_i\in\mathbb{F}_2\ (1\leqslant i\leqslant m).$$

由于

$$\widehat{g}(x)\circ a=\Big(a_m+\sum_{i=1}^{m}g_ia_{m-i},\ a_{m+1}+\sum_{i=1}^{m}g_ia_{m+1-i},\ \cdots\Big)=0,$$

可见

$$a_k=\sum_{i=1}^{m}g_ia_{k-i},\quad k\geqslant m,$$

所以

$$g(x)=1+g_1x+g_2x^2+\cdots+g_mx^m$$

是序列 a 的极小连接多项式，简称为 a 的极小多项式。

定义 8.9 设 $q(x)$ 为 $\mathbb{F}_2[x]$ 中任一常数项为 1 的多项式，使得 $q(x)|x^p+1$ 成立的最小正整数 p 称为多项式 $q(x)$ 的阶，记为 $p(q)$。

设 $p(q)=p$, $q(x)|x^l+1$，则 l 一定是 p 的倍数。否则设 $l=tp+r$ $(0\leqslant r<p)$，因而 $0\equiv x^l+1\equiv x^{tp+r}+1\equiv x^r+1 \pmod{q(x)}$，由 $p(q)$ 的最小性可得 $r=0$。

设 $h_1(x)$, $h_2(x)\in\mathbb{F}_2[x]$, $h_1(x)|h_2(x)$，则存在 $u(x)\in\mathbb{F}_2[x]$，使 $h_2(x)=h_1(x)u(x)$。记 $m=\deg h_2(x)$，从而

$$\widehat{h_2}(x)=x^m h_2(1/x)=x^m h_1(1/x)u(1/x)=\widehat{h_1}(x)\widehat{u}(x),$$

所以 $\widehat{h_1}(x)|\widehat{h_2}(x)$。$x^p+1$ 的互反多项式为自身。若 $q(x)|x^p+1$，则有 $\widehat{q}(x)|x^p+1$，由定义 8.9 可得 $p(q)=p(\widehat{q})$。

定理 8.12 设 $g(x)$ 为线性移位寄存器序列 a 的极小多项式，$p(a)$ 表示 a 的周期，则 $p(a)=p(g)$。

证明 因 $I(a)=(\widehat{g}(x))$, $\widehat{g}(x)|x^{p(g)}+1$ (这里利用了 $p(\widehat{g})=p(g)$)，所以 $x^{p(g)}+1$ 是序列 a 的零化多项式，即有

$$(x^{p(g)}+1)\circ a=\left(a_{p(g)}+a_0,\,a_{p(g)+1}+a_1,\,\cdots\right)=0,$$

因而

$$a_{p(g)+k}=a_k,\quad k\geqslant 0,$$

可得 $p(a)|p(g)$。

因 $p(a)$ 是 a 的周期，故

$$a_{p(a)+k}=p_k,\quad k\geqslant 0.$$

可见 $x^{p(a)}+1$ 是 a 的连接多项式，它同时也是 a 的零化多项式，故有 $\widehat{g}(x)|x^{p(a)}+1$，从而 $g(x)|x^{p(a)}+1$，利用以上推论得 $p(g)|p(a)$，证毕。

由定理 8.12 可知，m 序列的极小多项式的阶为 2^n-1，这类多项式称为本原多项式，它们的根为 $\mathbb{F}_{2^n}$ 中的本原元（见定义 8.1）。

习　　题

1. 设 $f(x)\in\mathbb{F}_2[x]$ 为不可约多项式且次数 $n>1$，用 $f(x)$ 构造有限域 $\mathbb{F}_{2^n}$, $\alpha\in\mathbb{F}_{2^n}$ 为 $f(x)$ 的根。证明元素 α 的乘法阶与多项式 $f(x)$ 的阶相同。

2. 设 $f(x)\in\mathbb{F}_2[x]$，是常数项为 1 的不可约多项式，证明存在正整数 l，使得 $f(x)|x^l+1$。

3. 设 $f_1(x)$, $f_2(x)\in\mathbb{F}_2[x]$ 是常数项为 1 的不可约多项式，证明存在正整数 l，使得 $f_1(x)f_2(x)|x^l+1$。

4. 设 $f(x)\in\mathbb{F}_2[x]$ 是常数项为 1 的不可约多项式，k 为正整数，证明存在正整数 l，使得 $f(x)^k|x^l+1$。

5. 设 $f(x) \in \mathbb{F}_2[x]$ 是 n 次不可约多项式 $(n>1)$，证明多项式 $f(x)$ 的阶 $p(f)|2^n-1$。

6. 计算多项式 $f(x)=x^4+x+1$ 的阶。

7. 试证明 $f(x)=x^6+x+1$ 为 $\mathbb{F}_2[x]$ 中不可约多项式，计算 $f(x)$ 的阶。[**提示**：如果 $f(x)$ 可约，则 $f(x)$ 一定有次数不超过 3 的不可约因子。]

8. 证明 n 次本原多项式有 $\varphi(2^n-1)/n$，其中 φ 为欧拉函数。

9. 6 次本原多项式有多少个？试计算所有的 6 次本原多项式。

10. 以 $f(x)=x^4+x^3+1 \in \mathbb{F}_2[x]$ 为连接多项式，以 $(0,0,0,1)$ 为初始状态，写出相应的线性移位寄存器序列 a，该序列的周期是多少？

§8.7 有限域在编码和密码中的应用举例

1. 有限域在编码中的应用

数字信息在传输过程中可能受到各种干扰，比如其他无线电信号，磁场等等，这样收到的信息就有可能出错。为了使信息能够正确地传送给收信者，最好采用抗干扰编码的办法。也就是说，在信息传输之前先进行一次抗干扰编码，然后再发送编码后的信息。编码后的信息传送到收信者，可以根据编码的功能进行检错和纠错，然后再解码得到传送的信息。这里所用的编码称为纠错码。

线性码是最常用的一类纠错码。一个线性码 $\mathcal{C}$ 就是 $\mathbb{F}_2$ 上 n 维向量空间 $\mathbb{F}_2^n$ 中的一个 $k(<n)$ 维子空间（也可以用一般的有限域 $\mathbb{F}_q$ 代替 $\mathbb{F}_2$，但在数字通信中最常用的是 $\mathbb{F}_2$）。$\mathcal{C}$ 中的每个向量称为**码字**。设 $c=(c_0,c_1,\cdots,c_{n-1})$（$c_i \in \mathbb{F}_2$）是 $\mathcal{C}$ 中的一个码字，它的非零分量个数定义为**重量**，即

$$w(c)=\sharp\{c_i|c_i \neq 0, 0 \leqslant i \leqslant n-1\}.$$

定义 $\mathcal{C}$ 的**最小重量**为

$$d(\mathcal{C})=\min\{w(c)|c \in \mathcal{C}\},$$

对于 $\mathcal{C}$ 中任意两个码字 c,c'，定义 c,c' 的距离

$$d(c,c')=w(c-c'),$$

由于 $\mathcal{C}$ 是线性码，故

$$d(\mathcal{C})=\min\{w(c-c')|c,c' \in \mathcal{C}, c \neq c'\},$$

$d(\mathcal{C})$ 也称为$\mathcal{C}$ **的最小距离**。

$d(\mathcal{C})$ 是决定 $\mathcal{C}$ 的纠错功能的重要参数，$d(\mathcal{C})$ 越大，$\mathcal{C}$ 的纠错功能就越强。在设计线性码时，希望它的最小重量能达到一定的要求。

以下介绍一个利用有限域设计一类线性码（BCH 码）的方法。令 $n=2^m-1$，$\mathbb{F}_2$ 上任一 n 维向量

$$c=(c_0,c_1,\cdots,c_{n-1}),\quad c_i\in\mathbb{F}_2,$$

对应 $\mathbb{F}_2$ 上一个次数不超过 $n-1$ 的多项式

$$c(x)=c_0+c_1x+\cdots+c_{n-1}x^{n-1}\in\mathbb{F}_2[x],$$

所以一个码字也可以用一个多项式表示。

设 β 为 $\mathbb{F}_{2^m}$ 的一个本原元，$d\leqslant n$ 为正整数。定义

$$\mathcal{C}=\{c(x)\in\mathbb{F}_2(x)|\deg c(x)\leqslant n-1,c(\beta^i)=0,1\leqslant i\leqslant d-1\}.$$

若 $c(x),c'(x)\in\mathcal{C}$，则易见 $c(x)+c'(x)\in\mathcal{C}$，$\mathcal{C}$ 对应 $\mathbb{F}_2^n$ 中的一个线性子空间，它是一个线性码。定义 $\mathbb{F}_{2^m}$ 上的一个 $(d-1)\times n$ 矩阵

$$\boldsymbol{H}=\begin{pmatrix}1 & \beta & \beta^2 & \cdots & \beta^{n-1}\\ 1 & \beta^2 & \beta^{2\cdot 2} & \cdots & \beta^{2\cdot(n-1)}\\ \vdots & \vdots & \cdots & \vdots & \\ 1 & \beta^{d-1} & \beta^{(d-1)\cdot 2} & \cdots & \beta^{(d-1)(n-1)}\end{pmatrix}$$

则 $c(x)=c_0+c_1x+\cdots+c_{n-1}x^{n-1}\in\mathcal{C}$ 当且仅当

$$(c_0,c_1,\cdots,c_{n-1})\cdot H^T=0. \tag{8.3}$$

这里 $\boldsymbol{H}^{\mathrm{T}}$ 表示 $\boldsymbol{H}$ 的转置矩阵。因 β 是本原元，故 $\beta,\beta^2,\cdots,\beta^{d-1}(d\leqslant n)$ 互不相同，$\boldsymbol{H}$ 的任意 $d-1$ 列所决定的子矩阵的行列式是一个取非零值的 Vandermonde 行列式，所以 $\boldsymbol{H}$ 的任意 $d-1$ 列都线性无关，由 (8.3) 可知对任意 $\mathcal{C}$ 的码字 c 都有 $w(c)\geqslant d$，因此 $\mathcal{C}$ 的最小重量 $d(\mathcal{C})\geqslant d$。这里 d 称为$\mathcal{C}$ **的设计距离**。

令 $g_i(x)$ 为 β^i 在 $\mathbb{F}_2$ 上的极小多项式，$g(x)$ 为 $g_1(x),g_2(x),\cdots,g_{d-1}(x)$ 的最小公倍式。由于 $g_i(x)|x^n-1$，x^n-1 无重根（因 n 为奇数!），可见 $g(x)|x^n-1$，$g(x)$ 为 $\mathbb{F}_2$ 上分圆多项式的一个因子。线性码 $\mathcal{C}$ 也可以定义为

$$\begin{aligned}\mathcal{C}&=\{f(x)g(x)\pmod{(x^n-1)}|f(x)\in\mathbb{F}_2[x]\}\\&=\{f(x)g(x)|\deg f(x)<n-\deg g(x),f(x)\in\mathbb{F}_2[x]\},\end{aligned}$$

$\mathcal{C}$ 可以理解为 $g(x)$ 在环 $\mathbb{F}_2[x]/(x^n-1)$ 中生成的理想。

设 $c=(c_0,c_1,\cdots,c_{n-1})$ 为 $\mathcal{C}$ 的一个码字，由于

$$\begin{aligned}x\cdot c(x)&=x(c_0+c_1x+\cdots+c_{n-1}x^{n-1})\\&\equiv c_{n-1}+c_0x+\cdots+c_{n-2}x^{n-1}\pmod{(x^n-1)},\end{aligned}$$

故 $(c_{n-1},c_0,\cdots,c_{n-2})$ 也是 $\mathcal{C}$ 的一个码字。具有这个性质的纠错码称为**循环码**，上面构造的 BCH 码就是循环码。

2. 有限域在密码中的应用

(1) 流密码（也称序列密码）的构造

在数字信息系统中，任一信息都可以用一个 0，1 序列 $m = (m_0, m_1, m_2, \cdots)$ 表示，其中 $m_i = 0$ 或 1。流密码的加密方法是取一个相同长度的 0，1 序列 $K = (k_0, k_1, k_2, \cdots)$，将 K 与 m 按位模 2 相加：

$$c = m + K = (c_0, c_1, c_2, \cdots),$$

$$c_i \equiv m_i + k_i \pmod 2,$$

m 称为明文，c 称为密文，K 称为加密序列。由密文得到明文只要再作一次模 2 加法即可：

$$m = c + K,$$

$$m_i \equiv c_i + k_i \pmod 2.$$

在 4.5 节和 7.3 节讨论的线性递归序列，经常被用于构造加密序列 K，所用的线性递归序列的性质将影响所生成的加密序列的性质。但线性递归序列并不能直接当作加密序列，通常要通过一个非线性布尔函数（见第 10 章，布尔函数）生成前馈序列。

(2) Diffie–Hellman 密钥交换方案

网络上身处异地的两个用户 A 和 B，在进行保密通信前通常需要在网上交换信息，约定一个数 — 密钥。该密钥只有这两个用户知道，任何第三方即使截获了 A 和 B 在网上交换的信息，也不能获取该密钥。

设 g 是 $\mathbb{F}_q$ 的本原元，A 和 B 采用以下步骤约定密钥。

(1) A 秘密地随机选取一个整数 $a \in [0, q-2]$；

(2) A 计算 $k_1 = g^a \in \mathbb{F}_q$，并将 k_1 传给 B；

(3) B 秘密地随机选取整数 $b \in [0, q-2]$；

(4) B 计算 $k_2 = g^b \in \mathbb{F}_q$，并将 k_2 传给 A；

(5) A 计算 k_2^a；

(6) B 计算 k_1^b。

由于 $k_2^a = (g^b)^a = (g^a)^b = k_1^b$，因此 A 和 B 可以分别选定 k_2^a 和 k_1^b 作为约定的密钥。

假定第三方 C 从公开信道上获取了 $k_1 = g^a$ 和 $k_2 = g^b$，但由于计算离散对数的困难性（这要求 q 足够大），C 仍然不知道 a 和 b，因此 C 不能计算 k_1^b, k_2^a，即 g^{ab}，这样达到了在公开信道上秘密约定密钥的目的。

第 9 章　组合电路与布尔代数

19 世纪，G.Boole 发明了布尔代数，并利用符号代替文字发展了逻辑理论。1938 年，C.E. Sha-nnon 首先将布尔代数用于电子电路的分析中。现在布尔代数已成为电子计算机的分析和设计中不可缺少的工具。本章主要介绍基本的门电路：与门、或门和非门以及由这些基本门电路构成的组合电路的概念及表示方法，介绍布尔代数的概念及基本性质。

§9.1　组 合 电 路

在数字计算机中，0 和 1 被视为最基本的元素，所有的程序和数据都可以化为由 0 和 1 组成的二进制位的组合。数字计算机运行是通过组合电路实现的。

组合电路是由称为门电路的固态元件通过线路的连接而得到的电子线路，其输出由组合电路的每个输入组合唯一确定。门电路主要有：与门、或门和非门。

定义 9.1　与门是一个门电路，当输入为 $x_1, x_2 \in \{0,1\}$ 时，其输出为 $x_1 \wedge x_2$，

$$x_1 \wedge x_2 = \begin{cases} 1, & 若\ x_1 = x_2 = 1, \\ 0, & 其他。\end{cases}$$

与门可用图 9.1 表示。

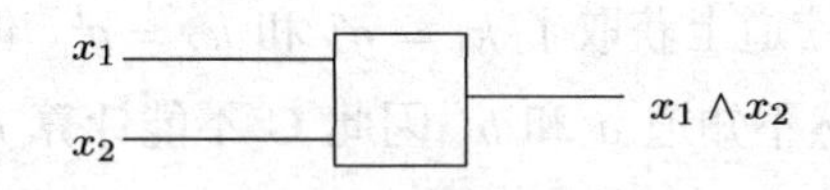

图 9.1　与门电路示意图

定义 9.2　或门是一个门电路，当输入为 $x_1, x_2 \in \{0,1\}$ 时，其输出为 $x_1 \vee x_2$，

$$x_1 \vee x_2 = \begin{cases} 1, & 若\ x_1 = 1\ 或\ x_2 = 1, \\ 0, & 其他。\end{cases}$$

或门可用图 9.2 表示。

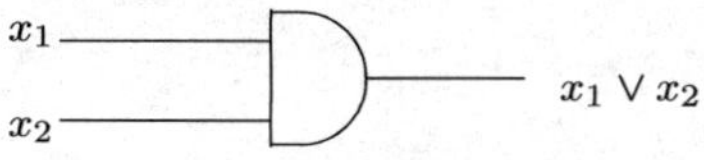

x_1　x_2　$x_1 \vee x_2$

图 9.2　或门电路示意图

定义 9.3　非门是一个门电路，当输入为 $x \in \{0,1\}$ 时，其输出为

$$\overline{x} = \begin{cases} 1, & 若\ x = 0, \\ 0, & 若\ x = 1。 \end{cases}$$

非门可用图 9.3 表示。

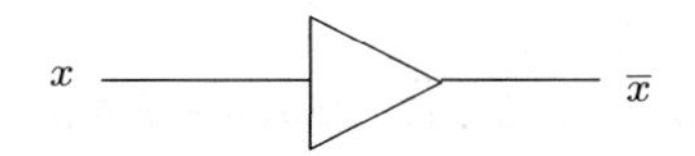

图 9.3　非门电路示意图

例 9.1　图 9.4 是一个组合电路，对任一输入 x_1，x_2 和 x_3 可以唯一输出一个 y，$y = (x_1 \wedge x_2) \vee x_3$。

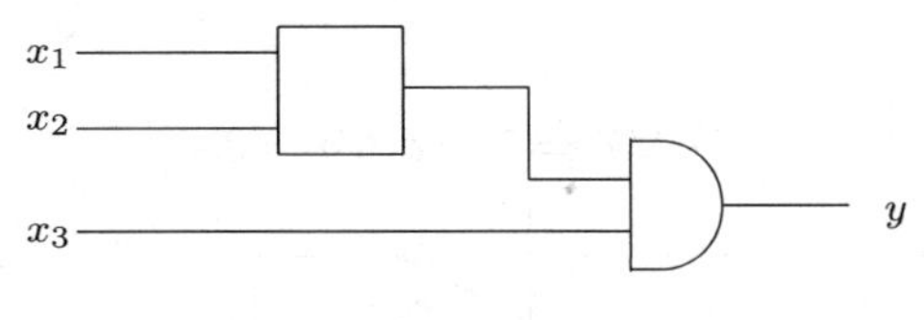

图 9.4　组合电路的例子

门电路及组合电路可以用真值表的方式表出来。下面给出的是几种门电路及图 9.4 组合电路的真值表。

x_1	x_2	$x_1 \wedge x_2$
1	1	1
1	0	0
0	1	0
0	0	0

x_1	x_2	$x_1 \vee x_2$
1	1	1
1	0	1
0	1	1
0	0	0

x	$\overline{x}$
1	0
0	1

x_1	x_2	x_3	$(x_1 \wedge x_2) \vee x_3$
1	1	1	1
1	1	0	1
1	0	1	1
0	1	1	1
1	0	0	0
0	1	0	0
0	0	1	1
0	0	0	0

从例 9.1 可以看到，组合电路可以用一个由 x_i(输入比特)、$\wedge$、$\vee$、$^-$ 构成的一个式子表示。$y = (x_1 \wedge x_2) \vee x_3$ 就表示图 9.4 的组合电路。这样的式子称为组合电路的布尔表达式。

例 9.2　画出布尔表达式 $y = (x_1 \wedge (x_2 \vee x_3)) \vee \overline{x}_2$ 的组合电路图。

解 $y=(x_1\wedge(x_2\vee x_3))\vee\overline{x}_2$ 的组合电路图为：

$\wedge$、$\vee$、$^-$ 可看成集合 $\mathbb{Z}_2=\{0,1\}$ 上的二元和一元运算。

定理 9.1 设 $a,b,c\in\mathbb{Z}_2$，则

(1) 结合律:

$$(a\vee b)\vee c=a\vee(b\vee c),\quad (a\wedge b)\wedge c=a\wedge(b\wedge c);$$

(2) 交换律:

$$a\vee b=b\vee a,\quad a\wedge b=b\wedge a;$$

(3) 分配律:

$$a\wedge(b\vee c)=(a\wedge b)\vee(a\wedge c),\quad a\vee(b\wedge c)=(a\vee b)\wedge(a\vee c);$$

(4) 同一律:

$$a\vee 0=a,\quad a\wedge 1=a;$$

(5) 余补律:

$$a\vee\overline{a}=1,\quad a\wedge\overline{a}=0.$$

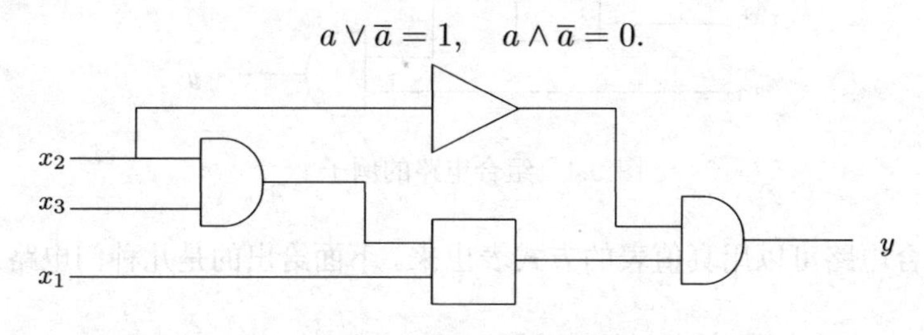

图 9.5 组合电路的例子

证明 这里只证明第一个分配律，其余留给读者。

利用真值表，有

a	b	c	$a\wedge(b\vee c)$	$(a\wedge b)\vee(a\wedge c)$
1	1	1	1	1
1	1	0	1	1
1	0	1	1	1
0	1	1	0	0
1	0	0	0	0
0	1	0	0	0
0	0	1	0	0
0	0	0	0	0

由上表可见

$$a\wedge(b\vee c)=(a\wedge b)\vee(a\wedge c).$$

定理 9.1 中第一个结合律表明：由表达式 $(x_1\vee x_2)\vee x_3$ 表示的组合电路 (图 9.6) 与由表达式 $x_1\vee(x_2\vee x_3)$ 表示的组合电路 (图 9.7) 在 x_1,x_2,x_3 有相同的输入时就有相同的输出，这样的两个组合电路称为**等价电路**。类似地可以得到更多的等价电路。在电路设计中，通常

采用门电路较少的等价电路或采用较少不同类型门电路的等价电路，以便降低成本或实现起来简单。

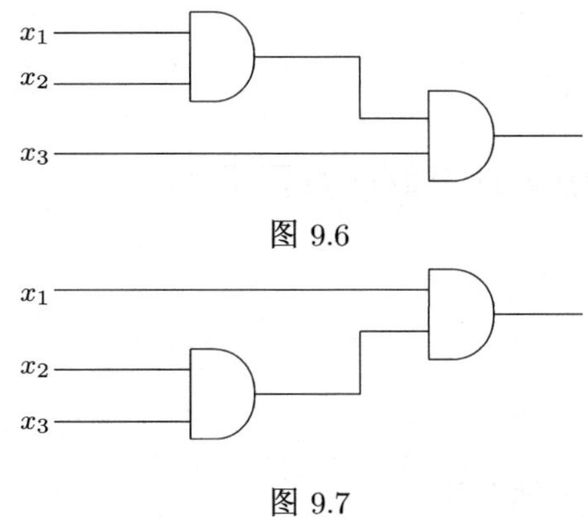

图 9.6

图 9.7

例 9.3　证明 $\overline{a \vee b} = \overline{a} \wedge \overline{b}$。

证明　分别计算 $\overline{a \vee b}$ 和 $\overline{a} \wedge \overline{b}$ 的真值表：

a	b	$\overline{a \vee b}$	$\overline{a} \wedge \overline{b}$
1	1	0	0
1	0	0	0
0	1	0	0
0	0	1	1

由上表可见 $\overline{a \vee b} = \overline{a} \wedge \overline{b}$。

习　　题

1. 写出下列组合电路的表达式：

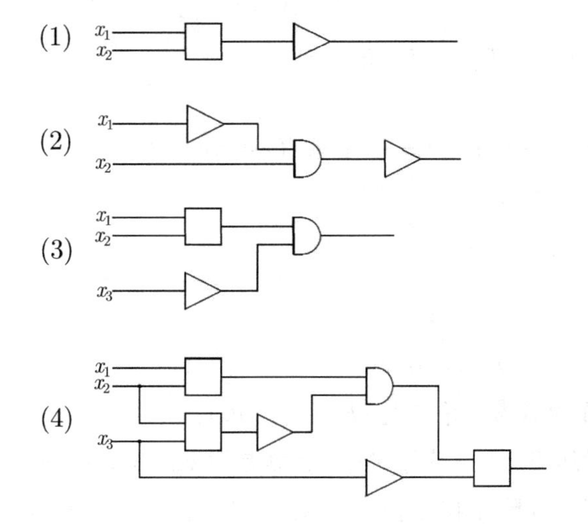

2. 当 $x_1=1, x_2=1, x_3=0, x_4=1$ 时，计算下列布尔表达式的值：

(1) $\overline{x_1 \wedge x_2}$;

(2) $x_1 \vee (\overline{x_2} \wedge x_3)$;

(3) $(x_1 \wedge \overline{x}_2) \vee (x_1 \vee \overline{x}_3)$;

(4) $(x_1 \wedge (x_2 \vee (x_1 \wedge \overline{x}_2))) \vee ((x_1 \wedge \overline{x}_2) \vee (\overline{x_1 \wedge \overline{x}_3}))$.

3. 证明下列等式：

(1) $x \vee x = x$;

(2) $x \vee (x \wedge y) = x$;

(3) $x \wedge \overline{y} = (\overline{\overline{x} \vee y})$;

(4) $x \wedge (\overline{y \wedge z}) = (x \wedge \overline{y}) \vee (x \wedge \overline{z})$;

(5) $(x \vee y) \wedge (z \vee w) = (z \wedge x) \vee (z \wedge y) \vee (w \wedge x) \vee (w \wedge y)$.

§9.2 布尔代数

在 §9.1 中看到集合 $\mathbb{Z}_2 = \{0,1\}$ 上定义了两个二元运算 $\wedge$ 和 $\vee$ 以及一个一元运算 $^-$，并且 $\mathbb{Z}_2$ 关于上述运算满足定理 9.1 中五条性质。我们称这样的集合关于上述运算构成一个**布尔代数**。

定义 9.4 设 B 是一个非空集合且包含两个不同的元素分别记为 0 和 1。在 B 上定义有两个二元运算“+”和“·”，以及一个一元运算“⁻”，对任意 $x, y, z \in B$，如果它们满足下列条件：

(1) 结合律：

$$(x+y)+z = x+(y+z), \quad (x \cdot y) \cdot z = x \cdot (y \cdot z);$$

(2) 交换律：

$$x+y = y+x, \quad x \cdot y = y \cdot x;$$

(3) 分配律：

$$x \cdot (y+z) = x \cdot y + x \cdot z, \quad x + (y \cdot z) = (x+y) \cdot (x+z);$$

(4) 同一律：

$$x+0 = x, \quad x \cdot 1 = x;$$

(5) 余补律：

$$x + \overline{x} = 1, \quad x \cdot \overline{x} = 0.$$

则称 B 关于“+”，“·”和“⁻”构成一个布尔代数，并记成 $(B, +, \cdot, ^-, 0, 1)$。

通常把 $x \cdot y$ 简写成 xy，并且总是假设运算“·”优先于“+”，也就是说 $xy+z = (x \cdot y)+z$。在定义 9.4 中，0 和 1 只是两个特殊元素，与数 0 和 1 没有关系，不过对于“+”和“·”而言，这两个元素所起的作用与数 0 和 1 的关于数的加法和乘法所起的作用是一样的。

例 9.4　设 A 是一个集合，$B=\{X|X\text{是}A\text{的子集合}\}$。在 B 上定义 "+"、"·"、"−" 如下：

$$X+Y=X\cup Y,\ X\cdot Y=X\cap Y,\ \overline{X}=A\setminus X.$$

下面验证它们满足定义 9.4 中的五个条件。设 $X,Y,Z\in B$, 则

(1) $(X\cup Y)\cup Z=X\cup(Y\cup Z)$,　$(X\cap Y)\cap Z=X\cap(Y\cap Z)$,

(2) $X\cup Y=Y\cup X$,　$X\cap Y=Y\cap X$,

(3) $X\cap(Y\cup Z)=(X\cap Y)\cup(X\cap Z)$,　$X\cup(Y\cap Z)=(X\cup Y)\cap(X\cup Z)$,

(4) $X\cup\emptyset=X$,　$X\cap A=X$,

(5) $X\cup\overline{X}=A$,　$X\cap\overline{X}=\emptyset$.

所以 $(B,\cup,\cap,{}^{-},\emptyset,A)$ 是一个布尔代数。

定理 9.2　设 $(B,+,\cdot,{}^{-},0,1)$ 是一个布尔代数，$x\in B$，则满足定义9.4中的 $\overline{x}$ 是唯一的，即若 y 也满足 $x+y=1$, $x\cdot y=0$，则 $y=\overline{x}$。

证明

$$y=y\cdot 1=y(x+\overline{x})=yx+y\overline{x}=0+y\overline{x}=x\overline{x}+y\overline{x}=(x+y)\overline{x}=1\cdot\overline{x}=\overline{x}$$

称 $\overline{x}$ 为 x 的补。

定理 9.3　设 $(B,+,\cdot,{}^{-},0,1)$ 是布尔代数，$x,y\in B$，则下列性质成立：

(1) 幂等律

$$x+x=x,\quad x\cdot x=x;$$

(2) 限定律

$$x+1=1,\quad x\cdot 0=0;$$

(3) 吸收律

$$x+xy=x,\quad x(x+y)=x;$$

(4) 对合律

$$\overline{(\overline{x})}=x;$$

(5) 0,1 律

$$\overline{0}=1\quad \overline{1}=0;$$

(6) DeMorgan律

$$\overline{(x+y)}=\overline{x}\cdot\overline{y},\quad \overline{x\cdot y}=\overline{x}+\overline{y}.$$

证明　只证 (1), (2), (3), (6) 的第一部分，其余作为练习。

(1) $x+x=(x+x)1=(x+x)(x+\overline{x})$;

$= x + x \cdot \overline{x}$ （分配律）

$= x + 0 = x$;

(2) $x + 1 = x + (x + \overline{x}) = (x + x) + \overline{x} = x + \overline{x} = 1$;

(3) $x + xy = x \cdot 1 + xy = x(1 + y) = x \cdot 1 = x$;

(6) $(x + y)(\overline{x} \cdot \overline{y}) = x(\overline{x} \cdot \overline{y}) + y(\overline{x} \cdot \overline{y}) = (x \cdot \overline{x})y + \overline{x}(y \cdot \overline{y}) = 0 + 0 = 0$,

$(x + y) + (\overline{x} \cdot \overline{y}) = ((x + y) + \overline{x}) \cdot ((x + y) + \overline{y}) = (1 + y)(1 + x) = 1 \cdot 1 = 1$,

由定理 9.2，$\overline{x} \cdot \overline{y} = (\overline{x + y})$;

由例 9.4，若 X, Y 都是集合 A 的子集合，由 De Morgan 律，有

$$\overline{X \cup Y} = \overline{X} \cap \overline{Y}, \quad \overline{X \cap Y} = \overline{X} \cap \overline{Y}.$$

定义 9.5 在一个布尔表达式中，将 0 换成 1、1 换成 0、$+$ 换成 $\cdot$、$\cdot$ 换成 $+$ 得到的表达式称为原表达式的对偶式。

例如，$\overline{x + y}$ 的对偶式为 $\overline{x \cdot y}$，$\overline{x} \cdot \overline{y}$ 的对偶式为 $\overline{x} + \overline{y}$。

从布尔代数的定义 9.4 可以看出，每一个条件都包含有一个对偶式。因此，有如下的定理。

定理 9.4 如果一个布尔表达式成立，则其对偶表达式也成立。

证明 设 T 是布尔代数中的一个成立的表达式。则存在 T 的一个证明 P，P 只包含了 T 所在布尔代数的定义。设 $\overline{P}$ 是把 P 中所有的布尔代数定义式子换成其对偶式的一个证明，则 $\overline{P}$ 就是 T 的对偶 $\overline{T}$ 证明。

例 9.5 布尔表达式 $x + xy = x$ 为真，则其对偶 $x(x + y) = x$ 也真。

其证明只要将 $x + xy = x$ 的证明换成对偶证明即可：(见定理 9.3 的证明)

$$x(x + y) = (x + 0) \cdot (x + y) = x + 0 \cdot y = x + 0 = x.$$

定义 9.6 设 $(B, +, \cdot, ^-, 0, 1)$ 是一个布尔代数，$S \subseteq B$ 是 B 的非空子集。若 $0, 1 \in S$，且 S 关于 $+, \cdot, ^-, 0, 1$ 也构成布尔代数，则称 $(S, +, \cdot, ^-, 0, 1)$ 是 $(B, +, \cdot, ^-, 0, 1)$ 的子布尔代数。

$S = B$ 是 B 的子布尔代数，$S = \{0, 1\}$ 也是 B 的子布尔代数。

定理 9.5 设 B 是布尔代数，$S \subseteq B$ 且非空。则 S 是 B 的子布尔代数的充分必要条件是，S 关于 $+, \cdot, ^-$ 封闭。

证明 因 S 非空，且关于 $+, \cdot, ^-$ 封闭，所以存在 $x \in S$，使得

$$0 = x + \overline{x} \in S, \quad 1 = \overline{0} \in S.$$

S 关于布尔代数的定义中的五条性质显然成立。从而 S 是 B 的一个子布尔代数。

反之，若 S 是 B 的子布尔代数，则 S 关于 $+, \cdot, ^-$ 封闭。

定义 9.7 设 $(B_1, +, \cdot, ^-, 0, 1)$ 和 $(B_2, +, \cdot, ^-, 0, 1)$ 是两个布尔代数，ϕ 是从 B_1 到 B_2 的一个映射。若对任意 $x, y \in B_1$，都有

$$\phi(x+y)=\phi(x)+\phi(y),\quad \phi(x\cdot y)=\phi(x)\cdot\phi(y),\quad \phi(\overline{x})=\overline{\phi(x)},$$

则称 ϕ 是从 B_1 到 B_2 的一个同态映射。当 ϕ 是满射时，称 ϕ 是满同态；当 ϕ 是单射时，称 ϕ 为单同态；当 ϕ 既是满射又是单射时，称 ϕ 为同构。

习　　题

1. 设 $B=\{1,2,3,6\}$，对 $x,y\in B$，定义

$$x+y=\mathrm{lcm}(x,y),\quad x\cdot y=\gcd(x,y),\quad \overline{x}=\frac{6}{x}.$$

这里 lcm 和 gcd 分别表示最小公倍数和最大公因子。证明 $(B,+,\cdot,^-,1,6)$ 是一个布尔代数。

2. 证明定理 9.3 中其余部分。

3. 写出下列命题的对偶形式:

(1) $(x+y)(x+1)=x+xy+y$;

(2) $(\overline{\overline{x}+\overline{y}})=xy$;

(3) 如果 $x+y=z+z$ 且 $\overline{x}+y=\overline{x}+z$，则 $y=z$;

(4) 若 $x\overline{y}=0$ 当且仅当 $xy=x$;

(5) 若 $x+y=0$，则 $x=y=0$;

(6) $x=0$ 当且仅当对所有 y, $y=z\overline{y}+\overline{x}y$;

(7) $x+x(y+1)=x$。

4. 将定理 9.3 中的证明换成其对偶的方法证明其余部分。

5. 证明定义 9.4 中的结合律可以由其余定律推出。

6. 证明习题 3 中所有命题。

7. 设 n 是正整数，S 是包含 $1,n$ 和 n 的所有因子的集合。$+$、$\cdot$ 的定义如习题 1，$\overline{x}=\dfrac{n}{x}$。问 n 满足什么条件时 $(S,+,\cdot,^-,1,n)$ 构成布尔代数?

8. 证明：设 ϕ 是从布尔代数 B_1 到 B_2 的映射，$x,y\in B_1$，若

$$\phi(x+y)=\phi(x)+\phi(y),\quad \phi(\overline{x})=\overline{\phi(x)},$$

则 ϕ 是布尔代数的同态映射，即 $\phi(x\cdot y)=\phi(x)\cdot\phi(y)$。

第10章　布尔函数

布尔函数是研究数字逻辑电路重要的数学工具，流密码和分组密码体制的实现都依赖于数字逻辑电路，特别在这些密码体制中布尔函数也占有十分重要的地位。本章介绍布尔函数的基本概念、表示方法以及相关的密码学特性：如平衡性、非线性度、相关免疫性、雪崩效应等。

§10.1　布尔函数的表示方法

定义 10.1　以 $\mathbb{F}_2^n$ 表示所有 n 元组 $(a_1, \cdots, a_n)$, $a_i \in \mathbb{F}_2$ 构成的集合，f 是从 $\mathbb{F}_2^n$ 到 $\mathbb{F}_2$ 的映射，这里 $\mathbb{F}_2$ 表示含有两个元素的有限域，则称 f 是一个 n 元布尔函数，记成 $f(x)$, $x \in \mathbb{F}_2^n$。

1. 真值表表示法

由于布尔函数的定义域和值域都是有限集，因此可以把函数的对应关系一一列举出来，这样就得到布尔函数的一种表示方法 —**真值表表示法**。

例 10.1　下表就是一个二元布尔函数的真值表表示

表 10.1

x	$f(x)$
0　0	1
0　1	0
1　0	1
1　1	0

它表示的函数 $f(x)$ 为：$f(0,0)=1$, $f(0,1)=0$, $f(1,0)=1$, $f(1,1)=0$。

2. 小项表示法

设 $x \in \mathbb{F}_2$，规定

$$x^1 = x, \qquad x^0 = \overline{x} = 1 + x,$$

于是，当 $x_i, c_i \in \mathbb{F}_2$ 时

$$x_i^{c_i} = \begin{cases} 1 & x_i = c_i, \\ 0 & x_i \neq c_i. \end{cases}$$

设 $x=(x_1,\cdots,x_n)$, $c=(c_1,\cdots,c_n)$，记

$$x^c = x_1^{c_1} x_2^{c_2} \cdots x_n^{c_n},$$

则有

$$x^c = \begin{cases} 1, & x = c, \\ 0, & x \neq c.. \end{cases}$$

若 $f(x)$ 是任一 n 元布尔函数，则 $f(x)$ 可表示成

$$f(x) = \sum_{c \in \mathbb{F}_2^n} f(c) x^c,$$

上式称为布尔函数 $f(x)$ 的**小项表示**。

例 10.2 在例 10.1 中的布尔函数 $f(x)$ 用小项表示为

$$\begin{aligned} f(x) &= 1 \cdot x_1^0 x_2^0 + 0 \cdot x_1^0 x_2^1 + 1 \cdot x_1^1 x_2^0 + 0 \cdot x_1^1 x_2^1 \\ &= x_1^0 x_2^0 + x_1^1 x_2^0. \end{aligned}$$

3. 多项式表示

在一个函数的小项表示中，将 $x_i^1 = x_i$, $x_i^0 = (1 + x_i)$ 代入进行合并整理就得到布尔函数的**多项式表示**。

例 10.3 在例 10.2 中的函数可表示成

$$\begin{aligned} f(x) &= (1 + x_1)(1 + x_2) + x_1(1 + x_2) \\ &= 1 + x_2. \end{aligned}$$

将一个布尔函数表示成多项式时，均可以唯一地表示成

$$f(x) = a_0 + a_1 x_1 + \cdots + a_n x_n + a_{1,2} x_1 x_2 + \cdots + a_{n-1,n} x_{n-1} x_n + \cdots + a_{1,2,\cdots,n} x_1 x_2 \cdots x_n,$$

上式称为布尔函数 $f(x)$ 的**代数标准型**。在 $f(x)$ 的代数标准型中，$a_{i_1,i_2,\cdots,i_k} x_{i_1} x_{i_2} \cdots x_{i_k}$ 称为 $f(x)$ 的一个 k 次单项，其中 $a_{i_1,i_2,\cdots,i_k} \neq 0$。$f(x)$ 的代数标准型中非零单项的最大次数称为 $f(x)$ 的**次数**，记为 $\deg f(x)$。一次布尔函数称为**仿射函数**，常数项为零的仿射函数称为**线性函数**，次数大于 1 的布尔函数称为**非线性函数**。

4. Walsh 谱表示法

定义 10.2 设 $x=(x_1,\cdots,x_n)$, $w=(w_1,\cdots,w_n)$, x 与 w 的内积定义为

$$x \cdot w = x_1 w_1 + x_2 w_2 + \cdots + x_n w_n.$$

n 元布尔函数 $f(x)$ 的循环 Walsh 变换定义为

$$S_f(w) = \sum_{x \in \mathbb{F}_2^n} (-1)^{w \cdot x + f(x)},$$

$S_f(w)\,(w \in \mathbb{F}_2^n)$ 称为 $f(x)$ 的循环 Walsh 谱。

定理 10.1 设 n 元布尔函数 $f(x)$ 的循环Walsh谱为 $S_f(w)$，则

$$(-1)^{f(x)} = 2^{-n} \sum_{w \in \mathbb{F}_2^n} S_f(w)(-1)^{w \cdot x}.$$

证明

$$\begin{aligned} 2^{-n} \sum_{w \in \mathbb{F}_2^n} S_f(w)(-1)^{w \cdot x} &= 2^{-n} \sum_{w \in \mathbb{F}_2^n} \sum_{y \in \mathbb{F}_2^n} (-1)^{w \cdot y + f(y)}(-1)^{w \cdot x} \\ &= 2^{-n} \sum_{y \in \mathbb{F}_2^n} \sum_{w \in \mathbb{F}_2^n} (-1)^{w \cdot (y+x)}(-1)^{f(y)} \\ &= 2^{-n} \cdot 2^n (-1)^{f(x)} = (-1)^{f(x)}. \end{aligned}$$

这里利用了

$$\sum_{w \in \mathbb{F}_2^n} (-1)^{w \cdot y} = \begin{cases} 0 &, \quad y \neq 0; \\ 2^n &, \quad y = 0. \end{cases}$$

由定理 10.1 可知，变换 $2^{-n} \sum\limits_{w \in \mathbb{F}_2^n} S_f(w)(-1)^{w \cdot x}$ 与循环 Walsh 变换 $\sum\limits_{x \in \mathbb{F}_2^n} (-1)^{w \cdot x + f(x)}$ 是互逆变换。表达式

$$(-1)^{f(x)} = 2^{-n} \sum_{w \in \mathbb{F}_2^n} S_f(w)(-1)^{w \cdot x}$$

称为布尔函数 $f(x)$ 的**循环 Walsh 谱表示**。

习 题

1. 写出所有二元布尔函数，并将其分别用真值表，小项和多项式表示出来。

2. 已知 $f(x) = x_1x_2 + x_2x_3$ 是三元布尔函数，求 $f(x)$ 的循环 Walsh 谱。

§10.2 非线性度

定义 10.3 设 $f(x)$ 是 n 元布尔函数，若 $f(x)$ 的取值中 0 的个数和 1 的个数相等，即

$$|\{x|f(x) = 0, x \in \mathbb{F}_2^n\}| = |\{x|f(x) = 1, x \in \mathbb{F}_2^n\}| = 2^{n-1},$$

则称 $f(x)$ 是平衡的。

定理 10.2 n 元布尔函数 $f(x)$ 是平衡的当且仅当

$$S_f(0) = 0.$$

证明

$$\begin{aligned} S_f(0) &= \sum_{x \in \mathbb{F}_2^n} (-1)^{f(x)} \\ &= |\{x|f(x) = 0\}| - |\{x|f(x) = 1\}|, \end{aligned}$$

故 $f(x)$ 是平衡的当且仅当 $S_f(0) = 0$。

例 10.4 $f(x_1,x_2,\cdots,x_n)=a_0+a_1x_1+a_2x_2+\cdots+a_nx_n$, $a_i\in\mathbb{F}_2$, a_i（$0\leqslant i\leqslant n$）不全为零，则 $f(x_1,x_2,\cdots,x_n)$ 是一个平衡的 n 元布尔函数。即仿射函数是平衡的。

仿射函数是一类较简单的布尔函数，次数大于 1 的布尔函数称为**非线性函数**，非线性度就是衡量一个布尔函数的非线性程度。

定义 10.4 设 $f(x)$ 是一个 n 元布尔函数，令

$$L_n=\{u\cdot x+v\,|,\ u=(u_1,\cdots,u_n)\in\mathbb{F}_2^n,\ v\in\mathbb{F}_2\}.$$

L_n 是 n 元仿射布尔函数构成的集合，则非负整数

$$N_f=\min_{l(x)\in L_n} d_H\big(f(x),l(x)\big)$$

称为布尔函数 $f(x)$ 的非线性度。其中

$$d_H\big(f(x),l(x)\big)=|\{x\in\mathbb{F}_2^n\,|\,f(x)\neq l(x)\}|$$

是 $f(x)$ 与 $l(x)$ 之间的**Hamming**距离。称非负整数

$$C_f=\max_{l(x)\in L_n}|\{x\in\mathbb{F}_2^n,\,|\,f(x)=l(x)\}|$$

为 $f(x)$ 的线性度。

若 $f(x)$ 是一次函数，则 $N_f=0$，$C_f=2^n$。对任意一个布尔函数 $f(x)$，由定义可得出 $N_f+C_f=2^n$。因此 N_f 与 C_f 反映了同一本质 —$f(x)$ 的非线性度。

定理 10.3 设 $f(x)$ 是一个 n 元布尔函数，N_f 为其非线性度，则

$$N_f=2^{n-1}-2^{-1}\max_{w\in\mathbb{F}_2^n}\big|S_f(w)\big|.$$

证明 因为

$$S_f(w)=\sum_{x\in\mathbb{F}_2^n}(-1)^{f(x)+w\cdot x},$$

所以

$$\begin{aligned}(-1)^vS_f(w)&=\sum_{x\in\mathbb{F}_2^n}(-1)^{f(x)+w\cdot x+v}\\&=\big|\{x|x\in\mathbb{F}_2^n,f(x)=w\cdot x+v\}\big|-\big|\{x|x\in\mathbb{F}_2^n,f(x)\neq w\cdot x+v\}\big|\\&=2^n-2|\{x|x\in\mathbb{F}_2^n,f(x)\neq w\cdot x+v\}|,\end{aligned}$$

故

$$\begin{aligned}d_H\big(f(x),w\cdot x+v\big)&=|\{x|x\in\mathbb{F}_2^n,f(x)\neq w\cdot x+v\}|\\&=2^{n-1}-2^{-1}(-1)^vS_f(w),\end{aligned}$$

由定义

$$\begin{aligned}N_f&=\min_{w\cdot x+v\in L_n}d_H\big(f(x),w\cdot x+v\big)\\&=\min_{w\in\mathbb{F}_2^n,v\in\mathbb{F}_2}(2^{n-1}-2^{-1}(-1)^vS_f(w))\\&=2^{n-1}-2^{-1}\max_{w\in\mathbb{F}_2^n}\big|S_f(w)\big|.\end{aligned}$$

从定理 10.3 的证明可以看出，若 $\max\limits_{w\in\mathbb{F}_2^n}|S_f(w)|=S_f(w_0)$，则线性函数 $w_0\cdot x$ 是 $f(x)$ 的最佳逼近；若 $\max\limits_{w\in\mathbb{F}_2^n}|S_f(w)|=-S_f(w_0)$，则仿射函数 $w\cdot x+1$ 是 $f(x)$ 的最佳逼近。

定理 10.4 设 $f(x)$ 是 n 元布尔函数，则

$$\sum_{w\in\mathbb{F}_2^n}S_f^2(w)=4^n.$$

证明

$$\begin{aligned}\sum_{w\in\mathbb{F}_2^n}S_f^2(w)&=\sum_{w\in\mathbb{F}_2^n}S_f(w)\cdot S_f(w)\\&=\sum_{w\in\mathbb{F}_2^n}\sum_{x\in\mathbb{F}_2^n}(-1)^{f(x)+w\cdot x}\cdot\sum_{y\in\mathbb{F}_2^n}(-1)^{f(y)+w\cdot y}\\&=\sum_{x,y\in\mathbb{F}_2^n}(-1)^{f(x)+f(y)}\sum_{w\in\mathbb{F}_2^n}(-1)^{w(x+y)}\\&=2^n\cdot\sum_{x\in\mathbb{F}_2^n}(-1)^{2f(x)}\\&=4^n.\end{aligned}$$

推论 10.1 设 $f(x)$ 是任意一个布尔函数，则

$$N_f\leqslant 2^{n-1}\left(1-2^{-\frac{n}{2}}\right).$$

证明 由于 $\sum\limits_{w\in\mathbb{F}_2^n}S_f^2(w)=4^n$，故当 $|S_f(w)|=$ 常数时，$\max\limits_{w\in\mathbb{F}_2^n}|S_f(w)|$ 取最小，这时 $|S_f(w)|=2^{\frac{n}{2}}$，从而 N_f 的最大值为 $2^{n-1}\left(1-2^{-\frac{n}{2}}\right)$。

非线性度达到上界 $2^{n-1}\left(1-2^{-\frac{n}{2}}\right)$ 的函数 $f(x)$ 称为**Bent 函数**。如果 $f(x)$ 是 Bent 函数，则对所有的 $w\in\mathbb{F}_2^n$，均有 $|S_f(w)|=2^{\frac{n}{2}}$；反之也成立。

若 $f(x)$ 为 Bent 函数，由于 $N_f=2^{n-1}\left(1-2^{-\frac{n}{2}}\right)$ 是整数，故 n 必为偶数，这是 Bent 函数存在的必要条件。

例 10.5 设 $n=2m$，$h(x)$ 是一个 m 元布尔函数，则

$$f(x_1,\cdots,x_n)=h(x_1,\cdots,x_m)+x_1x_{m+1}+\cdots+x_mx_n$$

是一个 n 元 Bent 函数。这是因为

$$\begin{aligned}|S_f(w)|&=\left|\sum_{x\in\mathbb{F}_2^n}(-1)^{h(x_1,\cdots,x_m)+x_1x_{m+1}+\cdots+x_mx_n+w\cdot x}\right|\\&=\left|\sum_{x_1,\cdots,x_m\in\mathbb{F}_2}\sum_{x_{m+1},\cdots,x_n\in\mathbb{F}_2}(-1)^{h(x_1,\cdots,x_m)}\cdot(-1)^{x_1x_{m+1}+\cdots+x_mx_n+w\cdot x}\right|\\&=\left|\sum_{x_1,\cdots,x_m\in\mathbb{F}_2}(-1)^{h(x_1,\cdots,x_m)+w_1x_1+\cdots+w_mx_m}\times\right.\\&\qquad\left.\sum_{x_{m+1},\cdots,x_n\in\mathbb{F}_2}(-1)^{(x_1+w_{m+1})x_{m+1}+\cdots+(x_m+w_n)x_n}\right|\end{aligned}$$

$$= \left| (-1)^{h(w_{m+1},\cdots,w_n)+w_1w_{m+1}+\cdots+w_mw_n} \sum_{x_{m+1},\cdots,x_n\in\mathbb{F}_2} 1 \right|$$
$$= 2^m$$
$$= 2^{\frac{n}{2}}.$$

习　　题

1. 证明 $f(x) = x_1x_4 + x_2x_3$ 是一个四元 Bent 函数。

2. 设 $x \in \mathbb{F}_2^n$ 是 n 元变量，$\lambda \in \mathbb{F}_2^n$，证明

$$\sum_{x\in\mathbb{F}_2^n} (-1)^{\lambda\cdot x} = \begin{cases} 0, & \lambda \neq 0, \\ 2^n, & \lambda = 0. \end{cases}$$

3. 计算布尔函数 $f(x) = x_1 + x_2x_3 + x_1x_3x_4$ 的非线性度。

§10.3　相关免疫性

设 $f(x)$ 是一个 n 元布尔函数，$x = (x_1, \cdots, x_n) \in \mathbb{F}_2^n$, $x_1, \cdots, x_n$ 是 $\mathbb{F}_2$ 上的相互独立、均匀分布的随机变量。设 $1 \leqslant i_1 < i_2 < \cdots < i_m \leqslant n$，如果对任意 $(a_{i_1}, \cdots, a_{i_m}) \in \mathbb{F}_2^m$, $i \in \mathbb{F}_2$，均有

$$\left|\{x|x \in \mathbb{F}_2^n, f(x) = i, x_{i_1} = a_{i_1}, \cdots, x_{i_m} = a_{i_m}\}\right| = \left|\{x|f(x) = i, x \in \mathbb{F}_2^n\}\right|/2^m, (i = 0, 1),$$

则称 $f(x)$ 与变元 $x_{i_1}, \cdots, x_{i_m}$ $(m \leqslant n)$ 是**统计无关的**。

定义 10.5　如果 $f(x)$ 与 $x_1, \cdots, x_n$ 中任意 m 个变元都是统计无关的，则称 f 是 m 阶相关免疫的。

例 10.6　$f(x_1, x_2, x_3) = x_1x_2 + x_3$ 是 0 阶相关免疫的，如表 10.2 所示。

表 10.2

x_1	0	0	0	0	1	1	1	1
x_2	0	0	1	1	0	0	1	1
x_3	0	1	0	1	0	1	0	1
f	0	1	0	1	0	1	1	0

该函数 f 是平衡的，即

$$|\{x|f(x) = 0, x \in \mathbb{F}_2^3\}| = |\{x|f(x) = 1, x \in \mathbb{F}_2^3\}| = 4.$$

f 关于 x_3 不是统计无关的, 因

$$|\{x|f(x) = 0, x_3 = 0, x \in \mathbb{F}_2^3\}| = 3, |\{x|f(x) = 1, x_3 = 0, x \in \mathbb{F}_2^3\}| = 1,$$

$$|\{x|f(x)=0,x_3=1,x\in\mathbb{F}_2^3\}|=1,|\{x|f(x)=1,x_3=1,x\in\mathbb{F}_2^3\}|=3.$$

例 10.7 $f(x_1,x_2,x_3,x_4)=x_1x_2+x_3+x_4$ 是 1 阶相关免疫, 但不是 2 阶相关免疫，如表 10.3 所示。

表 10.3

x_1	0	0	0	0	0	0	0	0	1	1	1	1	1	1	1	1
x_2	0	0	0	0	1	1	1	1	0	0	0	0	1	1	1	1
x_3	0	0	1	1	0	0	1	1	0	0	1	1	0	0	1	1
x_4	0	1	0	1	0	1	0	1	0	1	0	1	0	1	0	1
f	0	1	1	0	0	1	1	0	0	1	1	0	1	0	0	1

该函数 f 是平衡的，即

$$|\{x|f(x)=0,x\in\mathbb{F}_2^4\}|=|\{x|f(x)=1,x\in\mathbb{F}_2^4\}|=8.$$

f 是 1 阶相关免疫的, 即对任意 $i=1,2,3,4$ 有

$$\begin{aligned}&|\{x|f(x)=0,x_i=0,x\in\mathbb{F}_2^4\}|=|\{x|f(x)=1,x_i=0,x\in\mathbb{F}_2^4\}|\\=&|\{x|f(x)=0,x_i=1,x\in\mathbb{F}_2^4\}|=|\{x|f(x)=1,x_i=1,x\in\mathbb{F}_2^4\}|\\=&4.\end{aligned}$$

但 f 不是 2 阶相关免疫的，它关于 (x_3,x_4) 不是统计无关的，因

$$|\{x|f(x)=0,x_3=0,x_4=0,x\in\mathbb{F}_2^4\}|=3,|\{x|f(x)=1,x_3=0,x_4=0,x\in\mathbb{F}_2^4\}|=1,$$
$$|\{x|f(x)=0,x_3=0,x_4=1,x\in\mathbb{F}_2^4\}|=1,|\{x|f(x)=1,x_3=0,x_4=1,x\in\mathbb{F}_2^4\}|=3,$$
$$|\{x|f(x)=0,x_3=1,x_4=0,x\in\mathbb{F}_2^4\}|=1,|\{x|f(x)=1,x_3=1,x_4=0,x\in\mathbb{F}_2^4\}|=3,$$
$$|\{x|f(x)=0,x_3=1,x_4=1,x\in\mathbb{F}_2^4\}|=3,|\{x|f(x)=1,x_3=1,x_4=1,x\in\mathbb{F}_2^4\}|=1.$$

由定义可直接看出，若 $f(x)$ 是 m 阶相关免疫的，则 $f(x)$ 是 $m-1,m-2,\cdots,1$ 阶相关免疫的。

若 $w=(w_1,\cdots,w_n)\in\mathbb{F}_2^n$，记 $W(w)$ 为 $w_1,\cdots,w_n$ 中 1 的个数，称为 w 的**Hamming(哈明) 重量**。

定理 10.5 $f(x)$ 与 $x_{i_1},\cdots,x_{i_m}$ 统计无关当且仅当对任意的 $(\lambda_{i_1},\lambda_{i_2},\cdots,\lambda_{i_m})\neq(0,0,\cdots,0)$，有

$$\sum_{x\in\mathbb{F}_2^n}(-1)^{f(x)+\sum\limits_{j=1}^{m}\lambda_{i_j}x_{i_j}}=0.$$

证明 不妨设 $i_1=1,i_2=2,\cdots,i_m=m$。

(1) 若 $f(x)$ 与 $x_1,\cdots,x_m$ 统计无关，$(\lambda_1,\cdots,\lambda_m)\neq(0,0,\cdots,0)$。

$$\begin{aligned}\sum_{x\in\mathbb{F}_2^n}(-1)^{f(x)+\sum\limits_{i=1}^m\lambda_i x_i} &= \sum_{a_1,\cdots,a_m\in\mathbb{F}_2}(-1)^{\sum\limits_{i=1}^m\lambda_i a_i}\sum_{x_{m+1},\cdots,x_n\in\mathbb{F}_2}(-1)^{f(a_1,\cdots,a_m,x_{m+1},\cdots,x_n)}\\
&= \sum_{a_1,\cdots,a_m\in\mathbb{F}_2}(-1)^{\sum\limits_{i=1}^m\lambda_i a_i}\Big\{\big|\{x|f(x)=0,x_1=a_1,\cdots,x_m=a_m\}\big|\\
&\qquad -\big|\{x|f(x)=1,x_1=a_1,\cdots,x_m=a_m\}\big|\Big\}\\
&= \sum_{a_1,\cdots,a_m\in\mathbb{F}_2}(-1)^{\sum\limits_{i=1}^m\lambda_i a_i}\left(\frac{|\{x|f(x)=0\}|}{2^m}-\frac{|\{x|f(x)=1\}|}{2^m}\right)\\
&= \frac{|\{x|f(x)=0\}|-|\{x|f(x)=1\}|}{2^m}\cdot\sum_{a_1,\cdots,a_m\in\mathbb{F}_2}(-1)^{\sum\limits_{i=1}^m\lambda_i a_i}\\
&= 0.\end{aligned}$$

(2) 若对任一 $(\lambda_1,\cdots,\lambda_m)\neq(0,0,\cdots,0)$，有

$$\sum_{x\in\mathbb{F}_2^n}(-1)^{f(x)+\sum\limits_{i=1}^m\lambda_i x_i}=0,$$

由定理 10.1

$$(-1)^{f(x)}=2^{-n}\sum_{\lambda\in\mathbb{F}_2^n}S_f(\lambda)(-1)^{\lambda\cdot x},$$

利用上式及定理的假定条件可得

$$\begin{aligned}\sum_{x_{m+1},\cdots,x_n\in\mathbb{F}_2}(-1)^{f(a_1,\cdots,a_m,x_{m+1},\cdots,x_n)} &= 2^{-n}\sum_{x_{m+1},\cdots,x_n\in\mathbb{F}_2}\sum_{\lambda\in\mathbb{F}_2^n}S_f(\lambda)(-1)^{\lambda\cdot x}\\
&= 2^{-n}\sum_{\lambda\in\mathbb{F}_2^n}S_f(\lambda)(-1)^{\sum\limits_{i=1}^m\lambda_i a_i}\sum_{x_{m+1},\cdots,x_n\in\mathbb{F}_2}(-1)^{\sum\limits_{i=m+1}^n\lambda_i x_i}\\
&= 2^{-m}\sum_{\lambda_1,\cdots,\lambda_m\in\mathbb{F}_2}(-1)^{\sum\limits_{i=1}^m\lambda_i a_i}S_f(\lambda_1,\cdots,\lambda_m,0\cdots,0)\\
&= 2^{-m}S_f(0,0,\cdots,0)\\
&= 2^{-m}\sum_{x\in\mathbb{F}_2^n}(-1)^{f(x)},\end{aligned}$$

即

$$\begin{aligned}&|\{x|f(x)=0,x_1=a_1,\cdots,x_m=a_m\}|-|\{x|f(x)=1,x_1=a_1,\cdots,x_m=a_m\}|\\
&\qquad=2^{-m}\big(|\{x|f(x)=0\}|-|\{x|f(x)=1\}|\big),\end{aligned}$$

而

$$\begin{aligned}|\{x|f(x)=0,x_1=a_1,\cdots,x_m=a_m\}|+|\{x|f(x)=1,x_1=a_1,\cdots,x_m=a_m\}|&=2^{n-m}\\
&=2^{-m}\big(|\{x|f(x)=0\}|+|\{x|f(x)=1\}|\big)\end{aligned}$$

所以

$$|\{x|f(x)=i,x_1=a_1,\cdots,x_m=a_m\}|=2^{-m}|\{x|f(x)=i\}|.$$

定理 10.6 $f(x)$ 是 m 阶相关免疫当且仅当对任一 $\lambda\in\mathbb{F}_2^n, 1\leqslant W(\lambda)\leqslant m$，有

$$S_f(\lambda)=0.$$

证明 $f(x)$ 是 m 阶相关免疫当且仅当对任意 $x_{i_1},\cdots,x_{i_k}, k\leqslant m$，$f(x)$ 与 $x_{i_1},\cdots,x_{i_k}$ 统计无关。由定理 10.5 可得，当且仅当对任意的 $(\lambda_{i_1},\cdots,\lambda_{i_k})\neq 0$，有

$$\sum_{x\in\mathbb{F}_2^n}(-1)^{f(x)+\sum\limits_{j=1}^{k}\lambda_{i_j}x_{i_j}}=0,$$

即当且仅当 $W(\lambda)\leqslant m$ 时有

$$S_f(\lambda)=0.$$

定理 10.6 表明可用 $f(x)$ 的循环 Walsh 谱值判断 $f(x)$ 的相关免疫性，该定理也称为 Xiao-Massey 定理。由定理 10.2 和 10.6 知，$f(x)$ 是平衡的 m 阶相关免疫函数，当且仅当对任一 $\lambda\in\mathbb{F}_2^n,0\leqslant w(\lambda)\leqslant m$，有 $S_f(\lambda)=0$。

习　题

1. 设 $f(x)=x_1x_2x_3x_4+x_1x_2x_3x_5+x_1x_2x_4x_5+x_1x_3x_4x_5+x_2x_3x_4x_5$

$$+x_1x_4+x_1x_5+x_2x_3+x_2x_5+x_3x_4$$

是一个 5 元布尔函数，证明 $f(x)$ 是 1 阶相关免疫的。

2. 设 $f(x)=x_1x_2x_3+x_1x_2x_4+x_1x_2x_5+x_1x_3x_4+x_1x_3x_5$

$$+x_1x_4x_5+x_2x_3x_4+x_2x_3x_5+x_2x_4x_5+x_3x_4x_5$$

$$+x_1x_2+x_1x_5+x_2x_4+x_2x_5+x_3x_4+x_3x_5+x_4x_5$$

$$+x_1+x_3$$

是一个 5 元布尔函数，证明 $f(x)$ 是 2 阶相关免疫的。

§10.4　严格雪崩准则和扩散准则

设 $e_i=(0,\cdots,0,1,0,\cdots,0)\in\mathbb{F}_2^n$，其中，第 i 个分量为 1，其余均为 0。

定义 10.6 设 $f(x)$ 是 n 元布尔函数，若对任意 $e_i\,(1\leqslant i\leqslant n)$, $f(x+e_i)+f(x)$ 都是平衡函数，则称 $f(x)$ 满足严格雪崩准则。

从定义可以看出，$f(x)$ 满足严格雪崩准则意味着改变 $f(x)$ 的自变量的某一个分量，则 $f(x)$ 的取值将会有一半被改变。

例 10.8　函数 $f(x_1,x_2,x_3)=x_1x_2+x_3$ 不满足严格雪崩准则。因 $f(x_1+1,x_2,x_3)+f(x_1,x_2,x_3)=x_2$ 和 $f(x_1,x_2+1,x_3)+f(x_1,x_2,x_3)=x_1$ 是平衡的，但 $f(x_1,x_2,x_3+1)+f(x_1,x_2,x_3)=1$ 不是平衡的。

例 10.9　函数 $f(x_1,x_2,x_3)=x_1x_2+x_2x_3+x_1x_3$ 满足严格雪崩准则。因

$$f(x_1+1,x_2,x_3)+f(x_1,x_2,x_3)=x_2+x_3,$$

$$f(x_1,x_2+1,x_3)+f(x_1,x_2,x_3)=x_1+x_3,$$

$$f(x_1,x_2,x_3+1)+f(x_1,x_2,x_3)=x_1+x_2$$

都是平衡函数。

$f(x)$ 是 n 元布尔函数，$f(x)$ 的**自相关函数**定义为

$$C_f(s)=\sum_{x\in\mathbb{F}_2^n}(-1)^{f(x+s)+f(x)},\quad s\in\mathbb{F}_2^n,$$

所以 $f(x)$ 满足严格雪崩准则当且仅当 $C_f(e_i)=0, i=1,2,\cdots,n$。利用定理 10.1

$$\begin{aligned}C_f(s)&=2^{-2n}\sum_{x\in\mathbb{F}_2^n}\sum_{\lambda\in\mathbb{F}_2^n}S_f(\lambda)(-1)^{\lambda(x+s)}\sum_{\mu\in\mathbb{F}_2^n}S_f(\mu)(-1)^{\mu\cdot x}\\&=2^{-2n}\sum_{\lambda\in\mathbb{F}_2^n}\sum_{\mu\in\mathbb{F}_2^n}S_f(\lambda)S_f(\mu)(-1)^{\lambda\cdot s}\sum_{x\in\mathbb{F}_2^n}(-1)^{(\lambda+\mu)\cdot x}\\&=2^{-n}\sum_{\lambda\in\mathbb{F}_2^n}S_f^2(\lambda)(-1)^{\lambda\cdot s},\end{aligned}\tag{10.1}$$

由此可得

$$\begin{aligned}\sum_{s\in\mathbb{F}_2^n}C_f(s)(-1)^{\lambda\cdot s}&=2^{-n}\sum_{s\in\mathbb{F}_2^n}\sum_{\mu\in\mathbb{F}_2^n}S_f^2(\mu)(-1)^{\mu\cdot s+\lambda\cdot s}\\&=2^{-n}\sum_{\mu\in\mathbb{F}_2^n}S_f^2(\mu)\sum_{s\in\mathbb{F}_2^n}(-1)^{(\mu+\lambda)\cdot s}\\&=S_f^2(\lambda).\end{aligned}$$

定义 10.7　设 $\alpha\in\mathbb{F}_2^n$，若 $f(x+\alpha)+f(x)$ 是平衡的，则称 f 关于 α 满足扩散准则，若对任意适合 $1\leqslant W(\alpha)\leqslant k$ 的 α，f 都满足扩散准则，则称 f 满足 k 次扩散准则。

1 次扩散准则就是严格雪崩准则。

定理 10.7　设 $f(x)$ 是 n 元布尔函数，则 f 满足 k 次扩散准则当且仅当对任意 $\alpha, 1\leqslant W(\alpha)\leqslant k$，有

$$\sum_{\lambda\in\mathbb{F}_2^n}S_f^2(\lambda)(-1)^{\lambda\cdot\alpha}=0.$$

证明　f 满足 k 次扩散准则当且仅当对任意 $\alpha, 1\leqslant W(\alpha)\leqslant k$，有 $f(x+\alpha)+f(x)$ 是平衡的，即 $C_f(\alpha)=0$。由式 (10.1)，$C_f(\alpha)=0$ 当且仅当

$$\sum_{\lambda\in\mathbb{F}_2^n}S_f^2(\lambda)(-1)^{\lambda\cdot\alpha}=0.$$

扩散准则表明，改变信息的某些比特位，经过布尔函数 $f(x)$ 作用后，这些改变的效果将会扩散到所有的比特位中去，具有一定的安全效果。

习　题

1. 设 $f(x) = x_1x_2x_3x_4 + x_1x_2x_3x_5 + x_1x_2x_4x_5 + x_1x_3x_4x_5 + x_2x_3x_4x_5$
$+x_1x_4 + x_1x_5 + x_2x_3 + x_2x_5 + x_3x_4$

是一个 5 元布尔函数，证明 $f(x)$ 是 1 阶相关免疫的。

2. 证明上节习题 2 中的 $f(x)$ 是满足 2 次扩散准则的。

第11章　M　序　列

在流密码设计中，最重要的就是设计密码性质好的密钥流序列。在密钥流序列的密码性质中，有两条性质比较重要，大的周期和良好的随机性。在 §8.6 节中介绍了 m 序列，n 级 m 序列的周期为 2^n-1，并且具有非常良好的伪随机性，但是 m 序列是线性序列，复杂度比较低，从 $2n$ 长的序列中就能恢复出连接多项式。本章介绍另外一类大周期的序列，M 序列，其周期达到最大值 2^n，而且是非线性序列。目前还没有好的方法产生大级数（如 $n=128$ 级）的 M 序列，本章介绍 M 序列的概念，并介绍几种常用的构造 M 序列的方法。

§11.1　定义及例子

设 $f(x_1, x_2, \cdots, x_n)$ 为 n 元布尔函数，给定初始状态 $(c_1, c_2, \cdots, c_n)\in\mathbb{F}_2^n$，令

$$c_k=f(c_{k-n},c_{k-n+1},\cdots,c_{k-1}),\ \ k=n+1,\cdots$$

得到序列

$$c_1,c_2,\cdots,c_n,c_{n+1},\cdots \tag{11.1}$$

这类序列称为以布尔函数 $f(x_1, x_2, \cdots, x_n)$ 为连接多项式的反馈移位寄存器序列。如果 $f(x_1, x_2, \cdots, x_n)=a_1x_1+a_2x_2+\cdots+a_nx_n$ 是线性函数，这类序列称为线性反馈移位寄存器序列，简称为 LFSR，例如 §8.6 讨论的 m 序列就属于这类序列。如果 $f(x_1, x_2, \cdots, x_n)$ 是非线性函数，这样的序列称为非线性反馈移位寄存器序列。

为了介绍状态圈的概念，先介绍有向图的定义。

定义 11.1　有向图 Γ 是一个有序偶 $\Gamma=<V,E>$，其中 V 和 E 都是集合，V 中的元素称为有向图 Γ 的顶点，E 中的元素称为有向图 Γ 的边或弧，E 中每条边都可用顶点集 V 中的一个有序对 (v_i, v_j) 表示，v_i 称为起点，v_j 称为终点。

对于顶点集 V 的一个子集 $\sum$，令 $\sum=\{v_{i_1},v_{i_2},\cdots,v_{i_r}\}$，如果边 $(v_{i_1},v_{i_2}), (v_{i_2},v_{i_3}),\cdots,(v_{i_{r-1}},v_{i_r}), (v_{i_r},v_{i_1})$ 均在边集 E 中，则称 $\sum$ 为图 Γ 的一个圈，r 称为圈长。

在序列 (11.1) 中，对于 $k=1, 2, \cdots$，令

$$s_k=(c_k,c_{k+1},\cdots,c_{k+n-1})\in\mathbb{F}_2^n,$$

称 s_k 为序列 (11.1) 的第 k 个状态。给定布尔函数 $f(x_1, x_2, \cdots, x_n)$，就得到一个从第 k 个状态到第 $k+1$ 个状态的变换

$$T_f:\ (c_k, c_{k+1}, \cdots, c_{k+n-1}) \to (c_{k+1}, \cdots, c_{k+n-1}, f(c_k, c_{k+1}, \cdots, c_{k+n-1})). \tag{11.2}$$

这是从集合 $\mathbb{F}_2^n$ 到自身的一个映射。

给定映射 T_f 后，可以如下构造一个有 2^n 个顶点的图：$V = \mathbb{F}_2^n = \{(c_1, c_2, \cdots, c_n) \mid c_i = 0, 1\}$。对于任意两个顶点 s_1 和 s_2，当且仅当 $T_f(s_1) = s_2$ 时，s_1 与 s_2 之间有一条有向边相连。称这个图为反馈移位寄存器 T_f 的状态图。

如果 T_f 是个双射，由定理 5.4 可知，T_f 可以写成若干个互不相交的循环置换的乘积，每一个循环置换形如

$$\sum = \{s_{i_1}, s_{i_2}, \cdots, s_{i_r}\},$$

其中 $T_f(s_{i_1}) = s_{i_2}, T_f(s_{i_2}) = s_{i_3}, \cdots, T_f(s_{i_{r-1}}) = s_{i_r}, T_f(s_{i_r}) = s_{i_1}$。每一个这样的 $\sum$ 恰好是反馈移位寄存器 T_f 的一个圈，称为 T_f 的状态圈，圈的长度为 r。即如果映射 T_f 是个双射，则 T_f 的状态图由若干个互不相交的圈构成。

反之，如果映射 T_f 的状态图由若干互不相交的圈构成，则 T_f 一定是集合 $\mathbb{F}_2^n$ 上的一一映射，这是因为，如果 T_f 不是一一映射，则 T_f 既不是单射，也不是满射。T_f 不是单射，就存在不同的状态 s_i 和 s_i'，使得 $T_f(s_i) = T_f(s_i')$，这就不是一个圈，因为在一个圈中，每一个状态只有一个前驱（如果 $T_f(s_i) = s_j$，则称 s_i 为 s_j 的前驱）。

对于反馈移位寄存器序列来说，有如下的结果。

定理 11.1 一个反馈移位寄存器的状态图是一组两两不相交的圈，当且仅当它的连接多项式有如下形式

$$f(x_1, x_2, \cdots, x_n) = x_1 + g(x_2, x_3, \cdots, x_n). \tag{11.3}$$

证明 **充分性**：只需要证明由布尔函数 $f(x_1, x_2, \cdots, x_n)$ 构造的映射 T_f 是 $\mathbb{F}_2^n$ 上的单射即可，因为一个有限集合到自身的单射一定是双射，反之亦然。对任意的状态 $s = (c_1, c_2, \cdots, c_n)$ 及 $t = (d_1, d_2, \cdots, d_n)$，如果 $T_f(s) = T_f(t)$，即

$$(c_2, c_3, \cdots, c_n, f(c_1, c_2, \cdots, c_n)) = (d_2, d_3, \cdots, d_n, f(d_1, d_2, \cdots, d_n)),$$

则有 $c_2 = d_2, c_3 = d_3, \cdots, c_n = d_n$，并且 $f(c_1, c_2, \cdots, c_n) = f(d_1, d_2, \cdots, d_n)$，由于 $f(x_1, x_2, \cdots, x_n) = x_1 + g(x_2, x_3, \cdots, x_n)$，则有

$$\begin{aligned} f(c_1, c_2, \cdots, c_n) &= c_1 + g(c_2, c_3, \cdots, c_n) \\ &= c_1 + g(d_2, d_3, \cdots, d_n), \\ f(d_1, d_2, \cdots, d_n) &= d_1 + g(d_2, d_3, \cdots, d_n), \end{aligned}$$

从而有 $c_1 = d_1$，即状态 s 与 t 相同，结论得证。

必要性：由 10.1 中布尔函数的多项式表示可知，$f(x_1, x_2, \cdots, x_n)$ 可写为

$$f(x_1, x_2, \cdots, x_n) = f_0(x_2, x_3, \cdots, x_n) + x_1 f_1(x_2, x_3, \cdots, x_n),$$

如果 $f_1(x_2, x_3, \cdots, x_n) \neq 1$，那么 f_1 一定有零点，即存在 $(c_2, c_3, \cdots, c_n) \in \mathbb{F}_2^{n-1}$，使得 $f_1(c_2, c_3, \cdots, c_n) = 0$。取状态 $s = (1, c_2, \cdots, c_n)$, $t = (0, c_2, \cdots, c_n)$，则有

$$f(s) = f_0(c_2, c_3, \cdots, c_n) = f(t),$$

从而 $T_f(s) = T_f(t)$，这说明 T_f 不是 $\mathbb{F}_2^n$ 上的一一映射，从而以 $f(x_1, x_2, \cdots, x_n)$ 为反馈多项式的反馈移位寄存器的状态图不是由两两不相交的状态圈构成，与题设矛盾，必要性得证。

满足定理 11.1 中式 (11.3) 的多项式称为非退化多项式。

例 11.1 令 $n = 3$, $f(x_1, x_2, x_3) = 1 + x_1x_2 + x_2x_3 + x_1x_3$，这个函数显然不满足定理 11.1 的条件。事实上，$f(x_1, x_2, x_3) = (1 + x_2x_3) + x_1(x_2 + x_3)$。取 $x_2 = 1$, $x_3 = 1$，则有 $f(0,1,1) = 0 = f(1,1,1)$，因此 $T(0,1,1) = (1,1,0) = T(1,1,1)$，故 T 不是 $\mathbb{F}_2^3$ 上的一一映射。

例 11.2 令 $n = 3$, $f(x_1, x_2, x_3) = x_1 + x_2 + x_2x_3 + 1$ 是非退化多项式。选取初始状态 $s_1 = (0,0,0)$，可得到序列如下：

$$0, 0, 0, 1, 0, 1, 1, 1, 0, 0, 0, \cdots$$

从而各个状态为 $s_2 = (0,0,1)$, $s_3 = (0,1,0)$, $s_4 = (1,0,1)$, $s_5 = (0,1,1)$, $s_6 = (1,1,1)$, $s_7 = (1,1,0)$, $s_8 = (1,0,0)$, $s_9 = (0,0,0) = s_1$。因此该移位寄存器的状态图是由一个圈构成，这就是下面提到的 M 序列。

如果状态连接函数 $f(x_1, x_2, \cdots, x_n)$ 为非退化多项式，即满足定理 11.1 中的条件，并且以 f 为连接多项式的移位寄存器的状态图是由一个长为 2^n 的圈构成，则称这样的移位寄存器序列为 M 序列。M 序列是周期达到最大的序列，在一个周期内，每一个状态都出现而且仅出现一次。

习 题

1. 设 $f(x_1, x_2, x_3) = 1 + x_1 + x_2 + x_3 + x_2x_3$，试写出 f 的所有状态圈。

2. 设 $f(x_1, x_2, x_3, x_4) = x_1 + x_2x_3 + x_3x_4 + x_2 + x_2x_3x_4$，试写出 f 的所有状态圈。

§11.2 M 序列的构造

本节介绍两个构造 n 级 M 序列的方法。

1. 1-优先算法

第一步：写出 n 个 0。

第二步：对每一个 $k>n$，按照下面的方法计算序列的第 k 个比特：先将该比特设置为 1，如果这时产生的状态在前面从未出现过，将 k 增加 1，重复第二步。否则程序终止。

第三步：将第 k 个比特设置为 0。如果新产生的状态在前面从未出现过，将 k 增加 1，重复第二步，否则程序终止。

例 11.3 设 $n=3$，则用 1- 优先算法构造的 3 级 M 序列为

$$0,0,0,1,1,1,0,1,0,0,\cdots,$$

这是周期为 8 的 3 级 M 序列。

2. 并圈法

该方法可以将两个不同的状态圈在合适的位置合并成一个圈，重复使用这一方法就可以得到 M 序列。为此先引入一个名词：共轭状态。设 $s=(a_1,a_2,\cdots,a_n)\in\mathbb{F}_2^n$ 是一个状态，称 $s^*=(1+a_1,a_2,\cdots,a_n)$ 为 s 的共轭状态。

定理 11.2 设 $f(x_1,x_2,\cdots,x_n)$ 是满足式(11.3)的非退化多项式。两个共轭状态 s 和 s^* 分别出现在该移位寄存器的两个不同的圈 Z_i 和 Z_j 上

$$Z_i=\{s_1=s,s_2,\cdots,s_k\},\quad Z_j=\{t_1=s^*,t_2,\cdots,t_l\}.$$

令 $s=(a_1,a_2,\cdots,a_n)$，构造多项式

$$g(x_1,x_2,\cdots,x_n)=f(x_1,x_2,\cdots,x_n)+x_2^{a_2}x_3^{a_3}\cdots x_n^{a_n},$$

则以 $g(x_1,x_2,\cdots,x_n)$ 为连接多项式构造的移位寄存器，它的一个状态圈是将 Z_i 和 Z_j 在该状态处并圈

$$Z_{ij}=\{s_1,t_2,\cdots,t_l,t_1,s_2,\cdots,s_k\},$$

其他的圈保持不变。

证明 为了方便，令 $g_1(x_2,x_3,\cdots,x_n)=x_2^{a_2}x_3^{a_3}\cdots x_n^{a_n}$，则有

$$g_1(x_2,x_3,\cdots,x_n)=\begin{cases}1, & 如果(x_2,x_3,\cdots,x_n)=(a_2,a_3,\cdots,a_n),\\0, & 如果(x_2,x_3,\cdots,x_n)\neq(a_2,a_3,\cdots,a_n).\end{cases}$$

由于 $f(x_1,x_2,\cdots,x_n)$ 是非退化的，而 g_1 的表达式中没有 x_1，因此 $g=f+g_1$ 也是非退化的。为了方便，由 $f(x_1,x_2,\cdots,x_n)$ 及 $g(x_1,x_2,\cdots,x_n)$ 所诱导的 $\mathbb{F}_2^n$ 到自身的一一映射分别记为 T 和 H。

注意到，当状态 $\alpha\neq s$ 且 $\alpha\neq s^*$ 时，有 $g(\alpha)=f(\alpha)$，当状态 $\alpha=s$ 或者 $\alpha=s^*$，有 $g(\alpha)=f(\alpha)+1$。状态 s_2 与 t_2 的前 $n-1$ 个分量完全相同，最后一个分量不同，因而，$H(s_1)=T(s_1)+1=H(s_2)=t_2$, $H(t_2)=T(t_2)=t_3,\cdots,H(t_{l-1})=T(t_{l-1})=t_l$, $H(t_l)=T(t_l)=t_1$。由于 $t_1=s^*$，$g(t_1)=g(s^*)=f(s^*)+1$。从而，$H(t_1)=T(t_1)+1=t_2+1=s_2$, $H(s_2)=T(s_2)=s_3,\cdots,H(s_{k-1})=T(s_{k-1})=s_k$, $H(s_k)=T(s_k)=s_1$，这样就得到了圈 Z_{ij}

$$Z_{ij}=\{s_1,t_2,\cdots,t_l,t_1,s_2,\cdots,s_k\}.$$

对于其他的圈，由于这些圈中的每一个状态 α 都不是 s 或者 s^*，故有 $g(\alpha)=f(\alpha)$，从而有 $H(\alpha)=T(\alpha)$，这说明其他的圈保持不变。

回忆一下本原多项式的定义：设 $f(x)\in\mathbb{F}_2[x]$, $f(x)$ 的次数为 n，称满足 $f(x)|x^l-1$ 的最小正整数 l 为多项式 $f(x)$ 的阶。如果 n 次多项式 $f(x)$ 的阶恰好为 2^n-1，则称 $f(x)$ 为本原多项式。

设 $f(x)=1+a_{n-1}x+a_{n-2}x^2+\cdots+a_1x^{n-1}+x^n$ 是本原多项式，利用 $f(x)$ 可以构造线性反馈移位寄存器序列，这类序列均的状态图中均有两个圈，一个对应周期为 1 的零序列，另外一个对应周期为 2^n-1 的序列，这就是 m 序列。利用 m 序列，由定理 11.2，可以构造一类 M 序列。

推论 11.1 设 $F(x)=x^n+a_1x^{n-1}+\cdots+a_{n-1}x+1\in\mathbb{F}_2[x]$ 为本原多项式，构造 n 元布尔函数

$$g(x_1,x_2,\cdots,x_n)=(1+x_2)(1+x_3)\cdots(1+x_n)+x_1+a_1x_2+\cdots+a_{n-1}x_n,$$

则以 $g(x_1,\ x_2,\ \cdots,\ x_n)$ 为连接多项式构造的移位寄存器序列是 M 序列。

证明 本原多项式 $F(x)=x^n+a_1x^{n-1}+\cdots+a_{n-1}x+1$ 作为线性反馈移位寄存器的连接多项式，产生的序列满足

$$c_k=c_{k-1}+a_1c_{k-2}+\cdots+c_{n-1}c_{k-n},\quad k=n+1,\cdots$$

这与 n 元布尔函数 $x_1+a_1x_2+\cdots+a_{n-1}x_n$ 为连接多项式产生的序列是一样的。状态 $s=(0,\ 0,\ \cdots,\ 0)$ 在圈长为 1 的零圈上，其共轭状态 $s^*=(1,\ 0,\ \cdots,\ 0)$ 在另外一个圈上，利用定理 11.2，$f_1(x_2,\ x_3,\ \cdots,\ x_n)=x_2^0x_3^0+\cdots+x_n^0=(1+x_2)(1+x_3)\cdots(1+x_n)$，因此以布尔函数 $g(x_1,\ x_2,\ \cdots,\ x_n)=(1+x_2)(1+x_3)\cdots(1+x_n)+x_1+a_1x_2+\cdots+a_{n-1}x_n$ 为连接多项式构造的反馈移位寄存器的状态图就是把这两个圈合并在一起，因此是周期为 2^n 的序列，为 M 序列。

推论 11.1 的方法可以推广到一般的线性反馈移位寄存器序列。由于线性反馈移位寄存器序列的理论非常成熟：它们的状态图上有多少个圈，每个圈的长度是多少，这些都是清楚的，利用这些结果，在一些特殊的情况下，能找到位于不同圈上的共轭状态，从而可以把所有的圈合并成一个大圈，得到 M 序列。

例 11.4 取 $n=4$, $f(x)=x^4+x^3+x^2+x+1$。为了方便约定：状态 $s=(a_1,\ a_2,\ a_3,\ a_4)$ 用整数 $s=a_1+2a_2+2^2a_3+2^3a_4$ 表示。由 $f(x)$ 构造的递归关系式为

$$c_k=c_{k-1}+c_{k-2}+c_{k-3}+c_{k-4},$$

简单计算可知，这个移位寄存器序列共有四个圈

$$Z_0=\{0\},\quad Z_1=\{1,8,12,6,3\},\quad Z_2=\{2,9,4,10,5\},\quad Z_3=\{7,11,13,14,15\},$$

由此可知共轭状态 $0=(0,0,0,0)$ 与 $1=(1,0,0,0)$ 可将 Z_0 与 Z_1 合并，添加的项为

$$f_1=x_2^0x_3^0x_4^0=(1+x_2)(1+x_3)(1+x_4).$$

令

$$g_1(x_1, x_2, x_3, x_4) = f + f_1 = 1 + x_1 + x_2x_3 + x_2x_4 + x_3x_4 + x_2x_3x_4,$$

则 g_1 的状态圈为

$$Z_{01} = \{1, 0, 8, 12, 6, 3\}, \quad Z_2 = \{2, 9, 4, 10, 5\}, \quad Z_3 = \{7, 11, 13, 14, 15\},$$

共轭状态 $8 = (0, 0, 0, 1)$ 与 $9 = (1, 0, 0, 1)$ 可将 Z_{01} 与 Z_2 合并，添加的项为

$$f_2 = x_2^0x_3^0x_4^1 = (1 + x_2)(1 + x_3)x_4.$$

令

$$g_2(x_1, x_2, x_3, x_4) = g_1 + f_2 = 1 + x_1 + x_4 + x_2x_3,$$

则 g_2 的状态圈为

$$Z_{012} = \{1, 0, 8, 4, 10, 5, 2, 9, 12, 6, 3\}, \quad Z_3 = \{7, 11, 13, 14, 15\},$$

共轭状态 $10 = (0, 1, 0, 1)$ 与 $11 = (1, 1, 0, 1)$ 可将 Z_{012} 与 Z_3 合并，添加的项为

$$f_3 = x_2^1x_3^0x_4^1 = x_2(1 + x_3)x_4.$$

令

$$g(x_1, x_2, x_3, x_4) = g_2 + f_3 = 1 + x_1 + x_4 + x_2x_3 + x_2x_4 + x_2x_3x_4,$$

则以 $g(x_1, x_2, x_3, x_4)$ 为连接多项式构造的移位寄存器序列只有一个圈

$$Z = \{1, 0, 8, 4, 10, 13, 14, 15, 7, 11, 5, 2, 9, 12, 6, 3\},$$

用序列的形式写出来就是

$$1, 0, 0, 0, 0, 1, 0, 1, 1, 1, 1, 0, 1, 0, 0, 1, 1, 0, 0, 0, \cdots$$

这是周期为 $2^4 = 16$ 的 M 序列。

可以证明级数为 n 的互不平移等价 M 序列共有 $2^{2^{n-1}-n}$ 条，当级数 n 比较小时，可以构造出所有的 M 序列。但是，当级数 n 比较大时，例如，$n = 128$，目前还没有行之有效的构造 128 级 M 序列的方法。

习　题

1. 利用 1-优先算法计算 4 级 M 序列。

2. 将 11.1 中习题 1, 2 中的圈合并，得到 M 序列。

第 12 章　计算复杂度

信息安全尤其是现代密码学将其安全性建立在复杂度理论模型上。如密码体制的安全性是以某些困难问题为基础的，这种问题的困难性也就是指问题复杂度。计算复杂度包含算法复杂度和问题复杂度两个方面。本章将介绍算法复杂度的表示方法，给出多项式时间，指数时间等概念，介绍图灵机、确定多项式时间问题类、非确定多项式时间问题类以及概率多项式时间问题类。

§12.1　算法复杂度

算法是指求解某个问题的一系列具体步骤。因此，通常也将求解某个问题的计算机程序称为**算法**。**算法复杂度**是指运行算法需要的总时间和空间。有些算法由于运行算法时间太长，而使计算机无法完成，有些算法由于存储量太大而使得计算机无法运行。

假设给定一个含有 n 个元素的集合 X，有些标为 “红”，有些标为 “黑”，要找出至少含有一个红元素的子集的数目。假设编制了一个算法来检查 X 的所有子集，并对至少含有一个红元素的子集计数，然后用计算机来运行该算法。由于 X 的子集合共有 2^n 个，因此这个算法至少需要 2^n 单位时间。不管时间单位是什么，随着 n 的增长，2^n 增加太快，使得除了一些较小的 n 值外，计算机无法完成该算法。

判断一个计算机程序的性能是一个困难的事情，这取决于很多因素，如数据表示方法以及程序如何翻译成机器指令等。虽然要准确估计算法运行的时间需要考虑这些因素，但通过分析算法本身的时间复杂度可以得到很重要的信息。

一个算法的时间复杂度和空间复杂度通常与该算法的输入长度 n 紧密相关的，它们都是输入长度 n 的函数。分别把它们记成 $T(n)$ 和 $S(n)$。一般情形下，要给出 $T(n)$ 和 $S(n)$ 的精确表达式是很困难的，甚至是不可能做到的。因此通常只要知道它们关于输入长度 n 的数量级，而事实上这种数量级也基本上能够反映 $T(n)$ 及 $S(n)$ 的大小。

例如，假设一个算法的时间复杂度为 $T(n) = 15n^2 + 7n + 3$。则当 n 充分大的时候，$T(n)$ 近似地等于 $15n^2$（见表 12.1）。更进一步，$T(n)/n^2 \simeq 15$ 是一个常数，而反映 $T(n)$ 随输入长度 n 的变化情况，常数系数也可以省略。因此可以说 $T(n)$ 是 n^2 数量级的，记成

$$T(n) = O(n^2).$$

严格地，有下述定义。

定义 12.1 设 $f(n)$ 和 $g(n)$ 是定义在自然数集合上的函数。如果存在一个正整数 N 及两个正整数 c_1, c_2，使得当 $n \geqslant N$ 时，均有

$$c_2|g(n)| \leqslant |f(n)| \leqslant c_1|g(n)|,$$

则称 $f(n)$ 的数量级为 $g(n)$，并记成 $f(n) = O(g(n))$。

由于当 $n \geqslant 1$ 时，

$$15n^2 \leqslant 15n^2 + 7n + 3 \leqslant 25n^2,$$

所以 $15n^2 + 7n + 3 = O(n^2)$。

表 12.1 $T(n)$ 的大小分布

n	$T(n) = 15n^2 + 7n + 3$	$15n^2$
10	1 573	1 500
100	150 703	150 000
1 000	15 007 003	15 000 000
10 000	1 500 070 003	1 500 000 000

定理 12.1 设

$$f(n) = a_k n^k + a_{k-1} n^{k-1} + \cdots + a_1 n + a_0,$$

是 k 次多项式，其中 $a_k > 0$，则

$$f(n) = O(n^k)。$$

证明 取 $c_1 = a_k + |a_{k-1}| + \cdots + |a_0|$，则当 $n \geqslant 1$ 时，

$$f(n) \leqslant a_k + |a_{k-1}|n^k + \cdots + |a_0|n^k = c_1 n^k。$$

令 $c_2 = \dfrac{1}{2}a_k$，考虑实数域上多项式 $g(x) = c_2 x^k + a_{k-1}x^{k-1} + \cdots + a_0$。此多项式最多有 k 个实根，设 x_0 为最大的实数根，则当 $n \geqslant x_0$ 时，$g(n) \geqslant 0$，从而

$$f(n) = c_2 n^k + g(n) \geqslant c_2 n^k,$$

因此，当 $n \geqslant [x_0] + 1$ 时，

$$c_2 n^k \leqslant f(n) \leqslant c_1 n^k,$$

故

$$f(n) = O(n^k)。$$

例 12.1 多项式乘法的算法:

(1) **输入:**$f(x) = \sum\limits_{0 \leqslant i \leqslant n} a_i x^i$, $g(x) = \sum\limits_{0 \leqslant i \leqslant m} b_i x^i$.

(2) **输出:**$c(x) = f(x) \cdot g(x)$;

(3) For $i = 0, 1, \cdots, n$, 计算 $h_i(x) = a_i x^i \cdot g(x)$;

(4) 计算 $c(x) = \sum_{i=0}^{n} h_i(x)$.

在上述算法中，算法 (3) 所需的乘法总数为 $(n+1)(m+1)$。算法 (4) 所需的加法总数为 $n(m+1) - n = mn$，因此共需运算次数 (加和乘) 为

$$2mn + n + m + 1.$$

因此，两个次数最大为 n 的多项式相乘，所需的运算量最多为 $2n^2 + 2n + 1$，即为 $O(n^2)$。

通常总是按照时间 (或空间) 复杂度对算法进行分类。

定义 12.2 如果一个算法的时间复杂度为 $O(n^t)$, 其中 t 为常数, n 是输入的长度, 则称该算法是多项式时间算法。

当 $t = 0$ 时，则称它是**常量的**；若 $t = 1$，则称它是**线性的**；若 $t = 2$，则称它是**二次的**等等。因此多项式乘法的算法 (例 12.1) 时间复杂度是 2 次的。

定义 12.3 如果一个算法的时间复杂度为 $O(t^{h(n)})$, 其中 t 为常数, $h(n)$ 是 n 的多项式, 则称该算法是指数时间算法。如果 $h(n)$ 大于常数而低于线性函数时, 则称该算法为超多项式时间算法。

例如，复杂度为 $O(3^{\log_2 n})$, $O(\mathrm{e}^{\sqrt{n \ln n}})$ 的算法都是超多项式时间的算法。

当 n 很大时，不同类型时间复杂度的算法运行所需时间差别会极大。例如，若计算机 1 微秒能执行一条指令，即每秒可执行 10^6 条指令。表 12.2 给出了不同类型的算法在 $n = 10^6$ 时的运行时间。

表 12.2 几种类型复杂度的时间比较

类别	复杂度	$n = 10^6$ 运算次数	实际时间
常数	$O(1)$	1	1 微秒
线性	$O(n)$	10^6	1 秒
二次	$O(n^2)$	10^{12}	11.6 天
三次	$O(n^3)$	10^{18}	32 000 年
指数	$O(2^n)$	10^{301030}	3×20^{301016} 年

从表 12.2 中可以看出，指数型算法与多项式型算法有很大差别。如果一个算法是多项式时间的，则该算法还有可能运行，而一个算法如果是指数型的，则当 n 较大时，该算法是不可能运行的! 因此，在设计算法时，应尽量做到使之为多项式型的，且次数尽量的小。

习 题

1. 对正整数 n, 用 $|n| = \log_2 n$ 表示 n 的长度。但是在大多数情况下, n 的长度写做 $\log n$, 没有明确说明它的底数。证明: 对任意底数 $b > 1$, $\log_b n$ 是 n 长度的正确度量, 即对任意底数 $b > 1$, 说明“关于 n 长度的多项式”保持不变。

§12.2　图灵机与确定多项式时间

为了研究问题复杂度，使各种问题复杂度的概念精确化，引入一个重要的计算机模型——**图灵机**。

图灵机是一种假想的计算机，它是具有无限读写能力并可以做无限并行操作的有限状态机。具体一点，可用下述模型描述一台图灵机，如图 12.1 所示。

图 12.1 描述的图灵机是由一个有限状态控制单位、k 条纸带，k 个读写头组成。有限控制单元控制磁头的读写操作。图灵机求解一个问题时，读写头扫描一个由有限个字符组成的串，该串称为图灵机对该问题的输入。对给定的问题，图灵机由它的有限控制单元的功能来进行求解。在求解过程中，图灵机的读写头不断地从纸带的左端向右端扫描进行"读写"。图灵机在停下来之前所移动的步数称为该图灵机的运行时间。

图灵机分为确定型和非确定型两种。所谓**确定型图灵机**是指图灵机的每一步的操作结果是唯一的。而**非确定型图灵机**是指图灵机的每一步的操作结果及下一步的操作有多种选择，不是唯一确定的。

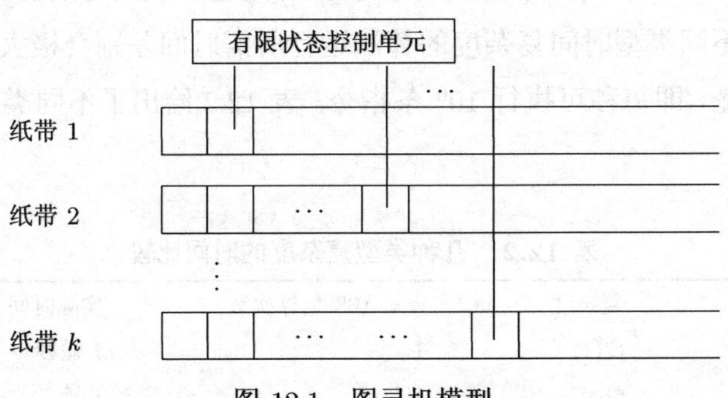

图 12.1　图灵机模型

定义 12.4　设 Q 是一个问题，如果存在一个确定型的图灵机 M，和一个多项式 $p(n)$，使得 M 可以在时间 $T_M(n) \leqslant p(n)$ 内识别问题 Q 的任一输入长度为 n 的实例，则称问题 Q 是确定多项式时间问题。由确定多项式时间问题所组成的问题类称为 P 类，简记成 P。

例 12.2　问题 Q: 判断一个整数是否为 3 的倍数。证明 Q 是 P 类问题。

证明　设 c 是一个长为 n 比特的整数

$$c = 2^{n-1}c_{n-1} + 2^{n-2}c_{n-2} + \cdots + 2c_1 + c_0,$$

其中 $c_i = 0$ 或 $1(0 \leqslant i < n)$。图灵机从左至右读入 $c_{n-1}, c_{n-2}, \cdots, c_1, c_0$，$c$ 可表为

$$c = 2(\cdots 2(2(2c_{n-1} + c_{n-2}) + c_{n-3}) + c_{n-4} + \cdots) + c_0,$$

下面通过构造一个单带的图灵机来判断 c 是否是 3 的倍数。

如图 12.2 所示，图灵机有 3 个状态 q_0, q_1 和 q_2 分别对应于它扫描完 $3k$, $3k+1$ 和 $3k+2$ 后的状态。规定图灵机的初始状态为 q_0，当读写头读到空白时停止运行，停机的状态如果是

q_0，则表明该数是 3 的倍数，如果是 q_1，则表明该数模 3 余 1，如果是 q_2，则表明该数模 3 余 2。

当前状态	字符	下一状态
q_0	0 1	q_0 q_1
q_1	0 1	q_2 q_0
q_2	0 1	q_1 q_2

图 12.2　图灵机的例子

当前状态乘 2，加上读到的下一字符（0 或 1），所得到的和模 3 的余数，即为下一状态。因此，一个长为 n 的输入 x，图灵机的读写头只要不断地从左向右移动 n 步，每一步其内部状态按图 12.2 变换，最终停机时的状态就能给出判断。该机运行时间为 $T_M(n)=n$。故 $Q\in P$。

例如，若 $x=10101$，则 $|x|=5$，$T_M(5)=5$，其内部状态变化为 $q_0\to q_1\to q_2\to q_2\to q_1\to q_0$，故 $x\equiv 0 \pmod 3$。

若 $x=11100000$，则 $|x|=8$，$T_M(8)=8$，其内容状态变化为 $q_0\to q_1\to q_0\to q_1\to q_2\to q_1\to q_2\to q_1\to q_2$，故 $x\equiv 2 \pmod 3$。

一个确定型算法也可看成一个确定型图灵机。

下面给出几个多项式时间问题的例子。

1. 最大公因子

给定两个整数 m,n，以 $d=(m,n)$ 表示 m 和 n 的最大公因子。辗转相除法（欧几里德算法）的程序如下。

输入：正整数 $a\geqslant b\geqslant 0$；

输出：a 和 b 的最大公因子。

(1) $r_0\leftarrow a,\ r_1\leftarrow b$

(2) $i\leftarrow 1$

while $r_i\neq 0$ do $r_{i+1}\leftarrow r_{i-1} \pmod{r_i},\quad i\leftarrow i+1$

(3) return r_{i-1}

在上述算法中，$r_{i-1} \pmod{r_i}$ 表示 r_{i-1} 除以 r_i 的余数。下面分析上述算法的时间复杂度。

整个算法时间复杂度由 2) 中的模运算及其所包含的步数所确定，具体可写成

$$
\begin{aligned}
a &= bq_1 + r_2, \qquad 0<r_2<b,\\
b &= r_2q_2 + r_3, \qquad 0<r_3<r_2, \qquad (12.1)\\
r_2 &= r_3q_3 + r_4, \qquad 0<r_4<r_3,
\end{aligned}
$$

$$\cdots\cdots$$

$$r_{k-3} = r_{k-2}q_{k-2} + r_{k-1}, \quad 0 < r_{k-1} < r_{k-2},$$

$$r_{k-2} = r_{k-1}q_{k-1} + r_k,$$

其中 $r_k = 0$。

在式 (12.1) 中，有 $r_j < \frac{1}{2}r_{j-2}$, $j \leqslant k-1$。事实上，如果 $r_{j-1} \leqslant \frac{1}{2}r_{j-2}$, 则 $r_j < r_{j-1} \leqslant \frac{1}{2}r_{j-2}$，结论成立；否则 $r_{j-1} > \frac{1}{2}r_{j-2}$，此时带余除法可表示为 $r_{j-2} = r_{j-1} + r_j$，同样有 $r_j < \frac{1}{2}r_{j-2}$。

以上表明，做两次带余除法可将余数缩小一半。因此要得到 d，所做带余除法的次数不超过 $2 \cdot \log_2 a = O(n)$，其中 $n = |a|$ 表示 a 的长度。

对于一次带余除法，所需的比特计算量为 $O(n \cdot m)$，其中 $n = |a|$, $m = |b|$ 分别表示 a, b 的长度。

因此，整个算法的计算量 $\leqslant O(n^2) \cdot O(n) = O(n^3)$。

2. 模指数

对两个正整数 $a, b < m$, $a^b \pmod m$ 称为模指数运算 (§2.2 节例 2.6)。为了快速地计算模指数，要用本书 2.2 节中的“平方—乘”方法来计算。因此有算法

输入：整数 a, b, m, $a > 0$, $b \geqslant 0$, $m > 1$;

输出：$a^b \pmod m$。

mod_exp(a, b, m)

(1) If $b = 0$ return(1);

(2) If $b \equiv 0 \pmod 2$ return $\left(\text{mod\_exp}\left(a^2 \pmod m, \frac{b}{2}, m\right)\right)$;

(3) return $\left(a \cdot \text{mod\_exp}\left(a^2 \pmod m, \frac{b-1}{2}, m\right) \pmod m\right)$.

上述算法中，算法 (2), 算法 (3) 都要调用整个程序，例如

$$\begin{aligned}\text{mod\_exp}(2,21,23) &= 2 \cdot \text{mod \_exp}(4,10,23) \\ &= 2 \cdot \text{mod \_exp}(16,5,23) \\ &= 2 \cdot 16 \cdot \text{mod \_exp}(3,2,23) \\ &= 2 \cdot 16 \cdot \text{mod \_exp}(9,1,23) \\ &= 2 \cdot 16 \cdot 9 \cdot \text{mod \_exp}(12,0,23) \\ &= 2 \cdot 16 \cdot 9 \cdot 1.\end{aligned}$$

下面分析 mod_exp 的时间复杂度。

若 $b > 0$，则 “除以 2, 再取整” 的运算执行 $[\log_2 b] + 1$ 次就变成 0，因此 mod _exp 算法要调用自身 $[\log_2 b] + 1$ 次。每一次调用 mod _exp 包括一次平方或一次平方外加一次乘法，

故计算量 $\leqslant O(n^2)$，其中 $n=\max\{|a|,|b|\}$。整个算法的计算量 $\leqslant O(n^3)$。

习　　题

1. 构造一个识别偶数的图灵机。

2. 构造一个图灵机，能识别被 6 整除的整数。

3. 证明模加减 $a\pm b \pmod n$ 的时间复杂度为 $O(\log n)$。

4. 证明模乘 $a\cdot b \pmod n$ 的时间复杂度为 $O((\log n)^2)$。

5. 分析模取逆 $b^{-1} \pmod n$ 的时间复杂度。

6. 分析模除 $a/b \pmod n$ 的时间复杂度。

§12.3　非确定多项式时间

非确定型图灵机在每一步有有限个选择作为下一步。因此非确定型图录机在处理问题时需要进行一系列猜测，只有正确的猜测最终才能解决问题。非确定型图录机在运行中所有可能的运行的路径如果用图来表示，则该图是一个树。

定义 12.5　设 Q 是一个问题，如果存在一个非确定型图录机 M 和一个多项式 $p(n)$，使得 M 可在时间 $T_m(n)\leqslant p(n)$ 内识别问题 Q 的任一输入长度为 n 的实例，则称问题 Q 是非确定多项式时间问题。由非确定多项式时间问题所组成的问题类称为 NP 类，简记为 NP。

容易看出

$$P\in NP,$$

这是因为在确定型图灵机上多项式时间可解的任何问题在非确定型图灵机上也是多项式时间可解的，此时无需猜测阶段。

由于非确定型图灵机所有可能执行的路径构成一个树，树的节点数是输入长度的指数函数，因此在确定型图灵机上，要系统地解 NP 中某些问题，似乎需要指数时间。但到目前为止，还没有人证明 $P\neq NP$。

从定义可以看出，给定一个 NP 中的问题，以及该问题的一个解，要检验解的正确性，确定型图灵机可在多项式时间内完成，即验证过程是属于 P 的。

例 12.3　背包问题。

给定 n 个整数的集合 $A=\{a_1,a_2,\cdots,a_n\}$ 和一个整数 N，确定是否存在 A 的一个子集 B，使得 $\sum\limits_{x\in B}x=N$。

这是一个 NP 问题，因为给定 A 的一个子集 B，可在多项式时间内 (关于 n) 验证其和是否为 N。然而要找一个子集 B 使其元素和等于 N 却是很困难的，因为有 2^n 个可能的子集合，故找的时间为 $O(2^n)$ 为指数时间。

下面构造一个非确定型图灵机算法解决上述问题。

输入： $A=\{a_1,a_2,\cdots,a_n\}, N$;

输出： 子集 B，满足 $\sum\limits_{x\in B}=N$。

1 $i\leftarrow 1$;

2 for $i=1$ to n, 在含有 i 个元素的子集中选取一个 B_i，计算 $N_B=\sum\limits_{x\in B_i}x$, 若 $N_B=N$，则停止，且输出 B_i，否则输出失败。

上述算法中 (2) 的循环的每一步都有一个选择，要从 $\begin{pmatrix}n\\i\end{pmatrix}$ 个含有 i 个元素的子集中选择一个进行计算。如果该问题有解，则存在一个选择，将该子集找出来，所需时间 $t\leqslant n$。

定义 12.6 设 Q_1 和 Q_2 是两个问题，如果存在一个确定型图灵机 M 将问题 Q_1 转化为问题 Q_2，则称 Q_1 可多项式约化为 Q_2。

定义 12.7 若 $Q_0\in NP$，如果 NP 中任一问题 Q_1 都可多项式约化为 Q_0，则称 Q_0 是 NP 完全的。

因此，如果对一个 NP 完全问题能够有一个有效的求解算法，那么求解 NP 中任何问题都能够找到一个有效算法。

一个著名的 NP 完全问题就是所谓的**“可满足性” 问题**。

例 12.4 可满足性问题。

设 $f(x_1,x_2,\cdots,x_n)$ 是一个 n 元布尔函数，问是否存在一组赋值 $(y_1,y_2,\cdots,y_n)$，使得 $f(y_1,y_2,\cdots,y_n)=1$，即判断一个 n 元布尔函数构成的语句是否存在一组赋值使之为真。

可满足性问题属于 NP 问题，因为对于给定的一组赋值 $(y_1,y_2,\cdots,y_n)$，容易验证 $f(y_1,y_2,\cdots,y_n)$ 是否等于 1。然而，找一组赋值 $(y_1,y_2,\cdots,y_n)$ 使 $f(y_1,y_2,\cdots,y_n)=1$ 却很困难，因为有 2^n 个可能赋值要验证，时间复杂度为 $O(2^n)$。

Cook 证明了任一非确定型图灵机可多项式约化为一个求解可满足性问题的图灵机，从而证明了可满足性问题是一个 NP 完全问题。

Co–NP 类问题是满足下述性质的问题，问题的补问题在 NP 中。直观地说，NP 中的问题是 “决定是否存在一个解” 的一类问题，而 Co–NP 中的问题是 “证明不存在解” 的一类问题。例如：“给定整数 n，判断 n 是合数 (即存在 $p\neq\pm1,\pm n$ 使 $p|n$)” 属于 NP，其补问题 “决断 n 是素数 (即不存在这样的因子)” 属于 Co–NP。

§12.4 概率多项式时间

在非确定型图灵机中，每一步操作都有有限多种选择，这些选择中有正确的，也有错误的。如果一个非确定型图灵机出错的概率的界关于输入的长度是一个常数，那么称这样的非确定型图灵机为**概率式图灵机**。

概率式图灵机也有多条纸带，其中一条称为随机纸带，上面有一些均匀分布的随机字符。在扫描一个输入实例时，机器先在随机带上读取一个随机字符，然后根据读取的随机字符进行类似于确定型图灵机一样的工作。该随机串称为概率式图灵机的随机输入。概率式图灵机对输入的实例的识别或处理不再是一个确定性的结论，而是具有一定差错概率的结论。这种差错概率是由随机输入造成的。

定义 12.8　*设 Q 是一个问题，如果存在一个概率式图灵机 PM 和一个多项式 $p(n)$，使得对任意输入长度为 n 的 Q 的实例，PM 可以在时间 $T_{PM}(n) \leqslant p(n)$ 内以一定差错概率识别该实例，则称 Q 是一个概率多项式时间问题。由概率多项式时间问题组成的问题类称为 PP 类，简记为 PP。*

对于一个判定问题 Q，概率式图灵机可以有三种回答:“是”“否”或“不确定”。这类 PP 问题有两个重要子类，称为 PP Monte Carlo 类和 PP Las Vegas 类。前一类问题，具有一个概率多项式时间的 Monte Carlo 算法，后一类问题具有一个概率多项式时间的 Las Vegas 算法。对于任意一个随机输入，Monte Carlo 算法总能给出一个“是”或“否”的回答，但可能会给出一个错误的回答。但对于任意一个随机输入，Las Vegas 算法如果给出一个“是”或“否”的回答，它一定是正确的，但有时会给出“不确定”回答。

Monte Carlo 算法又可分为“偏是”（yes-biased）和“偏否”（no-biased）两类。对于“偏是”的 Monte Carlo 算法，它给出的“是”的回答总是正确的，但给出的“否”的回答可能是错误的，反之，对于“偏否”的 Monte Carlo 算法，它给出的“否”的回答总是正确的，但给出的“是”的回答可能是错误的。

引理 12.1　*设 n 是正的奇合数，令*

$$G(n) = \{a | a \in \mathbb{Z}_n^*, \left(\frac{a}{n}\right) \equiv a^{\frac{n-1}{2}} \pmod n\},$$

则 $|G(n)| < \dfrac{n-1}{2}$。这里 $\mathbb{Z}_n^*$ 是模 n 的缩剩余类组成的乘法群，$\left(\dfrac{a}{n}\right)$ 是 Jacobi 符号。

证明　易见 $G(n)$ 是 $\mathbb{Z}_n^*$ 的一个子群。只要证明 $G(n)$ 是 $\mathbb{Z}_n^*$ 的真子群，就有

$$|G(n)| \leqslant \frac{|\mathbb{Z}_n^*|}{2} < \frac{n-1}{2}.$$

分别考虑 n 的两种情况。

(1) 设 $n = p^k q$，其中 p 和 q 为奇数，p 是素数，$k \geqslant 2$，且 p 与 q 互素。取 $a = 1 + p^{k-1}q$，则

$$a^{\frac{n-1}{2}} = (1 + p^{k-1}q)^{\frac{n-1}{2}} \equiv 1 + \frac{n-1}{2}p^{k-1}q \pmod n,$$

p 一定不是 $\dfrac{n-1}{2}$ 的因子，否则

$$2p \mid p^k q - 1,$$

这不可能。所以

$$a^{\frac{n-1}{2}} \not\equiv 1 \pmod n.$$

若

$$a^{\frac{n-1}{2}} \equiv -1 \pmod n,$$

则

$$\frac{n-1}{2}p^{k-1}q \equiv -2 \pmod q,$$

因 $q \neq 2$，这也不可能，故

$$a^{\frac{n-1}{2}} \not\equiv \left(\frac{a}{n}\right) \pmod n.$$

(2) 设 $n = p_1p_2\cdots p_s$，其中 p_i 为互不相同的奇素数。假定 $a \equiv u \pmod{p_1}$，$a \equiv 1 \pmod{p_2\cdots p_s}$，其中 u 是一个模 p_1 的二次剩余。由中国剩余定理，这样的 a 一定存在。这时

$$\begin{aligned}\left(\frac{a}{n}\right) &= \left(\frac{a}{p_1}\right)\left(\frac{a}{p_2\cdots p_s}\right)\\ &= \left(\frac{u}{p_1}\right)\left(\frac{1}{p_2\cdots p_s}\right)\\ &= -1,\end{aligned}$$

但

$$a^{\frac{n-1}{2}} \equiv 1 \pmod{p_2\cdots p_s},$$

故

$$a^{\frac{n-1}{2}} \not\equiv \left(\frac{a}{n}\right) \pmod n.$$

(1) 与 (2) 证明了 $G(n)$ 是 $\mathbb{Z}_n^*$ 的真子群。

设 n 为任一正的奇数，$a \in \mathbb{Z}_n^*$，$\left(\frac{a}{n}\right)$ 为 Jacobi 符号。当 n 为素数时，由定理 3.3 有

$$a^{\frac{a-1}{2}} \equiv \left(\frac{a}{n}\right) \pmod n, \tag{12.2}$$

当 n 为合数时，引理 12.1 表明，$\mathbb{Z}_n$ 中使式 (12.2) 成立的数 a 的个数不超过 $\frac{n-1}{2}$。

例 12.5 问题 Q：判断一个奇数是否为合数。

输入：n 是一个正的奇数；

输出：如果 n 是合数，输出“是”，否则输出“否”。

(1) 取 $a \in_R (1, n-1]$；

(2) $x \leftarrow \left(\frac{a}{n}\right)$；

(3) 若 $x = 0$，输出“是”；

(4) $y \leftarrow a^{\frac{n-1}{2}} \pmod n$；

(5) 若 $x \equiv y \pmod n$，输出“否”；否则，输出“是”。

上述算法输出“是”，则 n 一定是合数；若输出“否”，引理 12.1 表明，这时 n 是合数的概率小于 $\frac{1}{2}$，即算法的错误概率小于 $\frac{1}{2}$，所以上述算法是一个“偏是”的 Monte Carlo 算法。

在计算 Jacobi 符号时，需利用下述 Jacobi 符号的性质。

(1) 如果 n 是一个正奇数，且 $m_1 \equiv m_2 \pmod n$，那么（定理 3.8，性质 1）

$$\left(\frac{m_1}{n}\right) = \left(\frac{m_2}{n}\right).$$

(2) 如果 n 是一个正奇数，那么（定理 3.10）

$$\left(\frac{2}{n}\right) = \begin{cases} 1, & n \equiv \pm 1 \pmod 8, \\ -1, & n \equiv \pm 3 \pmod 8. \end{cases}$$

(3) 如果 n 是一个正奇数，那么（定理 3.8，性质 4）

$$\left(\frac{m_1 m_2}{n}\right) = \left(\frac{m_1}{n}\right)\left(\frac{m_2}{n}\right).$$

(4) 如果 m 和 n 是正奇数，那么（定理 3.11）

$$\left(\frac{m}{n}\right) = \begin{cases} -\left(\frac{n}{m}\right), & m \equiv n \equiv 3 \pmod 4, \\ \left(\frac{n}{m}\right), & \text{其他情况}. \end{cases}$$

基于这些性质，可以证明 Jacobi 符号的计算复杂度是 $O(\log^3 n)$（更精细的分析可知其复杂度为 $O(\log^2 n)$）。

基于引理 12.1，可以得到一个“偏否”的 Monte Carlo 素性检验算法。

例 12.6　问题 Q：判断一个正奇数 p 是否是素数。

输入：正奇数 p；

输出：如果 p 是素数，输出“是”，否则输出“否”。

(1) 重复 $\log_2 p$ 次：

(a) $a \in_R (1, p-1]$；

(b) 如果 $\gcd(a,p) > 1$ 或 $a^{\frac{p-1}{2}} \not\equiv \left(\frac{a}{p}\right)$，输出“否”。

(2) 输出“是”。

上述算法输出“否”时，p 一定不是素数；当 p 是素数时，一定输出“是”；但当 p 是合数时，输出“是”的概率为 2^{-k}（其中 $k = [\log_2 p]$），所以该算法是一个“偏否”的 Monte Carlo 算法。

以下给出一个 Las Vegas 算法的例子。

设 p 为正奇数，$p-1 = q_1 q_2 \cdots q_t$ 是 $p-1$ 的素因子分解。由定理 2.22，p 是素数当且仅当存在一个正整数 $g \in [2, p-1]$，使得

$$\begin{aligned} & g^{p-1} \equiv 1 \pmod p, \\ & g^{\frac{p-1}{q_i}} \not\equiv 1 \pmod p, \qquad i = 1, 2, \cdots, t. \end{aligned}$$

(这表示 g 模 p 的阶为 $p-1$。)

例 12.7　问题 Q: 给定一个正奇数 p，证明 p 为素数。

输入：p 是一个正奇数，$p-1=q_1q_2\cdots q_t$ 为 $p-1$ 的素因子分解；

输出：如果 p 是素数，输出“是”，p 不是素数，输出“否”，不能断定，输出“不确定”。

(1) 选取 $g\in_R[2,p-1]$；

(2) For$(i=1,i<=t,i++)$，do

若 $g^{\frac{p-1}{q_i}}\equiv 1 \pmod p$，输出“不确定”，并中止程序；

(3) 若 $g^{p-1}\not\equiv 1 \pmod p$，输出“否”，并中止程序；

(4) 输出“是”，并中止程序。

上述算法对给定的整数 p，如果做出回答“是”，那么 p 一定是素数；做出回答“否”，p 一定不是素数；但也可能给出“不确定”回答。因此该算法是一个 Las Vegas 算法。

习　题

1. 证明计算模 n 的 Jacobi 符号 $\left(\frac{a}{n}\right)$ 的时间复杂度为 $O(\log^3 n)$。

索　　引

其他